U0348324

廖勤丰　李亚玲　肖陈城　主编

基层兽医常见猪病 诊疗手册

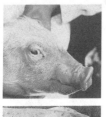
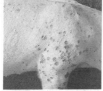
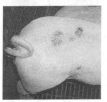

中国农业科学技术出版社

图书在版编目（CIP）数据

基层兽医常见猪病诊疗手册 / 廖勤丰，李亚玲，肖陈城
主编 . — 北京：中国农业科学技术出版社，2020.4
　　ISBN 978-7-5116-4669-9

　　Ⅰ.①基… Ⅱ.①廖… ②李… ③肖… Ⅲ.①猪病－诊疗－
手册 Ⅳ.① S858.28-62

　　中国版本图书馆 CIP 数据核字（2020）第 048763 号

责任编辑　张国锋
责任校对　李向荣

出 版 者　中国农业科学技术出版社
　　　　　北京市中关村南大街 12 号　邮编：100081
电　　话　（010）82106636（编辑室）（010）82109702（发行部）
　　　　　（010）82109709（读者服务部）
传　　真　（010）82106631
网　　址　http://www.castp.cn
经 销 者　各地新华书店
印 刷 者　北京富泰印刷有限责任公司
开　　本　880mm×1 230mm　1/32
印　　张　9
字　　数　306 千字
版　　次　2020 年 4 月第 1 版　2020 年 4 月第 1 次印刷
定　　价　48.00 元

编写人员名单

主　编	廖勤丰	李亚玲	肖陈城	
副主编	苏　萍	许卫良	谌志伟	杨　强
	焦修成	杨　娜		
编　者	罗　军	宋金凤	于凤晶	黄　宇
	赵月省	钱德友	张　丹	宋顺强
	段利雅	刘丹丹		

前　言

　　当前，我国养猪业集约化程度不断提高，猪群密度增大，应激因素增多，圈舍卫生和猪群防疫的难度加大，猪病的流行情况越来越复杂，老病新发，新病不断，免疫抑制病普遍存在，多病原间的混合感染、继发感染、协同感染越来越普遍，细菌耐药性日趋严重，引发公共卫生问题备受关注。特别是2018 年 8 月非洲猪瘟在我国大部分地区流行蔓延以来，猪场疾病压力以及对环境的影响压力越来越突出。与此同时，基层兽医们又因传统兽医观念的束缚，一部分人仍然停留在就病论病、单纯治疗的层面上，很难应对当前猪病流行新形势。为此，掌握目前猪病的流行情况以及预测未来猪病的流行趋势，尽快从"治疗兽医"转向"预防兽医"，可以有效地控制疾病的发生，减少经济损失，促进我国养猪业的稳定、可持续发展，也是当前及今后很长一段时间基层规模猪场管理工作的重中之重。

正是基于这种想法，我们组织编写了《基层兽医常见猪病诊疗手册》一书，就猪场一些常见猪病的诊断、治疗、安全用药等内容进行了全方位的阐述。本书作者长期从事畜牧兽医研究、在教学和生产服务一线，编写过程中力求内容系统完整、语言通俗易懂、技术先进实用、用药安全规范，特别适合基层猪场兽医、饲养管理人员及畜牧工作者参考使用，也是大中专院校畜牧兽医专业师生的重要参考资料。

由于我们水平有限，加之全国各地情况不一，书中偏误和纰漏在所难免，敬请广大读者针对性地学习，选择性地应用，对不当之处不吝批评指正，以便进一步修改补充。

编　者

2019 年 12 月

目　录

猪病的诊断方法与治疗技术

第一节　猪病临床诊断的基本方法

猪病的诊断方法很多，有临床诊断、剖检诊断、实验室诊断、药物诊断等，各种诊断方法互相配合印证，综合得出诊断结论。但临床诊断是最为常用的诊断方法，在一般情况下，仅依靠临床诊断即可做出初步诊断。临床诊断大致包括4个方面，即望诊、闻诊、问诊、触诊。在实际工作中，应将这4种方法结合起来，全面了解病情，从而做出正确的判断。

一、望诊

望诊也即视诊，就是用肉眼察形观色，观察猪群和病猪的神、色、形、态以及分泌物、排泄物等，包括对整体和局部的观察。整体状态，如发育的程度、营养状况、体质强弱、卫生条件、精神的沉郁或兴奋、姿势与运动行为等。局部状态，如可视黏膜的颜色、口鼻部的炎症或分泌物、阴部或肛门的分泌物以及肢蹄部的完整度或脓肿等。

（一）望全貌
包括观察猪体的精神、形态、皮毛以及营养状况等。

1.望精神及营养状况
精神是猪生命活动总的外在表现。健康的猪精神活泼，体圆毛滑，自行掘土觅食，眼睛有神，对外界反应灵敏。患病猪则精神不振，目光呆滞，走路迟缓、不稳或喜卧一角，垂头耷耳，尾不摇，被毛粗乱等。

例如僵猪，常表现精神不佳，皮毛粗乱，体格瘦弱，弓背吊肚，头大尾粗，行动缓慢，生长迟滞。如患有癫痫病或脑炎（链球菌性脑膜脑炎、乙型脑炎）的猪，常表现眼突然偏视，眼球转动，先口角痉挛，逐渐移向后方，口吐白沫、尖叫，继而眩晕倒地，全身肌肉痉挛，四肢乱蹬抽搐。如猪注射疫苗或某些药液后不久，突然兴奋不安、口吐白沫、间歇痉挛，甚至倒地，则可能是过敏反应。此外，猪表现出兴奋与抑制现象还可能与神经型弓形虫病、李氏杆菌病、狂犬病、破伤风、仔猪水肿病、维生素 A 缺乏、食盐中毒、有机磷中毒等有关。

2. 望躯干、形姿

猪的躯干、形态或姿势等的异常在一定程度上反映了猪体的健康状态。健康猪的猪尾不断翻卷或摆动，腰背平直端正、运动灵活协调，背部左右对称，腹部平整，呼吸与胸部协调运动。

腹部异常主要反映胃肠及消化功能等病变，而腰部病变多反映肾功能的变化。若腹部容积缩小，骨瘦如柴，体质弱，主要见于营养不良、慢性肠炎、维生素缺乏、慢性气喘病、僵猪等；若腹部显著膨胀，呼吸困难，甚至发生腹痛，常见于胃扩张、肠臌气等；若腹围增大，有努责排尿姿势，多见于尿潴留等；若猪采食减少，饮水增加，腹围逐渐增大，呻吟，回头望腹，排便困难，见于猪便秘；如四肢下部浮肿，尿量减少，肚腹臌大，腹胁窝下陷，常见于猪水肿病。

若尿出瘀血或鲜血，腰肿胀、歪曲或腰无力，后肢难移，难于迈步，常见于肾伤尿血；如食欲减退，体温升高，站立时拖曳，尿量减少或无尿，常见于猪肾炎病。若猪的头颈歪斜或做圆圈运动，常见于中耳炎、内耳炎、脑炎或脑膜炎；猪呈犬坐姿势，常见于肺炎、胸膜炎、贫血或心功能不全；四肢缩于腹下而伏卧，或挤堆伏卧，这是恶寒的表现；出生后 1~4 天的小猪，精神委顿、痉挛倒地、四肢划动、口嚼吐沫，有可能为低血糖症。

3. 望皮毛

皮毛居猪一身之表，是抗御外邪的屏障。健康猪被毛细密平顺而富有光泽、柔润、有弹性，用手将皮肤拉起放下后，立刻复原。当猪感受外邪或内脏有病皆可引起皮毛异常改变。

若猪被毛粗而蓬乱，缺乏光泽，多为气血不足、营养不良的征象；若被毛逆立多为感冒或热性病初期；若患慢性疾病或内寄生虫时，被毛粗乱无光，干燥易断；若猪患部脱毛，皮肤粗糙、变厚、变硬、落屑、瘙痒、擦伤，有啃咬痕迹等，多为湿疹、玫瑰糠疹、皮肤角化不全病或外寄生虫寄生如疥螨等。

若皮肤苍白是各种贫血的表现；皮肤变蓝紫色，是循环障碍、瘀血的表现；皮肤发红或部分皮肤发生红斑点，表明微血管受到损伤，可能是败血性传染病，如猪瘟、猪丹毒、猪肺疫、链球菌病、猪附红细胞体病等。如皮肤有点状或条状出血性发红，指压不退色，常见于猪瘟；如皮肤斑状充血性发红，按之褪色，主要见于猪肺疫；如皮肤见块状多角形、充血性发红，指压褪色，主要见于猪丹毒；若皮肤发黄，多为黄疸现象，常见于猪附红细胞体病、黄脂病、霉玉米中毒等疾病；若乳头皮肤及蹄处出现水疱、烂斑，多是口蹄疫、水疱病及水疱疹；若眼睑、耳、股内、腹部出现黄豆大红斑、丘疹、水疱、脓疱、结痂，多是猪瘟、传染性脓疱型皮炎。

（二）望呼吸

一般通过观察猪的胸部起伏和腹部肌肉运动的情况，了解猪呼吸频数及呼吸节奏与强度。健康猪呼吸平和，呈胸腹式，呼吸频率为每分钟10~20次，呼吸时，胸部、腹部起伏协调、节奏均匀。若猪呼吸方式改变、呼吸次数增多（减少）或呼吸困难等，均视为病态。

如猪气喘病、猪肺疫等腹式呼吸明显，而猪瘟则胸式呼吸明显，临床应予以鉴别。若呼吸频率增多，常见于肺脏、胸膜、心脏、胃及肠的一些急性热性病；呼吸次数减少，常见于脑的疾病或衰竭疾病；若猪出现咳嗽和呼吸困难，常见于猪霉形体肺炎、流感、猪链球菌病、猪肺疫、猪丹毒、猪瘟及狂犬病等传染性疾病，以及胸膜炎、支气管肺炎、慢性肺气肿等非传染性疾病。

（三）望饮食欲

猪的饮食欲及饮食量的大小、采食动作和吞咽咀嚼等情况是猪有病与否的重要标志。健康猪食欲旺盛，饲喂时呈现饥饿状态，在食槽周围乱叫不安，加入饲料时争先恐后抢食吃，大口吞咽，发出有节奏的吞食声，很快吃饱后即离槽饮水，自由活动或卧地休息。

除母猪发情期、母猪在仔猪断奶时及仔猪分窝初期等某些正常生理情况下的食量减少外，一般食量减少，甚至不吃食的猪都说明有病。若猪只想吃而不敢吃，需检查口腔内是否有异物或创伤，食道是否有阻塞；猪不吃料而独饮脏水、冷水，一般有体温升高；若见吃食减少或停食，急饮水，甚至喝脏水，先便秘后拉稀，皮肤上出现弥漫性、大小不等、红色出血或出血斑，指压不褪色，多见于猪瘟；猪病初食欲不好，饮水增加，便秘，体温升至 41℃，皮肤表面出现疹块，常见于猪丹毒；若见猪食欲废绝，反胃呕吐，吐出酸败胃内容物，是各种原因所致的脾胃虚弱，造成胃内缩食停滞的消化不良疾病；猪食欲减少或废绝，体温 41℃，腹痛及下痢，呼吸困难，耳根、胸前和腹下皮肤尚可见紫斑等症状，多见于仔猪副伤寒；猪食欲减少，粪便变硬，表面附有条状黏液，迅速下痢，粪便呈黄色或红色糊状稀粪，常见于猪痢疾；若猪虽有一定食欲，但可视黏膜苍白，被毛粗乱，猪体消瘦，腹泻和便秘交替出现，常见于仔猪贫血症；若猪异嗜沙土、粪便、毛、木、炉灰渣等，可能缺乏某些矿物质或微量元素营养等，幼猪较为多见。

（四）望排泄物

1. 呕吐物

健康猪不咳嗽、不呕吐。如见猪发生呕吐，是脏腑病变的反映，有时也见于中毒性疾病和神经系统性疾病等。

如猪患消化不良疾病时，可见猪食欲大减或废绝，呕吐物酸臭，肚腹胀满，触压腹壁坚硬有痛感，重者腹痛不安、口臭；如猪胃肠炎疾病时，病初呕吐物带有血液或胆汁，腹痛明显，多数是腹泻和便秘交替出现，粪便恶臭，并混有血液、黏液、气泡；如猪发生流行性腹泻病时，仔猪吃奶后呕吐，吐出物含有凝固奶块，后期粪水从肛门流出。

若见猪呼吸加快，流涎，时起时卧，腹痛不安，或转圈呕吐，口吐白沫，常见颈部水肿，为猪亚硝酸盐、有机磷农药等中毒病。若见猪出现偏视，眼球转动，从口角开始痉挛，口吐白沫，呻吟嘶叫，眩晕倒地，全身肌肤痉挛，常见于猪癫痫病；若见猪呼吸困难，精神沉郁，咳嗽，呕吐，停食，血痢时，常见于猪炭疽病；猪有前进或转圈等强迫运动，并伴有呼吸困难、呕吐、腹泻，多见于伪狂犬病；若见猪食后立刻呕吐，常见于猪腭口线虫病；猪体温升高、腹泻、呕吐、呼吸、咀嚼困难、运动僵硬、眼睑及四肢浮肿，多常见于猪旋毛虫病。

2. 粪便

主要观察猪粪便的形状、色泽及有无异物等。健康猪粪便的颜色、形状与饲料有一定关系。健康猪排出的粪便呈细香肠样，比较柔软、湿润，呈一节一节的圆锥状，不含未消化饲料粒、气泡、黏液、浆液、血、脓等异常物质。

若粪便干硬，排便次数减少，排便困难，多见于原发性便秘（粗饲料饲喂过多）或急性热性病，如猪丹毒、猪瘟、肺炎及流感等初期；若粪便稀薄如水或稀泥状，排便次数增多，下痢等，主要见于胃肠炎（大肠杆菌病、传染性肠炎、轮状病毒性肠炎）、饲料中毒、肠内寄生虫病以及猪瘟的末期。如猪的粪便稀，呈黄白色，无血、无臭、无黏液，多见于普通腹泻；稀便带白，病猪消瘦、贫血、腹痛，见于猪棘头虫病；粪泻如水，带有绿色或淡棕色，则多为病毒性腹泻；粪泻如糊状，有腥臭味，一般多为细菌性腹泻。

仔猪下痢时，多见灰白色、灰黄色或黄绿色水样稀粪，并有腥臭。如出生后几天之内的奶猪排黄色或白色稀粪，有腥臭味，则是仔猪黄痢、仔猪白痢；补料初期的仔猪及断奶前后的仔猪，粪便稀泻，并混有未消化的饲料，则可能为消化不良；如仔猪吃乳时粪便为灰白色，吃料时粪便为黑灰色，粪便如稀糊状不成形，肛门松弛，粪便自流，见于猪小袋纤毛虫病。

另外，观察粪便时，还要看其中是否有异物、寄生虫和血液等。若粪便中混有黏液、黏膜及脓液，常见于猪瘟、猪丹毒、猪肺疫、猪副伤寒及一些中毒性疾病；如排出血液，多是仔猪红痢或血痢。

3. 尿液

正常猪尿液呈无色透明水样。如猪出现排尿困难、尿色或尿量等异常时，均为猪患病的表现。

若猪尿色淡红，并转成鲜红、暗红或黄红色，甚至混有血块，常见于血尿症；如猪出现持续性腹痛和血尿，尿液断续或滴状流出，常见于猪尿石症；如猪排尿痛苦、弓背、尿频、尿血、肾区触诊痛，腹痛、腹泻带血，常见于膀胱炎、菜籽饼中毒；如猪排血尿，外阴部有脓性分泌物，则见于猪棒状杆菌病；若猪尿色红或茶色，猪舍有腥臭味，则见于猪钩端螺旋体病；若猪尿红茶样而带黑色、有黄疸，则见于铜中毒；若猪尿红色，可是黏膜苍白、黄染，则见于仔猪溶血病；若猪尿量减少或无尿，常见于猪水肿病、猪肾炎病或食盐中毒（渴欲增加）；若猪尿少而黄稠或黄红色，不断喝水，则见于棉籽饼中毒；若猪产后腹部膨大，不排尿，插入导尿管即可排出，则见于猪产后膀胱弛缓；若母猪会阴部肿胀，按压即排尿，则见于母猪会阴疝。

（五）望眼鼻口

1. 看眼睛

眼目为五脏六腑之门，眼睛的病变不仅与肝有关，与其他脏腑也有密切关系。看猪眼时应注意其色泽、肿胀、眵泪、翳障、破损和赘生物等情况。健康猪的眼睛无肿胀和异常分泌物，眼结膜为粉红色。

猪目赤肿痛，流泪生眵者，多属风热或肝炎；白翳遮眼（外障）者，多属外伤或肝经积热；若猪眼睑肿胀，皮肤青紫，指压下陷，多属水肿之症；若眼结膜发红、充血或紫红色，为热性传染病、肺炎、中暑、肠炎等的表现；如猪可视黏膜先潮红后黄染，呕吐物带血液或胆汁，腹痛明显，肛门失禁，常为猪胃肠炎；如猪眼结膜红赤，停食喜饮水，咳嗽气喘，常见于猪肺热病；眼结膜蓝紫（发绀）见于伴有心肺机能障碍的重症病程中；眼结膜苍白常见于各种贫血、内脏寄生虫、大出血等病；若白腥发黄者，多属黄疸、肝炎病等，常见于小肠发炎、钩端螺旋体病、肝炎病胆道阻塞等；若瞳孔扩大，多属危证。

2. 看鼻盘

鼻为肺气出入之门，助肺呼吸，主嗅觉，鼻部的病变主要反映肺的病变。如鼻孔的张缩，主要反映呼吸机能的变化。健康猪鼻盘常湿润（白猪呈粉红色），无水疱，无鼻液流出。

若鼻盘干燥，是体温升高的表现；若见猪面部歪斜，鼻盘歪向一侧，鼻孔大小不一，鼻孔出血，多属于猪萎缩性鼻炎；若猪有肌肉痉挛性收缩，似癫痫样发作，鼻盘歪向一侧，瞳孔扩大，视力减退，多为猪伪狂犬病。

若见猪鼻孔扩大、喘息深多，多见于肺虚病；呼吸急促、鼻翼扇动，可见猪肺热；鼻孔张开为喇叭状，鼻翼运动不明显，四肢及头颈强直者，见于猪破伤风；若猪饮水时从鼻孔逆出，多属猪咽喉炎。

鼻腔有分泌物流出，多为呼吸道有病的象征。如猪鼻腔有大量鼻液流出、呼吸困难、咳嗽，多为流行性感冒；猪鼻流黏性分泌物，在皮薄毛稀部位处出现红色的小斑疹，时常擦痒，多为猪痘病；鼻流泡沫液、气喘，多为猪肺疫。当然，猪肺水肿、肺出血或慢性支气管炎时，也会流出泡沫性鼻液。

3. 查口腔

口腔是猪的气血外荣，是脏腑功能活动的外在表现。一般检查口腔黏膜的颜色、肿胀、口腔的内容物、舌苔和牙齿的变化。健康猪口色一般为粉红或红黄，且鲜明光润。

若唇、颊、口黏膜出现水疱、烂斑，多为口炎、口蹄疫、水疱病；如口腔黏膜发红、温度高、疼痛、肿胀、唾液多，一般是口炎；若舌面上如有糠麸状的舌苔、口臭、食欲减退、精神萎靡，为胃炎的病症；若猪口色枯白，肢腿僵硬，起卧困难，不能站立，为瘫痪病；若口腔黏膜苍白，多为贫血病、内外寄生虫病等。若口舌发白、微红、略呈黄色、耳鼻俱冷是外感风寒，内伤阴冷的表现；若见猪口舌黄白为脾虚消化不良。

若见猪口舌潮红，眼睑浮肿，皮肤上出现红色小斑疹，多为猪痘；若猪瞳孔先扩大、后缩小，神志昏迷，口色红赤，常见于中暑病；若猪弓腰努责，腹胀，不断吟叫，唇舌暗紫，干燥无津，常见于大肠粪结；若初期口色发红，舌色赤红，渐至口色青紫，牙黄变黑，为热喘病；若猪眼睑肿胀，牙黑舌抽，口色青紫，呼吸气喘，常见于霉饲料中毒；若见猪舌苔由黄转紫，迷目难睁，白眼发红，黑眼发蓝，全身发烫打寒战，多为猪瘟中期；如见猪舌苔由紫转青紫，叫声暗哑，大便清稀，其色黄绿、恶臭，为猪瘟危证；若猪口色为青黑或深青紫色而无光泽，则为濒危症候。

（六）望肢蹄

看猪站立或行走时四肢的姿态、步态及各部形态变化对诊断某些方面的疾病具有重要意义。健康猪四肢发育匀称、比例适中、肌肉坚实，运步时四肢轻健有力，步幅大小适中，运动无异常。

一般疼痛疾病，站立时不敢负重，经常伸向前方、后方、内方或外方，同时蹄尖、蹄踵或蹄侧负重。在运步时，随着患病部位的不同，有点头及臀部升降、肢蹄负重、关节屈伸及步样各方面发生变化。

若猪阉割之后，四肢僵直，多为破伤风；若猪步态蹒跚，不能站立，倒地四肢划动如游泳状，严重者头胸部出现水肿，后肢麻痹，见于猪水肿病；如猪后躯无力，站立不稳，走路摇晃，肌肉颤抖，继而两后肢麻木，走路时以前肢爬行，多见于母猪产后瘫痪病；若猪共济失调，步履蹒跚，肌肉震颤，两前肢或四肢张开呈现观星姿态，后肢麻痹拖地，不能站立，多见于猪李氏杆菌病。

若猪出现跛行症状，常见于关节炎型猪链球菌病、副猪嗜血杆菌病、霉形体关节炎、口蹄疫、水疱病、腐蹄病、黏液囊炎，以及创伤、挫伤、关节脱位、骨折、佝偻病、骨软病等。如猪在蹄叉、蹄冠、蹄匣出现黄豆大小水疱，并形成大疱，水疱破裂出现溃烂面，蹄冠皮肤和蹄壳裂开，跛行明显，常见于猪水疱病；如病猪蹄部有水疱，蹄壳脱落，患肢不能着地，为猪口蹄疫；猪患佝偻病多出现腿软弯曲，四肢骨节粗大，运步不灵活，骨骼变形的症状。

（七）看二阴

二阴系指阴部及肛门，看二阴主要看阴囊、阴茎、睾丸、阴门及肛门。健康公猪阴茎于包皮内，阴囊、睾丸外观不见异常，当遇到发情母猪时，阴茎能自行勃起；健康的母猪阴部外观正常，阴道色泽红润有光泽，除发情期外一般无分泌物，保持湿润。

若见公猪身体过肥或瘦弱，被毛粗乱，交配时阴茎软而不举，或偶能交配，很难持久，多见于公猪阳痿病；如见公猪阴茎虽能勃起，未性交精液即泄，此系滑精早泄，多属肾虚精关不固、肾虚阳亏之症；如母猪起卧不安，频频努责，阴门肿胀，流出黏液或血水，仔猪不能产出，多见于母猪难产病。

健康猪肛门紧缩，排便后立即回收，肛门周围干净，不沾染粪便。若猪肛门松弛无力，为久泻气虚之症；若肛门外翻，直肠垂肛门之外，为脱肛，多为中气不足所致；若肛门随呼吸而前后运动，或肛门周围有黄白色或灰白色污垢物，常是胃肠虫积的征象；若肛门周围血样粪便，应考虑猪梭菌性肠炎、猪痢疾、猪鞭虫病以及孢子、球虫病等，还可能是直肠破裂。

二、闻诊

闻诊就是诊查者通过听觉和嗅觉了解猪只病情的一种诊断方法，用耳听声音，用鼻嗅气味，实际上也就是现代诊疗中所用的听诊、叩诊和嗅诊等诊查方法。通过闻诊，可以帮助诊查者辨清病情的性质和转归。

声音的变化可反映脏腑功能盛衰及病证的情况。通过听叫声、呼吸声、咳嗽声、咀嚼声、胃肠蠕动声音，以及通过叩击后产生的各种声音，从而判断猪只身体功能是否正常。同样，口鼻气味、粪尿的气味在一定程度上也可反映出猪只是否健康。

（一）听诊

就是医者用耳朵听取猪的生理性或病理性的声音。猪声音的发出，主要是气的活动，气动声响，它既与口鼻咽喉诸发音器官有关，亦与肺、心、肾等脏的虚实盛衰关系密切。因此，听声音不仅能诊察发音器官的病变，而且根据声音的变异，可以进一步发现内脏和整体的变化。

1.直接听诊

就是不用借助听诊器，直接用耳朵听取动物的生理性和病理性声音。如叫声、咳嗽声、呼吸声、咀嚼声以及胃肠蠕动声音等。

（1）听叫声　健康的猪叫声洪亮、清脆、有节奏，一般多在求偶、呼群、唤仔、寻母及饥渴等情况下发生。若猪患病时，叫声的洪微、高低常有变化。

当猪叫声高亢，后音延长者属阳证、实证，多为正气未衰，病情较轻；猪的叫声嘶哑无力，后音缩小，甚至叫不出声者属阴证、虚证，多为正气已衰，病情较重；若猪颌下肿胀，呼吸困难，甚至有呼噜声，常见于咽喉发炎所造成；如猪牙根色黑，舌苔青紫，舌头发抽，叫声喑哑，呼吸短促，常见于猪瘟濒死期；若猪狂闹惊奔，爬墙跳圈，吼叫凶恶，音声粗哑，常见于猪癫狂症；若猪吞咽食物困难，叫声嘶哑，是邪热上冲咽喉所致的锁喉风；如猪腹痛呻吟，起卧不安，不排便，回头望腹，弓腰努责，常见于大便秘结。

（2）听咳嗽　健康猪一般不咳嗽，咳嗽是肺经病的一个主要症状，但其他脏腑病变也可发生咳嗽。

若猪"频咳"，常见于重剧炎症；若猪"干咳"，音高而短，常见于慢性气管炎；若猪出现干短而强的持续性咳嗽，常见于支气管炎；猪"痛咳"多见于胸膜炎；如猪"剧烈咳嗽"并显示痛苦，呼吸困难，饮水从鼻孔流出，常见于喉炎；如猪咳嗽声短，并带有痛苦感，常见于猪肺疫；若猪"湿咳"，音低而长，多属急性炎症中期；若猪湿性咳嗽，关节肿胀，行走后躯摇摆，常见于传染性肺炎；若猪咳嗽低沉，有时出现痉挛性"阵咳"，食后咳嗽加剧，常见于猪气喘病。

（3）听呼吸　呼吸声主于肺、肾，肺主出气，肾主纳气，肺为呼吸之器，肾为呼吸之根；两者与猪机体生命活动关系最大。健康猪每分钟呼吸 10~20 次，呼吸时气息平和，并无声响，如短期剧烈运动，呼吸声音变为粗大加快，但休息后很快恢复正常，不属病症。

如猪肺气不足，呼吸缓慢；肺热则呼吸加快；肺胀则呼吸困难；若猪腹胀疼痛，则呼吸浅表加快；病猪垂危，则呼吸哽噎，上气不接下气；若猪呼吸次数增多，常见于支气管炎、难产、产褥热、肺炎、胸膜炎病；如猪患感冒，呼吸音增强，呼吸加快，脉象增加；各种药物和食物中毒则见呼吸缓慢，呻吟、呃逆等；猪心脏衰弱及贫血、失血性疾病则见腹压显著升高，脑及脑膜充血，呼吸次数减少；若猪棉籽饼、酒糟、食盐中毒等，出现呼吸困难；若猪苦楝子中毒常出现呼吸微弱的现象。

（4）听咀嚼声　健康猪争抢食物，发出强而有力的"吧嗒"声，吞咽迅速；病猪食欲较差，咀嚼缓慢，声音微弱，吞咽迟缓。

（5）听胃肠蠕动音　健康猪胃肠蠕动音节律一定、强弱适中。而猪生病时，胃肠蠕动音的强弱或节律均会发生改变，可能会亢进、减弱或消失。若胃肠音高亢，多见于腹泻，特别是水样泄；胃肠音减弱或消失，常见于胃腹胀满、食滞甚或肠阻塞等结症。

2. 间接听诊

就是借助听诊器，听取动物的生理性和病理性声音，如心跳声、肺部声音、肠蠕动音等。

（1）听心音　听取心音的最佳位置是于左侧胸部肘窝后方，主要是听取心音的频率和强弱。猪正常心搏频率为60~80次/分，强度适中的"卜""通"音。

① 心音增强。第一心音增强，或只听到第一心音，多见于急性热性传染病、心脏衰弱、心内膜炎及贫血等疾病；第二心音增强，主要见于肺气肿、肺炎、肺充血、急性肾炎、左心室肥大及二尖瓣闭锁不全等。

② 心音减弱。一般多为心脏衰弱（末期）、心脏扩张、渗出性心包炎、胸壁浮肿、胸腔积液、肺气肿等。

③ 心脏杂音。在两个心音之间，听到的像口哨声或咝咝声等杂声杂音。心内杂音通常由于心内膜、心瓣膜病变、血液稀薄、血流速度加快所致；心外杂音通常由心外膜、心包膜病变引起。

（2）听肺部声音　用听诊器在胸壁上听肺脏呼吸时的音响，借以判断支气管和肺的状态。在健康猪的胸部，可以听到柔和的"呼—呼—"的肺泡音，正常呼吸频率为10~20次/分。

① 肺泡音增强。常见于支气管炎、支气管狭窄等疾病。

② 肺泡音减弱或消失。常见于上呼吸道狭窄、肺气肿、肺炎、胸膜炎、胸腔积水等疾病。

③ 支气管呼吸音。此时肺泡音消失，只能听到一种尖锐的支气管呼吸音，常见于肺炎、胸膜炎及猪肺疫等疾病。

④ 干性啰音。高朗而粗糙，如笛声、蜂鸣、咝咝声，是支气管黏膜肿胀、气流不畅或有黏稠的痰液存在形成，见于早期支气管炎或支气管肺炎。

⑤ 湿性啰音。如含漱声、水泡破裂声，是支气管、细支气管及肺泡内有大量稀薄液体，气流通过时水泡的生成或破裂所致，见于支气管炎、肺炎、肺水肿等。

⑥ 捻发音。是一种极细微而均匀的噼啪声，类似在耳边捻转一簇头发时所发出的声音，常见于肺水肿、小叶性肺炎、大叶性肺炎等。

⑦ 胸膜摩擦音。这种呼吸音好像两手贴耳轻轻摩擦的声音，常见于慢性猪肺疫和胸膜炎。

（3）听肠蠕动音　在猪腹部听取肠蠕动音。健康猪的小肠音如潺潺流水声，大肠音则如雷鸣的咕噜噜的音响。

肠音增强，连绵不断，可能为肠痉挛、胃肠炎、消化不良等；肠音减弱，音短而稀少，或消失，见于热性病、便秘。

3. 听诊的注意事项

① 一般应选择在安静的室内进行。

② 听诊器的接耳端，要适宜地插入检查者的外耳道（不松也不过紧）；接体端（听头）要紧密地放在猪体表的检出部位，但也不应过于用力压迫。

③ 被毛的摩擦是最常见的干扰因素，要尽可能地避免，必要时可将其濡湿。

④ 注意防止一切可能发生的杂音，如听诊器胶管与手臂、衣服等的摩擦杂音等。

⑤ 检查者要将注意力集中在听取的声音上，并且同时要注意观察猪的动作，如听呼吸音时同时应观察其呼吸活动。

（二）叩诊

用手指或叩诊锤敲打病猪胸、腹部体表，借以引起其振动并发生音响，根据发生音响的特征，判断内脏的病变。若猪体肥胖，叩诊音有时可能不明显。

确定猪肺脏叩诊部位时，一般先从肩端向后引一水平线与第7肋骨的交点，接着从坐骨节向前引一水平线与第9肋骨的交点，最后从髋骨外角向前引一水平线与第11肋骨的交点。用弧线把这三点连接起来即为肺脏的叩诊部位。

健康猪的肺脏叩诊音通常高而响亮，叫作清音。肺炎初期、肺水肿时，叩诊音响称为鼓音；肺发生充血、胸膜炎和猪肺疫，叩诊音呈混浊音响，称为浊音或半浊音。肺气肿则叩诊音范围扩大。

（三）嗅诊

就是用诊查者的鼻子嗅动物体的呼出气、口腔的气味以及分泌物或排泄物气味等。通常臭味大者多属热重、邪实证；臭味不显或略酸臭者多属虚寒证；有腥臭味者，多属化脓、坏疽之证。鼻嗅气味在临床上意义较大的为嗅猪粪便的气味。如果气味腥臭，多为痢疾；如果气味酸臭，多为消化不良性泄泻（伤食泻）。

三、问诊

问诊就是向猪主人或饲养员了解猪何时患病、发病经过、主要症状和是否治疗、用过何药，在发病前后的免疫接种、饲养管理如饲料质量、饮水卫生、公猪配种和母猪妊娠、产仔、产后、仔猪等情况，还需了解附近猪病流行、死亡情况等。

通过问诊，初步判断疾病属于传染病、中毒病、代谢病或一般普通病。如饲喂了某种有毒饲料（烂菜叶、腐败肉汤、农药污染青饲料等），发病突然、呕吐、发抖等，中毒的可能性就较大。同群猪有多头发病，体温升高，附近也有猪病流行，甚至死亡，则某种传染病的可能性大。即使打过某种疫苗，但也可能因免疫程序不当或注射的疫苗质量欠佳、注射方法不当或已过了有效免疫期，仍有可能感染发病。如果较多母猪常发生流产或产死胎、木乃伊胎，则应怀疑猪细小病毒病、蓝耳病、猪日本乙型脑炎或钩端螺旋体病、布氏杆菌病等。

问诊的内容概括起来主要包括现病史、既往病史、平时的饲养管理等。

（一）现病史

即关于现在发病的情况与经过，其中应重点了解以下内容。

1.疾病的表现

主诉人所见到的有关疾病表象，如腹痛不安、咳嗽、喘气、便秘、腹泻或血尿，乳房及乳汁变化等。这些内容常提供疾病诊断的线索，必要时可提出某些类似的征候、现象，以求主诉人解答。

2.疾病的经过

目前的状况是何时出现的、持续了几天，并与开始发病时疾病程度的比较，是减轻还是加重；症状有无变化，又出现了什么新的病状或原有的什么现象消失；是否经过治疗，用了什么方法与药物，效果如何等。根据这些，不仅可推断病势的进展情况，而且根据病后变化及治疗效果验证，可作为诊断疾病的参考。

3. 主诉人的推断

主诉人所估计到的致病原因，如饲喂不当、受凉、受热、受惊、被踢、被咬等，也常是推断病因的重要依据。

4. 猪群的发病情况

其他邻舍及附近猪场，最近是否有疾病流行等情况，可作为是否是传染病的判断条件。

（二）既往病史

即猪群以往发病的情况。主要包括病猪和猪群过去是否发生过类似疾病，其经过与结局如何，过去的检疫结果如何或是否被定为疫区（如猪瘟、猪口蹄疫、猪传染性水疱病、布氏杆菌病等），本地区或邻近猪场的常见疫情及地区性的常发病，预防接种的内容及实施的时间、方法、效果等。这些资料，对现病的诊断以及对传染病和地方性疾病的分析都具有很重要的意义。

（三）饲养管理

通过对病猪与猪群的平时饲养管理及生产性能的了解，不仅可从中查找饲养管理的失宜与发病的关系，而且在制定合理的防治措施上也十分必要，因此，应详细询问以下相关内容。

1. 饲料日粮的种类、质量，饲喂时间、量、次数与方法等

饲料品质不良与日粮配比不当，经常是营养不良、消化紊乱、代谢失调的根本原因；而突然改变饲料和饲养制度，又常能引起猪的便秘或下痢；饲料发霉，放置不当而混入毒物，加工或调制方法失误而形成有毒物质等，可成为饲料中毒的条件。

2. 猪舍的卫生和其他条件

主要包括光照、通风、保暖与降温、排废除污的处理及其设施等。

当然，问诊的内容十分广泛，要根据病猪的具体情况而适当地加以选择和增减。问诊的顺序，也应依实际情况灵活掌握，可先问诊后

检查，也可边检查边问诊。问诊的态度要诚恳和亲切，这样才能得到主诉人的密切合作，获得充分而可靠的资料。对问诊材料的估价，应抱客观的态度（既不应绝对地肯定，又不能简单地否定），应将问诊的材料和临床检查的结果加以联系，进行全面的综合分析，从而找出诊断线索。

四、触诊

触诊就是用手或借助仪器接触猪体，检查猪的体温，猪体有无异常感觉或疼痛，猪体有无肿胀、肿胀的性状以及猪的脉象等。主要内容包括检查猪体温、摸捏肿胀、查脉象、查对刺激的敏感性等。

（一）查体温

体温的变化往往帮助我们认识疫病的种类及性质，所以检查体温在诊断上很有意义。查体温通常有用手背直接感知猪皮肤、两耳、鼻盘、四肢的冷热等和借用温度计测定猪的体温两种。在多数情况下，直肠温度的高低与手摸体表的温度基本一致，临床上常将两种方法结合应用。

1. 用手查体温

以手感知患病猪有关部位的冷热或温度高低，以判断病证之寒热。在临床上通常有4种方法。

（1）查体表皮温　猪皮温低属阳气不足；皮温高或灼热属阳邪热盛。

（2）查耳温　耳尖时热时冷为风寒在表；耳偏凉为寒证；耳热为热证；全耳俱凉为寒证，属病危之兆。

（3）查鼻温　鼻头及呼吸出气热，多属热证；鼻冷气凉多属阳气衰微的虚寒证。

（4）查四肢皮温　四肢偏凉属寒；四肢偏热属热证；四肢冰冷为阳气将竭，或热极阳盛格阴，病至垂危。

2. 体温计测体温

用兽用体温计检查猪直肠温度时，需先将猪保定好，将体温计的水银柱甩至35℃以下，涂抹少许石蜡油，然后缓缓插入病猪肛门，并用夹子固定于尾部的被毛上，待3~5分钟后取出。擦净体温计，读取数据后，用酒精棉球擦拭干净以备下次使用。重病者应在上下午各测一次，并做好记录，以观察分析体温升降与病性变化的关系，作为诊断的依据。

健康猪正常体温 38.5~39.5℃，仔猪 38.5~40℃。体温出现异常，是疾病的表现。临床中，根据体温变化划分的热型主要有以下几种。

（1）稽留热　体温日差在 1℃以内，且高热持续时间在 3 天以上，常见于猪瘟、猪丹毒、弓形虫病以及大叶性肺炎等病程中。

（2）弛张热　体温日差超过 1℃以上而不降到常温的，见于败血症、化脓性疾病、小叶性肺炎等病程中。

（3）间歇热　有热期和无热期交替出现，如猪的锥虫病有间歇热。

（4）不定型发热　体温无规律的变动称为不定型热，见于慢性猪瘟、猪肺疫、副伤寒等病。

猪的体温增高，超出正常范围，多见于热症或实症，如一些传染性疾病（猪丹毒、李氏杆菌病、猪水疱病、猪流感、猪副伤寒、乙型脑炎、猪肺疫等）、猪中暑或猪呼吸道、消化道及其他组织的一些炎症。例如，猪流感体温在 42℃；猪副伤寒、乙型脑炎、猪肺疫体温在 41℃。

体温低，多见于贫血、营养不良、某些中毒或中枢神经系统等疾病。例如，仔猪的低血糖，体温维持在 37℃左右；猪亚硝酸中毒时，体温在 35~37℃。体温突然降低，多预后不良，常见于某些中毒病（尿素中毒、蓖麻中毒、亚硝酸中毒）、大失血、严重下痢、内脏破裂（肝、脾、胃肠、膀胱等）。

（二）摸捏肿胀

对体表肿胀，首先应根据肿胀所在部位，通过手指轻压或揉捏局部肿物，根据感觉及压后的现象去判断肿物的性状，从而推断出某些疾病。如断奶仔猪在眼睑、头、颈部，甚至全身肿，手指加压后留有明显的指压痕，像生面团样硬度（皮下浮肿的特征），多为仔猪水肿病；如猪四肢关节部肿胀，用手摸捏有热和痛感，则多为关节炎；如肿物位于腹侧或腹下、脐部或阴囊，且其内容物不定，或为固体、液体，或为气体，经按压可还纳，有疝的可能性；如果公猪阉割后阴囊肿胀或母猪阉割后腹壁创口处肿胀，多为感染性肿胀，或者肠管没有完全塞入腹膜下面；用手指捏压肿物，若有明显的波动感，其内多数蓄积有液体，为脓肿、血肿等；若肿胀柔软、有弹性或触压其边缘处呈捻发感、有气体向周围组织窜动，则为皮下气肿的特征。另外，通过触摸怀孕母猪的后腹部，可感知母猪胎儿的状态；触摸猪腹部可感知猪只粪便秘结等情况。

（三）查脉象

脉是气血的通道，脉象能反映脏腑气血盛衰和功能情况，通过触按脉管，从其深浅、速度、强弱、节律、形象等变化中，可以测知脏腑气血盛衰和邪正消长等情况。查脉搏的部位，小猪一般在后腿内侧的股动脉部（诊者应蹲在猪体的侧后方，一般用一手握右后肢，一手伸股内侧，以手触摸股动脉）；大猪在尾根底下部即尾底动脉部（针灸穴位的"尾本"穴处）。感触脉搏跳动的次数和强度，除了用手感知外，也可用听诊器听心脏部（一般贴左胸壁部），心跳的次数即为脉搏的次数。

一定要在猪安定、呼吸平稳的状态下查脉。触辨脉象时，须用食指、中指和无名指并拢先轻摸，再稍重摸，又再略加指力而重摸，集中注意力于手指感应上而辨别。正常时，脉跳的快慢和力量均匀，频率为60~80次/分，通称平脉。如脉跳的频率、高度、脉管的充实度、紧张度以及脉跳的节律性出现异常者，即统称为病脉。

脉搏数增多，主要见于急性热性病，如中暑、感冒、肠炎等。此外，脉数增加，可能为心脏病、呼吸器官疾病，引起二氧化碳与氧气交换性发生障碍，如心肌炎、各类贫血等；脉搏数减少，多见于慢性病。

（四）对刺激的敏感性检查

检查敏感性时，要注意动物的反应及头部、肢体的动作，如动物表现回视、躲闪甚至反抗，常为敏感、疼痛的表现。但检查时应先将猪的眼睛加以遮盖，以免发生不真实的反应。

第二节　猪病诊断中常见的症状

一、发热

养猪场在饲养过程当中，当猪生病的时候，常常遇到这样的情况：有的病猪症状典型，易于诊断；但也有的病猪不典型，症状复杂，病变多样，造成误诊，给养殖户带来经济损失。这个时候仅凭临床诊断的知识和经验是不够的，需要多种诊断方法和手段配合，进行全方面的仔细筛查和诊断，最后才能确诊，具体鉴别方法如下。

高热为主要症状的病因和鉴别诊断

猪的正常体温为38~40℃，通常指的是肛门温度。当外界气温高、运动和进食后、母猪在分娩前后以及仔猪的体温稍高，或暂时发生变化，但若持续地超过40℃以上，则为发热。

猪体温保持恒定，主要是通过产热和散热的两种作用互相协调，在大脑皮质层的控制下，视丘脑下部体温调节中枢通过各种反射作用进行体温调节。

发热是指机体在"内生性致热原"的刺激下，引起体温调节中枢的调定点上移，而引起调节性体温升高的一种防御适应性反映。其特点是：产热和散热过程由相对平衡状态转变为不平衡状态，产热过程增强，散热能力减低，从而使体温升高和各组织器官的机能与物质代谢发生改变。发热并非是一种独立的疾病，而是许多疾病尤其是传染病和炎症性疾病过程中最常伴发的一种临床症状。由于不同疾病所引起的发热常具有一定的特殊形式和恒定的变化规律，所以临床上通过检查体温和观察体温曲线的动态变化及其特点，不但可以发现疾病的存在，而且还可作为确诊某些疾病的有力根据。

值得注意的是，发热和单纯性体温升高是不同的。前者是由于体温调节中枢功能紊乱，产热和散热过程不协调而引起的；后者是指动物在重度劳役、剧烈运动或日光长时间暴晒和环境气温过高时出现的一种暂时性的体温升高，在停止使役或改善环境后，即可很快恢复正常体温，如日射病和热射病均属于此类。

1. 发热的发展过程

可分为 3 个阶段。

（1）体温上升期　是通过皮肤血管收缩，汗腺分泌减少，使散热减少，同时肌肉收缩增强，肝、肌糖原分解加速，使产热增多。这时病猪有精神沉郁，食欲下降，心跳、呼吸加快，寒战，喜钻草堆等表现。不同的疾病，体温升高的速度不一致，如猪丹毒、猪肺疫等病，体温上升很快，而猪瘟、副伤寒则较慢。

（2）高热期　此时产热和散热在较高的水平上维持平衡，散热过程开始加强，皮肤血管舒张，产热过程也不减弱，所以体温维持在较高的水平上。病猪表现皮温增高，眼结膜充血、潮红，粪便干燥，尿少黄短。不同疾病高热期持续的时间不相同，如猪瘟、传染性胸膜肺炎等病持续时间较长，而伪狂犬病、口蹄疫则仅数小时或不超过一天。

（3）退热期　由于机体的防御功能增强或获得外援（经治疗），体温逐渐下降，病猪的皮肤血管进一步扩张，大量排汗、排尿，产热减少。如果体温迅速下降或突然下降，则为骤退，可引起虚脱甚至死亡，而逐渐下降，则预后良好。

2. 发热的分型

分型的方法有多种，为了便于对疾病的鉴别诊断，现介绍以下两钟方法。

（1）按病猪体温升高的程度分

① 微热。超过正常体温 1℃左右，即在 40~41℃。常见于某些慢性传染病，如慢性猪瘟、副伤寒等；也见于乳房炎、胃肠炎等局部感染的疾病。

② 中热。超过正常体温 1~2℃，即 41~42℃。见于急性病毒性传染病，如急性猪瘟、流感等；也可发生于肺炎等局部器官的感染。

③高热。超过正常体温 2℃以上，即 42℃以上。一般认为某些急性、细菌性感染的猪病都可见到如此高的体温，如猪丹毒、猪肺疫等。

（2）按病猪的热型曲线分　热型曲线是指每日两次测得的病猪

体温数值的连线。

① 稽留热。当体温升高到一定程度后，持续数天不变，或温差在1℃以内，这是由于致热原在体内持续存在并不断刺激体温调节中枢的结果。可见于猪瘟、急性传染性胸膜肺炎等。

② 弛张热。其特点是体温升高后一昼夜内变动范围较大，超过1℃以上，但又不降到常温。见于急性猪肺疫、猪丹毒及许多败血症。

③间歇热。病猪的发热期和无热期较有规律地交替出现。如败血性链球菌病及局部化脓性疾病。

④ 不定性热。发热持续时间不定，变动也无规则，温差有时极其有限，有时却波动很大。多见于非典型猪瘟及其他非典型传染病。

3. 发热对机体的影响及治疗原则

发热在一定限度内是机体抵抗疾病的生理措施，短时间的中度发热对机体是有益的。因为，发热不仅能抑制病原微生物在体内的活性，帮助机体对抗感染，而且还能增强单核巨噬细胞系统的功能，提高机体对致热原的消除能力。此外，还可使肝脏氧化过程加速，提高其解毒能力。

但长时间的持续高热，对机体危害大，首先使机体分解代谢加速，营养物质消耗过多，消化功能紊乱，导致机体消瘦，抵抗力下降，又能使中枢神经系统和血液循环系统发生损伤。引起病猪精神沉郁，以至昏迷，或心力衰竭等严重的后果。

发热病猪的治疗原则如下。

① 发现发热的病猪立即隔离，对被污染的环境要进行彻底消毒。

② 在没有弄清病因之前，只要不是过高的发热，一般不要随意使用退热药。

③ 在使用抗菌药物的同时，应注意补充营养物质，如葡萄糖生理盐水、电解质（无机盐类）、B族维生素、维生素C。为纠正酸中毒，可静脉注射5%碳酸氢钠溶液等。

④ 在退热期，为防止虚脱，要注意保护心脏的功能，必要时可注射肾上腺素等药物。

⑤ 加强护理，避免各种应激，特别要注意环境温度、湿度和通风三要素。喂以易消化吸收和可口的青绿饲料或糖类较丰富的饲料。

二、腹泻

腹泻是指排粪次数比正常增多，粪便稀薄呈稀粥样或水样，并带有黏液甚至血液。健康猪进食后，经过胃肠道的消化，至残渣自肛门排出，一般需要 18~36 小时，在腹泻时，由于胃肠蠕动加快，食物在胃肠道内停留的时间大大缩短。正常猪每天排便 5~6 次，而在腹泻时每天排便达十几次。

腹泻是猪的一种常见病和多发病，它不仅给猪场带来猪只死亡的直接损失和大量医药费用的支出，还影响幸存猪的生长发育。近年来，仔猪腹泻在一些地区和猪场的流行日趋严重，已成为制约养猪业经济效益的一个重要因素。

腹泻是在各种有害因素的作用下（包括细菌、病毒、有毒物质、不易消化的饲料、气候的冷热及某些化学因素的刺激等），通过神经反射引起肠蠕动增强，致使食物迅速通过肠道，同时伴有黏膜排出、水分增加和黏液分泌增强，因而肠内容物变稀薄。所以，腹泻也并非是件坏事，它是一种防卫功能，有保护性的意义。如果胃肠道内有毒害的物质，不能通过腹泻而迅速排出体外的话，被机体吸收会引起更严重的后果。但是，剧烈而又持续的腹泻，又可造成消化功能紊乱，营养吸收障碍，水分和电解质大量丧失，病猪可能因脱水和酸中毒而致死。

1.腹泻的病因

（1）传染性疾病　常见的病毒病有轮状病毒感染、病毒性腹泻、猪瘟、腺病毒及疱疹病毒感染等。细菌性的疾病有大肠杆菌、沙门氏菌、魏氏梭菌、密螺旋体、弯杆菌等。

（2）寄生虫性疾病　主要指肠道寄生虫病，如蛔虫病、鞭虫病、球虫病等。近年来，由于广泛使用全价配合饲料和改善了饲料管理条件，这类疾病明细减少。

（3）普通内科病　如气温突变，寒冷刺激，阴雨连绵，湿度过大，营养缺乏，饲料霉变，或误食有毒物质及酸、碱、砷等化学药物等，都可以诱发或直接造成仔猪腹泻。

上述致病因子中，以传染性疾病的发病率最高，危害最严重。它们可以原发性致病，也可继发感染，而寄生虫和普通内科病往往是腹泻性疾病的诱发因素。

2.腹泻对机体的影响

（1）急性肠炎　由于病因的剧烈刺激，肠蠕动加速，分泌增多，引起剧烈的腹泻，病猪表现体温升高，精神沉郁等一系列全身症状。慢性肠炎则因肠腺萎缩，肌层被结缔组织取代，分泌、蠕动功能减弱，可引起消化不良和消瘦。

（2）脱水和酸碱平衡紊乱　由于长期或剧烈腹泻，导致大量肠液、胰液、钾、钠丢失、重吸收减少而引起脱水，电解质损失及酸碱平衡紊乱。

（3）肠管的屏障功能障碍和自体中毒　急性肠炎，特别是十二指肠炎症时，黏膜肿胀，胆管口被阻塞，胆汁不能顺利排入肠道，细菌得以大量繁殖，产生毒素，加之黏膜受损，可将毒素吸收入血液循环，引起自体中毒。慢性肠炎时肠运动、分泌减弱，胃肠内容物停滞，引起发酵、腐败、分解，产生有毒物质，被吸收入血液而发生中毒。

3.腹泻的防治原则

（1）免疫接种　由传染病引起的腹泻，如仔猪黄痢、白痢，病毒性胃肠炎，猪瘟等疾病，可进行免疫接种来预防。若接种母猪使其获得较高的母源抗体，可通过乳汁使仔猪得到被动免疫，也可直接接种仔猪，使其获得主动免疫。

（2）特异性疗法　可应用针对某种传染病的高免血清或痊愈血清，进行紧急预防或治疗。因为这些制品只对某种特定的传染病有效，而对其他种疾病无效，故称特异性疗法。

（3）抗菌药物疗法　抗菌药物主要是防治细菌性感染的疾病，但对病毒感染的疾病也能起到防制细菌继发感染的作用。使用抗菌药物疗法是目前防治仔猪腹泻最普通的常规方法。

（4）对症疗法　根据病情的变化和病猪的体质状况，应及时采取对症治疗，包括止泻、收敛、强心、补液、纠正酸中毒等措施，其中最重要的是补液。由于腹泻病猪丧失的不仅是水分，还有许多盐类，所以在补液是要注意到这一点。

三、呼吸困难

呼吸困难是指病猪在呼吸时感到空气不足、呼吸费力，客观上可以看出呼吸频率、深度和节律方面的变化，此时呼吸肌和辅助呼吸肌均参与呼吸运动。

健康猪呈胸腹式呼吸，而且每次呼吸的深度均匀，间隔的时间均等。每分钟呼吸的节律为10~20次。在运动之后，气候炎热时次数可暂时增加，仔猪的呼吸也要快一些。

机体的呼吸过程可分为两部分：一是机体与周围环境之间的气体交换，称为外呼吸；二是血液与组织之间的气体交换，称为内呼吸或组织呼吸。外呼吸与内呼吸之间具有极密切的相互因果关系。

呼吸系统是受神经系统调节的。在延髓有呼吸中枢，并与脊髓两侧的呼吸运动神经元联系，在脑桥还有呼吸调节中枢，这些中枢本身是受神经系统高级部位，即大脑皮层调节的，同时呼吸中枢的活动又直接受到来自机体内的各方面神经传入冲动的影响。来自肺的迷走神经的传入冲动对维持呼吸中枢节律性活动具有重要的意义，其他如血液成分的改变，体温的改变以及血液循环的变化，也都能直接和间接地刺激呼吸中枢，引起呼吸功能活动的变化。

1. 病因和分类

呼吸困难其实包括呼气困难和吸气困难两个方面。此外，呼吸型的改变及频率的增加，在猪病的诊断中也有重要的意义。现简述如下。

（1）呼气性困难　呈现腹式呼吸，依靠辅助呼气肌（主要是腹肌）参与活动，呼气时间显著延长，腹壁活动特别明显，多呈两段呼出。见于气喘病、胸膜肺炎、肺气肿、支气管肺炎等疾病。

（2）吸气性困难　病猪头颈伸直，鼻翼张开，吸气时间延长，并常伴有吸气时的狭窄音，同时呼吸次数减少。见于急性腹膜炎、上呼吸道狭窄等疾病。

（3）混合性呼吸困难　表现为呼气及吸气均发生困难，同时多伴有呼吸次数的增多。见于支气管肺炎、肺炎、心功能障碍、重度贫血及高热性疾病。

（4）**呼吸减慢或微弱**　其特征为呼吸相显著加深并延长，同时呼吸次数减少，或表现为微弱的呼吸活动。见于脑水肿、脑炎、中毒性的疾病及昏迷状态。

2.咳嗽的病理和病因分析

咳嗽是一种反射性的动作，由于上呼吸道有异物侵入或有黏液蓄积，或吸入刺激性气体，使上呼吸道（喉头、器官、支气管）黏膜受到刺激，或有炎症过程存在，都能引起强烈的咳嗽运动。此外，在胸膜、食管管壁、腹膜、肝脏以及中枢神经系统（特别是大脑皮层）受到刺激时，都可以反射性地发生咳嗽。

咳嗽运动能够把吸入的异物或蓄积在呼吸道内的分泌物（痰液）排除出去，使呼吸道保持干净通畅。所以，咳嗽在本质上应该看做是一种具有保护意义的反射动作。但是强烈和持续的咳嗽，可促使胸腔内的压力升高，从而减低了胸腔的吸引力，静脉血液流入心脏受到阻碍，于是就引起静脉压升高，动脉压下降，心脏的收缩力减弱。同时，由于肺泡内压力升高，肺毛细血管和静脉受到压迫，致使血液从右心室向左心房的流动受到阻碍，进一步引起全身血液循环发生障碍。此外，在长时期持续咳嗽的情况下，肺泡高度扩张，肺组织的弹性显著减弱，就可能引起肺气肿。

咳嗽是因呼吸道及胸膜受刺激的结果，可出现于多种疾病之中。检查时应注意咳嗽的性质、频度、强弱、有无疼痛和体温反应等。咳嗽声音低而长，伴有湿啰音，称为湿咳，反映炎症产物较稀薄；若咳声高而短，则是干咳的特征，表示病理产物较黏稠。

咳嗽常发生在清晨，吃料或运动之后，常是呼吸器官慢性疾病的启示。如早期猪气喘病。

频繁、剧烈而连续性的咳嗽，甚至呈痉挛性的咳嗽，多见于重症猪气喘病、慢性猪肺疫、肺丝虫病等。

咳嗽的同时，病猪表现疼痛不安，尽力抑制，见于猪接触传染性胸膜肺炎等。

3.治疗原则

① 发现病猪立即隔离或涂上记号，便于进一步观察，弄清该病猪所出现的呼吸困难症状是急性的还是慢性的，是个例发生还是群体

流行，病猪呈局部症状还是出现全身反应（如体温升高等），了解到这些情况之后，不难做出初步诊断。

② 在一般情况下，对于出现呼吸道症状的急性病例，首选的治疗药物是卡那霉素、链霉素及磺胺类药物。对症治疗的药物可选用盐酸麻黄素、氯化铵、氨茶碱和拟肾上腺素等。

对于慢性呼吸道传染病，可在饲料中添加药物，如土霉素、泰乐菌素和螺旋霉素等。一般不宜大量静脉补液。

③ 对于患有呼吸道症状的病猪，要给予一个安宁、舒适的环境，冬季需要防寒保暖，夏季需要防暑降温，注意猪舍内的空气流通，适当增加营养，补充适量的维生素 C 和青绿饲料。

四、神经症状

神经系统是高等动物体内最重要的调节系统，不仅参与机体生理活动的调节，而且还影响着各种病理过程。神经系统本身的病变与其他组织器官的疾病有密切的联系，各种致病原若损伤其反射弧的任何一部分，均能引起其功能障碍，使疾病发生神经症状。

1.猪病中常见的神经症状

神经症状在临诊上表现的形式是多种多样的，并有专门的名词叙述。猪病中常见的神经症状如下。

（1）痉挛　骨骼肌或平滑肌出现不随意的收缩。若持续时间较短，肌肉的收缩与迟缓交替重复进行，并有一定的间歇时间，称为阵挛性痉挛。如果肌肉持续的收缩，较长时间无弛缓间歇，称为强直性痉挛，又叫角弓反张。

（2）惊厥　剧烈的阵挛性痉挛，导致全身搐搦，病猪不能维持身体的平衡，伴有一时性的直觉丧失，见于各种急性脑炎的末期。局部或全身骨骼肌的连续而不太强的阵挛性收缩，肉眼可见肌肉抖动，称为震颤。

（3）瘫痪　也称麻痹。由于支配肌肉运动的神经功能障碍，患部丧失对疼痛的应答，肌肉紧张性以及随意运动减弱或消失。猪常发生两前肢或后肢瘫痪，属于中枢性瘫痪。

（4）昏迷　是神经组织代谢障碍的结果，多是由中枢神经细胞缺氧或缺乏其他必要的营养物质而造成的。根据程度不同可分为以下几种表现。

① 冷漠迟钝。对周围事物漠不关心，离群呆立，低头耷耳，眼半闭或全闭，行动迟缓无力，但对外界刺激尚能做出有意识的反应。

② 嗜眠。中枢神经中度抑制，病猪倚墙或躺卧，闭眼沉睡，要给予较强的刺激时才有反应，但很快又陷入沉睡状态。

③ 昏迷。为中枢神经高度抑制现象。病猪完全丧失意识，卧地不起，肌肉松弛，反射消失，甚至粪尿排泄失禁，但仍保留植物性神经活动，以控制心跳和呼吸，并维持体温。重度昏迷，预后不良。见于仔猪低血糖症、自体中毒等疾病。

（5）强制性运动　肌肉活动不受意识支配而呈现重复相同形式的运动。例如，转圈运动，按比较固定的直径（大圆圈）或以一肢为中心（小圆圈）不停的转圈，有的顺时针转，有的反时针转。此外，还有表现盲目游走、打滚，或猛进猛退等症状。

（6）共济失调　肌肉收缩力正常，但丧失协调功能，病猪不能保持体位平衡和运步协调。可分为静止性共济失调，也称体位平衡失调，表现不能正常站立，头或躯体摇晃不稳，或偏向一侧，四肢软弱，关节屈曲，常易跌倒，可能是小脑受损害；运动性共济失调，表现为运动强度、步幅和方向异常，步态不协调，举腿过高，跨步过大，运步笨拙，跟跄而方向不正，身体不能维持平衡而跌倒。可见于大脑、小脑或前庭的损伤。

2. 病理要点

（1）脑血管的变化　脑膜和脑组织内分布有丰富的血管，血管周围有液体间隙，物质代谢和气体交换就在这些液体中进行。正常情况下，血管周围也出现炎性细胞和液体。脑炎时，血管周围出现细胞反应，这种反应细胞包围血管，状似袖套，故称"袖套现象"。组成"袖套"现象的细胞在病毒感染时主要为淋巴细胞；在细菌感染时，主要是中性粒细胞；食盐中毒时，主要为嗜酸性粒细胞。

（2）化脓性脑炎　以在脑组织中形成微细脓肿为特征。其中有大量嗜中性粒细胞浸润，陈旧的脓肿灶周围由神经胶质细胞及结缔组织增生形成包囊。见于链球菌、李氏杆菌等细菌的感染。

（3）非化脓性脑炎　主要病变在脑脊髓实质。其特征是在脑组织血管周围间隙内有数量不等的炎性细胞（淋巴细胞、浆细胞或嗜酸性粒细胞）浸润，构成袖套现象。因脊髓同时受害，故又称脑脊髓炎。见于乙型脑炎、伪狂犬病、猪瘟等疾病。

（4）脑软化　猪脑软化的病因很复杂，如细菌或病毒的感染，维生素和微量元素缺乏及某些物质中毒，都可引起脑软化。脑软化的病变位于小脑、纹状体、大脑和延髓。脑软化症状出现1~2天，坏死区即出现绿黄色不透明外观，纹状体坏死，组织常显苍白、肿胀和湿润。

3. 防治原则

① 通过垂直感染引起新生仔猪发生神经症状的疾病，主要有非典型猪瘟、伪狂犬病、仔猪先天性肌阵挛等。对于这类疾病的防制，应着重搞好种用公猪和母猪的防疫、检疫工作，制定出合理的免疫程序，种猪在配种前完成以上疾病的疫苗接种工作，定期进行血清学的检疫，检出的阳性猪不能留做种用。

② 仔猪的中枢神经系统发育尚不成熟，免疫功能也不够完善，对某些疾病较成年猪易感染，如李氏杆菌病、链球菌病（败血型）、伪狂犬病、脑脊髓炎等。这些疾病的病原可通过血脑屏障引起脑部病变，使仔猪表现出神经症状。为此，要对仔猪细心观察，发现疾病早期隔离和治疗；对于可疑猪可使用药物或血清做紧急预防。

③ 许多神经症状疾病的出现与猪场的管理水平有关，如营养缺乏（微量元素或维生素），药物过量（痢特灵、喹乙醇等药物均有毒性）、饲料霉变（黄曲霉、赤霉菌毒素中毒等），污染毒物（饲料或饮水中污染有机磷或灭鼠药等毒物）等。常见的疾病有仔猪低血糖症、水肿病、中暑、维生素或微量元素缺乏症等。对于这类疾病的防制，关键在于提高管理水平，建立、健全猪场的各项规章制度。

④ 对于已经出现神经症状病猪的治疗，一般认为是较困难的，治愈率不高。首先要分析判断发病的主要原因，做出初步的诊断，才能确定治疗方案。治疗原则包括：抗菌药物治疗（疑细菌性感染，如脑膜脑炎型的链球菌病等）；对症治疗，包括使用解毒、镇静、强心、补液、退热等药物；特异性的高免血清治疗。

五、母猪繁殖障碍

繁殖障碍是指动物在繁殖过程（包括配种、妊娠和分娩等几个环节）中，由于疾病等因素造成不能受孕，或受孕后不久胚胎或胎儿死亡。其中有传染性病因，也有非传染性因素所致。

1. 母猪繁殖障碍的主要表现

（1）不发情　母猪无性欲，拒绝接纳公猪的爬跨。不发情的因素较复杂，其原因大致有：①体成熟而性未成熟；②年老体衰；③生殖器官的疾患；④全身性的疾病；⑤内分泌功能失调；⑥营养、微量元素或维生素缺乏；⑦环境温度过低，光照过弱等应激因素的影响。

（2）不孕症　泛指母猪不育，当母猪已到繁殖年龄或分娩后经2~4个发情期，配种后仍不能受孕。分析其原因可能有以下几个方面：①营养不足或营养过剩，表现出母猪过肥或过瘦；②生殖器官特别是卵巢的疾病；③全身性的疾病；④环境突变或应激频繁；⑤种公猪的疾患。

（3）流产　即妊娠中断，胎儿过早排出。其临诊表现可分为隐形流产（妊娠早期胚胎消失）、小产（排出死胎）、早产（排出未足月的活胎）、延期流产（死胎停滞，胎儿干尸或胎儿浸溶）、习惯性流产（每次怀孕到一定时期即发生流产）、全部流产（全部胎儿都流产）、部分流产（只有部分胎儿流产）等。引起流产的原因大致可分为以下3个方面：①传染性流产；②寄生虫性流产；③非传染性流产（包括营养性、外伤性、症状性、自发性、中毒性流产等）。

（4）死胎　胚胎死亡，一般认为可被吸收；胎儿死亡，则导致流产。引起胎儿死亡的原因很多，猪场中常见的病因有以下几个方面：①怀孕母猪感染急性、热性或有生殖道病变的传染病；②猪舍的环境温度过高或过底；③饲喂霉变、腐败的饲料；④错误地服用某些药物；⑤营养或微量元素、维生素缺乏。

母猪妊娠中断后，死胎长期遗留在子宫腔内，若无细菌侵入，死胎中的水分被吸收而干化，死胎呈棕黄色或棕褐色，干化死胎一般到怀孕期满后，随着母畜卵巢黄体的消退和在发情期的出现而排出，这种死胎又称胎儿木乃伊化。

母猪妊娠中断后，死胎的软组织在腐败菌作用下，发酵分解成液体，而骨骼遗留在子宫内，子宫不断排出黄褐色脓性带恶臭的液体，这种死胎称为胎儿浸溶。

本病预后不良，常常引起子宫炎和子宫外层与肠发生粘连，导致不孕症。

2. 防治原则

① 对繁殖障碍的病猪，首先要运用各种手段做出准确的诊断，找出病因，才能采取相应的防治措施。

② 猪传染性繁殖障碍的疾病很多，常见的有猪布氏杆菌病、乙型脑炎、细小病毒感染、繁殖与呼吸综合征、猪瘟等。猪场要做好对这些疫病的检疫和免疫接种等工作。

③ 非传染性的繁殖障碍，与猪群的营养水平、管理条件、环境因素有密切的关系，特别是环境温度若长时间超过36℃以上，极易导致胚胎死亡而流产。所以，在炎热的夏季，控制好妊娠母猪舍的温度十分重要。

④ 有些繁殖障碍的疾病，是由于性激素分泌失调所致。对于这类疾病只要在正确诊断的基础上进行治疗，可获得满意的疗效。

⑤ 对于那些患有难以确诊和治疗的繁殖障碍性疾病的病猪，为避免损失，应及时淘汰。

综上所述，用上面的方法，全面考虑，仔细鉴别，先做出正确诊断，及时跟进药物治疗，就完全有可能将猪场的经济损失降到最低。

六、皮肤病

皮肤是身体最大的器官，在猪上占体重的7%~12%，是由表皮层和真皮层所组成，具有四种功能：①维持体液，电解液以及大分子物质的平衡；②防御化学因素、物理因素及微生物等的损害或侵入；③感受触觉、压觉、痛觉、痒觉以及温度的变化；皮肤通过体表被毛，调节皮肤血液供应以及汗腺的功能来维持体温；④免疫调节，提高机体抵抗力。因此，猪体皮肤是否正常和健康，关系着猪只的生长发育和性能发挥。

猪皮肤病的诊断，首先从流行病学调查入手，了解发病时间、发病数量、病死情况以及发病过程，然后进行全面的临床检查，是全身疾病还是皮肤局部病变。皮肤检查时应着重确定皮肤的病变性质，是原发性或继发性，以及皮肤异常类型：水疱或脓疱、水肿或红斑，最后进行鉴别诊断。

通常情况下，猪的皮肤病，一般均无体温、食欲及精神等明显的全身症状，只局限在皮肤上呈现大小不一的红点疹斑、水疱、脓疱、脓肿、溃疡；有的见脱毛和皮屑，有的则呈现痒感或痛感，被毛粗糙以及皮肤增厚，等等。

第三节 猪病常见的病理变化与特征性病理变化

一、猪病常见的病理变化

（一）充血

在某些生理或病理因素的影响下，局部组织或器官的小动脉发生扩张，流入血量增多，而静脉回流仍保持正常，这种组织或器官内含血量增多称为动脉性充血，又称主动性充血，简称充血。充血可分为生理性充血和病理性充血两种。前者如采食时胃肠道黏膜表现的充血和劳役时肌肉发生的充血等现象。病理性充血则是在致病因素的作用下发生的，如炎症早期发生的动脉性充血。

组织发生充血时色泽鲜红，温度增高，机能增强，体积稍肿大。黏膜充血时常称为"潮红"。充血组织、器官的色泽鲜红是由于小动脉和毛细血管显著扩张，流入大量含有氧合血红蛋白的血液之故；温度升高是由于血流加速和细胞的代谢旺盛；由于充血部位组织代谢旺盛，所以该组织或器官的机能增强。镜下可见小动脉和毛细血管扩张充满红细胞，有时可见炎性渗出等变化。

（二）瘀血

在局部组织器官内，若动脉流入的血量保持正常，而静脉的血液回流受阻，因此在静脉内充盈大量血液，则称为静脉性充血，又称被动性充血，简称瘀血。在病理情况下，静脉性充血远比动脉性充血多见，具有重要的诊断价值和病理学意义。

瘀血是一种最常见的病理变化，不论引起瘀血的原因如何，其病变特点基本相似，主要表现为瘀血组织呈暗红色或蓝紫色，体积增大，机能减退，体表瘀血时皮温降低。

瘀血时由于静脉回流受阻，血流缓慢，使血氧过多地被消耗，因而血液中氧分压降低、氧合血红蛋白减少，还原血红蛋白含量显著增多，血管内充满紫黑色的血液，故使局部组织呈暗红色或蓝紫色。这种现象在可视黏膜称为发绀。又因瘀血时血流缓慢，热量散失增多，加上局部组织缺氧，代谢率降低，产热减少，所以体表部瘀血区表现皮温降低。瘀血时因局部血量增加，静脉压升高而导致体液外渗，结果使瘀血组织的体积增大。

此外，发生长时间持续性瘀血时，常能引起以下严重病变。

① 由于缺氧造成毛细血管通透性增加，故有大量液体漏入组织间隙，造成瘀血性水肿。若毛细血管损伤严重时，则红细胞也可漏到组织内形成出血，称为瘀血性出血。

② 随着缺氧程度的加重，局部组织常发生严重的代谢障碍，组织内中间代谢产物堆积，轻者引起瘀血器官实质细胞变性、萎缩，重者可发生坏死。

③ 瘀血组织的实质细胞发生坏死后，常伴有大量结缔组织增生，结果使瘀血器官变硬，称为瘀血性硬化

（三）出血

血液流出心脏或血管，称为出血。血液流至体外称为外出血，流入组织间隙或体腔，则称为内出血。根据出血的发生机制不同可将其分为破裂性出血和渗出性出血两种。

1. 破裂性出血

其病变常因损伤的血管不同而异。小动脉发生破裂而出血时，由于血压高而出血量多，常使流出的血液压迫和排挤周围组织而形成血肿。同时，根据出血发生的部位不同，故又有一些不同的名称，如体腔内出血称为腔出血或腔积血（如胸腔积血和心包腔积血等），此时体腔内可见到血液或凝血块；脑出血又称为脑溢血；混有血液的尿

液称为血尿；混有血液的粪便称为血便；鼻出血称衄血；肺出血称咯血；胃出血称吐血或呕血。

2. 渗出性出血

渗出性出血时，眼观甚至镜下也看不出血管壁有明显的形态学变化，红细胞可通过通透性增强的血管壁而漏出血管之外。渗出性出血发生于毛细血管和微静脉。出血常伴发组织或细胞的变性或坏死。兽医临诊上，常见的渗出性出血是由于血管壁在细菌毒素、病毒或组织崩解产物的作用下，发生不全麻痹和营养障碍，内皮细胞间的黏合质和血管壁嗜银性膜发生改变，使内皮细胞间孔隙增大而造成的。

渗出性出血常因发生的原因和部位不同而有所差别，其表现常见的有以下三种。

（1）点状出血 又称淤点，出血量少，多呈粟粒大至高粱米粒大散在或弥漫分布，通常见于浆膜、黏膜和肝脏、肾脏等器官的表面。

（2）斑状出血 又称淤斑，其出血量较多，常形成绿豆大、黄豆大或更大的密集状血斑。

（3）出血性浸润 血液弥漫地浸润于组织间隙，使出血的局部呈大片暗红色，如猪瘟的出血性淋巴结炎等。

此外，当机体有全身性出血倾向时，则称为出血性素质。

（四）贫血

贫血是指单位容积血液内红细胞数或（和）血红蛋白量低于正常值，并伴有红细胞形态变化和运氧障碍的病理过程。它不是一种独立的疾病，而是伴发于许多疾病过程中的常见症状（如雏鸡和马的传染性贫血）。但有时在某些疾病（如严重的创伤，肝脏、脾脏破裂等）过程中，贫血常为疾病发生、发展的主导环节，并决定着疾病的经过和转归。

根据贫血发生的原因和机制，可将其分为出血性贫血、溶血性贫血、营养缺乏性贫血和再生障碍性贫血四种。

1. 形态变化

（1）红细胞的变化 贫血时，除了红细胞数量与血红蛋白含量减少外，外周血液中的红细胞还会发生的变化主要如下。

① 红细胞体积改变：或大于或小于正常红细胞，前者称为大红细胞，后者称为小红细胞。

② 红细胞形状改变（异形红细胞）：红细胞呈椭圆形、梨形、哑铃形、半月形和桑葚形等。

③ 网织红细胞：对正常血液做活体染色时，可见其中含有少量（0.5%~1%）嗜碱性小颗粒或纤维网样的幼稚型红细胞，称为网织红细胞。在贫血时，网织红细胞增多，这是红细胞再生过程增强的表现。

④ 有核红细胞：红细胞中出现浓染的胞核，其大小与正常红细胞相仿或稍大，此种红细胞称为晚幼红细胞（即未成熟的红细胞）。这些细胞在血液中出现，也是造血过程加强的标志。在一些重症贫血时，血液内出现胚胎期造血所特有的原巨红细胞，这种细胞体积异常巨大，含有大而淡染的核，表示造血过程返回到胚胎期的类型。

⑤ Jolly 小体和 Cabot 环：贫血时，红细胞胞浆内出现单个或成对的蓝色圆形小体，称为 Jolly 小体，它是红细胞核质的残迹。Cabot 环呈环形，它可能是红细胞核膜的残迹。

⑥ 红细胞染色特性改变：包括染色不均和多染。前者表现为含血红蛋白多的红细胞着色深，而含血红蛋白少的红细胞染色变淡，且多呈环形。后者表现为细胞浆一部分或全部变为嗜碱性，呈淡蓝色着染。这是一种未成熟的红细胞，见于骨髓造血机能亢进时。

（2）骨髓的变化 主要变化是红骨髓增殖，有核红细胞生成增多。需要指出的是骨髓中红细胞的含量和外周血液的红细胞量之间是不存在直接比例关系的。因此，在判断骨髓的红细胞生成机能时，不能只根据骨髓中有核红细胞的数量，而应当将骨髓象和外周血液的血液象与血红蛋白的材料进行对比研究，这样才能得出正确结论。

（3）其他组织器官的变化 死于贫血的动物，由于红细胞及血红蛋白减少，故其血液稀薄，皮肤和黏膜苍白，组织、器官呈现其固有的色彩。长期贫血时，组织、器官因缺氧而发生变性，而血管的变性还可导致浆膜和黏膜出血。

2. 代谢变化

（1）血液性缺氧 在血液中氧主要是以氧合血红蛋白的形式存

在，贫血时血液中红细胞数及血红蛋白浓度降低，血液携氧能力降低，引起血液性缺氧。贫血时，需氧量较高的组织（如心脏、中枢神经系统和骨骼肌等）受到的影响较明显。

（2）胆红素代谢　出现溶血性贫血时，单核巨噬细胞系统非酯型胆红素产量增多，一旦超过肝脏形成酯型胆红素的代偿能力，可形成非酯型胆红素升高为主的溶血性黄疸。

3. 机能变化

贫血时所引起的各系统机能变化，视贫血的原因、程度、持续的时间以及机体的适应能力等因素而定。

（1）循环系统　贫血时由于红细胞和（或）血红蛋白减少，导致机体缺氧与物质代谢障碍。在早期可出现代偿性心跳加强加快，以增加每分钟内的心输出量。因血流加速，通过单位时间的供氧增多，就能代偿红细胞减少所造成的缺氧，但到后期由于心脏负荷加重，心肌缺氧而致心肌营养不良，则可诱发心脏肌原性扩张和相对性瓣膜闭锁不全，而导致血液循环障碍。

（2）呼吸系统　贫血时由于缺氧和氧化不全的酸性代谢产物蓄积，刺激呼吸中枢使呼吸加快，患畜轻度运动后，便发生呼吸急促；同时组织呼吸酶的活性增强，从而增加了组织对氧的摄取能力。

（3）消化系统　动物表现食欲减退，胃肠分泌与运动机能减弱，消化吸收发生障碍，故临诊上往往呈现消瘦、消化不良、便秘或腹泻等症状。这些变化反过来又可加重贫血的发展。

（4）神经系统　贫血时，中枢神经系统的兴奋性降低，以减少脑组织对能量的消耗，增高对缺氧的耐受力，因此具有保护性意义。严重贫血或贫血时间较长时，由于脑的能量供给减少，神经系统机能减弱，对各系统机能的调节能力降低，患病动物表现精神沉郁，生产性能下降，抵抗力减弱，重者昏迷。

（5）骨髓造血机能　贫血时，由于缺氧可促使肾脏产生促红细胞生成素，致使骨髓造血机能增强。但应注意再生障碍性贫血除外。

（五）水肿

过多的液体在组织间隙或体腔中积聚称为水肿。水肿的表现如下。

1. 皮下水肿

皮下水肿是全身或躯体局部水肿的重要体征。皮下组织结构疏松，是水肿液容易聚集之处。当皮下组织有过多体液积聚时，皮肤肿胀、皱纹变浅、平滑而松软。如果手指按压后留下凹陷，表明有显性水肿。实际上，在显性水肿出现之前，组织液就已增多，但不易觉察，称为隐形水肿。这主要是因为分布在组织间隙中的胶体网状物对液体有强大的吸附能力和膨胀性。只有当液体的积聚超过胶体网状物的吸附能力时，才形成游离水肿液。当液体积聚到一定量时，用手指按压时游离的液体向周围散开，形成凹陷，数秒后凹陷自然平复。

2. 全身性水肿

全身性水肿由于发病原因和发病机制的不同，其水肿液分布的部位、出现的早晚、显露的程度也各有特点，如肾性水肿首先出现在面部，尤其以眼睑最为明显；由心衰竭所致全身性水肿，则首先发生于四肢的下部；肝性水肿则以腹水最为显著。

（六）萎缩

萎缩是指已经发育成熟的组织、器官，其体积缩小及功能减退的过程。萎缩发生的基础是组成该器官的实质细胞体积变小或数量减少。

萎缩有生理性萎缩和病理性萎缩之分。生理性萎缩是指动物随着年龄的增长，某些组织或器官的生理功能自然减退和代谢过程逐渐降低而发生的一种萎缩，也称为退化。例如，动物的胸腺、乳腺、卵巢、睾丸以及禽类的法氏囊等器官，当动物生长到一定年龄后，即开始发生萎缩，因与年龄增长有关，故又称为年龄性萎缩。而病理性萎缩是指组织或器官在致病因素的作用下所发生的萎缩。它与机体的年龄、生理代谢无直接关系。临诊上，根据原因和萎缩波及的范围，病理性萎缩可分为全身性萎缩和局部性萎缩两种。

1. 全身性萎缩

在某些致病因子作用下，机体发生全身性物质代谢障碍所致。见于长期营养不良、维生素缺乏和某些慢性消化道疾病所致营养物质吸收障碍（营养不良性萎缩）、长期饲料不足（不全饥饿）和消化道梗阻（饥饿性萎缩）、严重的消耗性疾病（如恶性肿瘤、鼻疽、结核、伪结核、寄生虫病及造血器官疾病等）。

全身性萎缩时，不同的器官组织其萎缩发生的先后顺序及其程度是不同的。脂肪组织的萎缩发生最早、最明显，其次是肌肉、脾脏、肝脏和肾脏等器官，心肌和脑的萎缩发生最晚。由此可见，萎缩发生的顺序具有一定的代偿适应意义。

眼观，皮下、腹膜下、网膜和肠系膜等处的脂肪完全消失，心脏冠状沟和肾脏周围的脂肪组织变成灰白色或淡灰色透明胶冻样，因此又称为脂肪胶样萎缩。实质器官（如肝脏、脾脏、肾脏等）体积缩小，重量减轻，颜色变深，质地坚实，被膜增厚、皱缩。除压迫性萎缩形态发生改变外，萎缩的器官组织仍保持其固有形态，仅见体积成比例缩小。胃肠等管腔器官发生萎缩时向外扩张，内腔扩大，壁变薄甚至呈半透明状，易撕裂。镜下，萎缩器官的实质细胞体积缩小、数量减少，胞浆致密浓染，胞核皱缩深染，间质常见结缔组织增生。在心肌纤维，肝细胞胞浆内常出现脂褐素，量多时器官呈褐色，称褐色萎缩。

2. 局部性萎缩

指在某些局部性因素影响下发生的局部组织和器官的萎缩，常见的有以下三种类型。

（1）**废用性萎缩**　是由于器官发生功能障碍，而长期停止活动所致，如某肢体因骨折或关节性疾病长期不能活动或限制活动，其结果引起相关肌肉和关节软骨发生萎缩。在器官功能减退的情况下，相应器官的神经感受器得不到应有的刺激，向心冲动减弱或中止，离心性营养性冲动也随之减弱。这样导致局部血液供应不足和物质代谢降低，尤其是合成代谢降低，引起营养障碍而发生萎缩。

（2）**压迫性萎缩**　是由于器官或组织受到缓慢的机械性压迫而引起的萎缩，比较常见。其发生机制一方面是由于外力压迫对组织的直接作用，另一方面受压迫的组织器官由于血液循环障碍，局部组织营养供应不足，导致组织的功能代谢障碍，也是引起局部组织萎缩的重要原因。压迫性萎缩常见于输尿管阻塞造成排尿困难时，肾盂和肾盏积水扩张进而压迫肾实质引起萎缩；肝瘀血时，由于肝窦扩张压迫周围肝细胞索，可造成肝细胞萎缩；受肿瘤、寄生虫包囊（如囊尾蚴、棘球蚴等）等压迫的器官和组织也可发生萎缩。

（3）神经性萎缩　中枢或外周神经发炎或受损伤时，功能发生障碍，受其支配的器官或组织因神经营养调节丧失而发生的萎缩。

局部性萎缩的病理变化与全身性萎缩时的相应器官或组织的病理变化相同（除压迫性萎缩外）。萎缩是可复性的过程，程度不严重时，病因消除后，萎缩的器官、组织或细胞仍可逐渐恢复原状。但若病因不能及时消除，病变继续进展，则萎缩的细胞最终可能消失。

萎缩对机体的影响随萎缩发生的部位、范围及严重程度不同而异。从萎缩的本质来看，它是机体对环境条件改变的一种适应性反应。当由于工作负担减轻、营养不足或缺乏正常刺激时，细胞的体积缩小或数量减少，物质代谢降低，这有利于在不良环境条件下维持其生命活动。这是萎缩积极的一面。另外，由于组织细胞萎缩变小，机能活动降低，可对机体产生不利的影响，全身性萎缩时各组织器官的机能均下降。严重时，免疫系统也同时萎缩，机体长期处于免疫抑制状态而对病原抵抗力下降甚至丧失，如果得不到及时纠正，将随着病程的发展而不断恶化，导致机体衰竭，最后常因并发其他疾病而死亡。

局部性萎缩，如果程度较轻微，一般可由周围健康组织的机能代偿，因而不会产生明显的影响。但若萎缩发生在生命重要器官或萎缩程度严重时，可引起严重的机能障碍。

（七）坏死

坏死是指活体内局部组织、细胞的病理性死亡。坏死组织、细胞的物质代谢停止，功能丧失，出现一系列形态学改变，是一种不可逆的病理变化。坏死除少数是由强烈致病因子（如强酸、强碱等）作用而造成组织的立即死亡之外，大多数坏死由轻度变性逐渐发展而来，是一个由量变到质变的渐进过程，故称为渐进性坏死。这就决定了变性与坏死的不可分割性，在病理组织检查时，往往发现两者同时存在。在渐进性坏死期间，只要坏死尚未发生而病因被消除，则组织、细胞的损伤仍可能恢复（可复性损伤）。一旦组织、细胞的损伤严重，代谢停止，出现坏死的形态学特征时，则损伤不可能恢复（不可复性损伤）。

根据坏死组织的病变特点和机制，坏死可分为以下三种类型。

1.凝固性坏死

坏死组织由于水分减少和蛋白质凝固而变成灰白或黄白、干燥无光泽的凝固状，称为凝固性坏死。眼观，凝固性坏死组织肿胀，质地坚实干燥而无光泽，坏死区界限清晰，呈灰白或黄白色，周围常有暗红色的充血和出血。镜下，坏死组织仍保持原来的结构轮廓，但实质细胞的精细结构已消失，胞核完全崩解消失，或有部分核碎片残留，胞浆崩解融合为一片淡红色均质无结构的颗粒状物质。凝固性坏死常见以下三种形式。

（1）贫血性梗死 常见于肾脏、心脏、脾脏等器官，坏死区灰白色、干燥、早期肿胀、稍突出于脏器的表面，切面坏死区呈楔形，周界清楚。

（2）干酪样坏死 见于结核杆菌和鼻疽杆菌等引起的感染性炎症。干酪样坏死灶局部除了凝固的蛋白质外，还含有大量的由结核杆菌产生的脂类物质，使坏死灶外观呈灰白色或黄白色，松软无结构，似干酪（奶酪）样或豆腐渣样，故称为干酪样坏死。镜下，坏死组织的固有结构完全被破坏而消失，融合成均质、红染的无定形结构，病程较长时，坏死灶内可见有蓝染的颗粒状的钙盐沉着。

（3）蜡样坏死 指发生于肌肉组织的凝固性坏死。见于动物的白肌病等，眼观肌肉肿胀、浑浊、无光泽、干燥坚实，呈灰红或灰白色，如蜡样，故名蜡样坏死。

2.液化性坏死

指坏死组织因蛋白水解酶的作用而分解变为液态，常见于富含水分和脂质的组织（如脑组织等）或蛋白分解酶丰富（如胰腺等）的组织。脑组织中蛋白含量较少，水分与磷脂类物质含量多，而磷脂对凝固酶有一定的抑制作用，所以脑组织坏死后会很快液化，呈半流体状，故称脑软化。在脑组织，严重的、大的液化性坏死灶肉眼可见呈空洞状，而轻度的小的液化性坏死灶只有在显微镜下才能看到。镜下，可见发生于脑灰质的液化性坏死灶局部神经细胞、胶质细胞和神经纤维消失，只见少量核碎屑，呈微细网孔或筛网状结构。发生于脑白质的液化性坏死灶可见神经纤维脱髓鞘。在化脓性炎灶或脓肿局部，由于大量中性粒细胞的渗出、崩解，释放出大量蛋白质水解酶，使坏死组织溶解液化。胰腺坏死则由于大量胰蛋白酶的释出，溶解坏死胰组织而形成液化性坏死。

3. 坏疽

指组织坏死后继发有腐败菌感染和外界因素的影响而发生的一类变化。由于血红蛋白分解产生的铁与组织蛋白分解产生的硫化氢结合成硫化铁，使坏死组织呈黑色。坏疽可分为以下三种类型。

（1）干性坏疽　常见于缺血性坏死、冻伤等，多继发于肢体、耳壳、尾尖等水分容易蒸发的体表部位。坏疽组织干燥、皱缩、质硬、呈灰黑色，腐败菌感染一般较轻，坏疽区与周围健康组织间有一条较为明显的炎性反应带，所以边界清楚。最后坏疽部分可完全从正常组织分离脱落。例如，慢性猪丹毒，颈部、背部直至尾根部常发生的皮肤坏死；牛慢性锥虫病的耳、尾、四肢下部和球节的皮肤坏死；皮肤冻伤形成的坏死，都是典型的干性坏疽。

（2）湿性坏疽　多发生于与外界相通的内脏（肠、子宫、肺脏等），也可见于动脉受阻同时伴有瘀血水肿的体表组织。由于坏死组织含水分较多，故腐败菌感染严重，使局部肿胀，呈黑色或暗绿色。由于病变发展较快，炎症比较弥漫，故坏死组织与健康组织间无明显的分界线。坏死组织经腐败分解可产生吲哚、粪臭素等，故有恶臭。同时组织坏死腐败所产生的毒性产物及细菌毒素被吸收后，可引起全身中毒症状（毒血症），威胁生命。

（3）气性坏疽　常发生于深在的开放性创伤（如阉割等）合并产气荚膜杆菌等厌氧菌感染时，细菌分解坏死组织时产生大量气体（H_2S、CO_2、N_2），使坏死组织内含气泡呈蜂窝样和污秽的棕黑色，用手按之有"捻发"音。由于气性坏疽病变可迅速向周围和深部组织发展，产生大量有毒分解产物，可致机体迅速自体中毒而死亡。

二、常见猪病的特征性病理变化

规模化猪场猪病以传染病最多，发生传染病时往往发生败血症，败血症的病变特征是各种组织器官广泛出血、坏死，但不同的传染病，其出血和坏死的病变部位和表现是不一样的。人们经过长期的剖检实践总结，概括出了不同疾病的病变特征，不同的病变可提示不同的疾病，在实践上可作为剖检诊断的重要参考。下面列举部分猪病的特征性病理变化，供读者参考。

眼窝凹陷或皮肤失去弹性、光泽等常见于脱水性疾病：如传染性胃肠炎和流行性腹泻、仔猪黄痢和白痢、轮状病毒感染、痢疾等腹泻性疾病。

胃肠道出血的疾病主要有：猪瘟、伪狂犬病、仔猪红痢、猪肺疫、猪丹毒、大肠杆菌病、沙门氏菌病及中毒性疾病等。胃壁胶冻状水肿以猪水肿病、恶性水肿最常见。皮下胶冻状水肿常见于猪附红细胞体病。

肠黏膜脱落、肠壁变薄而透明的疾病有：传染性胃肠炎和流行性腹泻、轮状病毒感染、痢疾等。这些消化道疾病由于肠绒毛萎缩、黏膜变性、坏死、脱落而导致肠壁菲薄、透明。

肠黏膜出现糠麸状、纽扣状溃疡面的疾病有：猪瘟在回盲瓣口有轮层状溃疡，肠壁增厚坏死出现白色假膜、"扣状肿"是慢性猪瘟的特征。猪副伤寒常见肠黏膜表面覆盖糠麸样物质。

淋巴结病变的疾病有：淋巴结呈大理石样变外观可见于猪瘟。淋巴结肿大和出血的常见于猪瘟、猪丹毒、猪肺疫、链球菌病。出现淋巴结急剧肿大、是正常情况几倍的常见于弓形虫病和链球菌病。淋巴结脓肿可见于链球菌病。淋巴结出现髓样变性的可见圆环病毒病等。

明显败血症的疾病有：猪瘟、伪狂犬病、弓形虫病、附红细胞体病、猪丹毒、猪肺疫、链球菌病、大肠杆菌病、李氏杆菌病等。

肾脏病变的疾病有：猪瘟、伪狂犬病、繁殖与呼吸综合征、中毒、弓形虫病的肾脏常有出血点。猪丹毒常形成大红肾。断奶仔猪多系统功能衰竭综合征常出现肾脏萎缩形成花斑肾。磺胺类药中毒常出现肾脏的急剧肿大形成结晶肾，出现肾脏变白、变硬等。

心脏病变的疾病有：口蹄疫、脑心肌炎病毒感染易引起病毒性心肌炎，出现"虎斑"心。猪丹毒、链球菌病常引起心内膜炎，出现"菜花样"增生。出现心外膜及心冠脂肪出血的常见于败血型疾病，如猪瘟、猪肺疫、猪丹毒、链球菌病。引起心包炎、心包积液的疾病有猪链球菌病、大肠杆菌病、猪丹毒等，表现"绒毛"心和心包液混浊等。

　　肺脏病变的疾病有：繁殖与呼吸综合征可引起肺出血斑。气喘病引起间质性肺炎或小叶性肺炎，出现尖叶或其他叶甚至整个肺部的"肉样"变、"肝样"变等。而猪肺疫和传染性胸膜肺炎常引起大叶性肺炎，切面出血、支气管有泡沫状血性液体流出。猪肺疫、弓形虫病、附红细胞体病、繁殖与呼吸综合征引发肺水肿和间质性水肿。传染性胸膜肺炎、副猪嗜血杆菌病、大肠杆菌病、溶血性链球菌病常引发肺脏与胸壁发生粘连，肺出现纤维素样物质渗出等。

　　肝脏病变的疾病有：副伤寒在肝脏易形成黄白色副伤寒结节，猪痘出现肝脏的痘状结节。急性中毒常出现急性肝肿大、质脆。蛔虫病出现肝脏的蛔虫结节。弓形虫病常出现质地变硬，表现槟榔肝。

　　脾脏病变的疾病有：脾脏边缘出现出血性梗死病变可见于猪瘟。脾脏中央出现出血现象可见于附红细胞体病。脾脏肿大是正常几倍、出现细胞自溶见于弓形虫病。脾脏表现肿胀呈颗粒状可见于伪狂犬病。脾脏出现萎缩、变硬、组织机化可见于免疫抑制性疾病。

第四节　猪病的病理剖检诊断

　　病理剖检就是运用病理解剖学的知识，通过检查尸体的病理变化，获得诊断疾病的依据。

　　尸体剖检是一门综合的学科，需具备病理生理、病理解剖、传染病及微生物等学科的知识，在进行剖检时对所见的病变应做到全面观察，客观描述，详细记录，然后进行科学的分析和推理，从中作出符合客观实际的病理解剖学诊断。同时还要防止病原的扩散和人为的传播，做好环境的消毒和尸体的无害化处理等工作。

一、尸体的变化

　　猪死亡后，受体内存在的酶和细菌的作用，以及外界环境的影响，逐渐发生一系列的死后变化，其中包括尸冷、尸僵、尸斑、血液凝固、尸体自溶与腐败。正确地辨认尸体的变化，可以避免把某些死后变化误认为是生前的病理变化。

1. 尸冷

猪死亡后由于体内产热过程停止，尸体温度逐渐降至同于外界环境温度的水平。尸体温度下降的速度，在最初几小时较快，以后逐渐变慢。通常在室温条件下，平均每小时下降1℃，当外界温度低、尸体消瘦时，尸冷可能发生快些。了解或测定尸冷有助于确定死亡的时间。

2. 尸僵

猪死后几小时（一般3~6小时），即从头部开始，各部位的肌肉痉挛性收缩而变为僵硬，各关节不能屈伸，尸体固定成一定的姿态，这种现象称为尸僵。尸僵发生的顺序是头、颈、前肢、躯干和后股，至10~24小时发展完全，在死后24~48小时尸僵按原来顺序开始消失，肌肉变软。尸僵除见于骨骼肌外，心肌、平滑肌同样可以发生，心肌的尸僵在死后半小时左右即可发生。环境温度较高时，尸僵出现较罕，解僵也快；寒冷的条件下则出现较晚，解僵也慢。瘦肉型的猪尸僵较明显，死于破伤风、水肿病的猪由于死前肌肉运动较剧烈，尸僵发生快而明显。死于败血症的猪，尸僵不显著或不出现尸僵。

3. 尸斑

猪死亡后，由于心脏和大动脉管的临终收缩及尸僵的发生，将血液排挤到静脉系统内，并由于重力作用，血液流向尸体的低下部位，使该部血管充盈血液，组织呈暗红色（死后1~1.5小时出现）。初期，用指压该部可使红色消退，并且这种暗红色的斑可随尸体位置的变更而改变。后期，由于发生溶血，使该部组织染成污红色（一般在死后24小时左右开始出现），此时指压或改变尸体位置时也不会消失。尸斑在尸体倒卧侧的皮肤、肺肝、肾等表现均很明显。要注意不要把这种病变与生前的充血、瘀血相混淆。在采取病料时，如无特异病变或特殊需要，最好不取这些部位的组织作为病料。

4. 血液凝固

猪死后不久，在心脏和大血管内的血液即凝固成血凝块。死亡较慢者，血凝块往往分为两层，上层呈黄色鸡油样的是血浆，下层呈暗红色的为红细胞。急性死亡病猪的血凝块呈一致的暗紫红色。死于败血症或窒息、缺氧的病猪，血液凝固不良并呈暗褐色。剖检时，要注意将血凝块与生前形成的血栓相区别。

5.尸体自溶和腐败

尸体自溶，是指体内组织受到酶（细胞溶酶体的酶）的作用而引起自体消化的过程，表现最明显的是胃和胰腺。当外界气温高时，死亡时间较久的尸体常见到胃肠道黏膜脱落，这就属于自溶现象。

尸体腐败，是指尸体组织蛋白由于细菌的作用而发生腐败分解的现象。参与腐败过程的细菌主要是来自肠道内的厌氧菌，也有从体外进入的，腐败后的尸体表现腹围膨大、尸绿、尸臭。死于败血症或大面积皮肤创伤化脓的尸体，腐败速度更快。尸体腐败后，破坏了生前的病变，因此，猪死后应尽早进行剖检。

二、尸体剖检注意事项

① 剖检场地应选择便于消毒和防止病原扩散的地方，最好在专设的解剖室内剖检。若条件不具备，可选在距房舍、猪群、道路和水源较远，地势较高燥的地方进行。剖检前先挖 2 米左右的深坑，坑内撒些生石灰，便于剖检后对尸体作无害化处理。

② 剖检的器械主要是刀、剪、镊子，有时需要手锯、斧子等。若要将病料作微生物检查，则需准备载玻片、灭菌培养皿等；如果要作组织学检查，则应配制 10% 福尔马林溶液或 95% 酒精。常用的消毒液有 3% 来苏儿、0.1% 新洁尔灭等。剖检人员应配备工作服、胶靴、一次性塑料手套等。

③ 病猪死亡后，若需剖检则应尽快进行，因为一旦尸体腐败后，病变无法看清。特别在夏天气温较高时，死亡几小时后就可能腐败。

④ 尸体从猪舍搬运到剖检地点时，要防止病原的扩散，可将尸体装入塑料袋内，也可用浸透消毒液的棉花堵塞尸体的天然孔，并用消毒药液喷湿体表各部。运送尸体的车辆和绳索等，用后要严格消毒。

⑤ 剖检人员要注意个人的防护，在剖检时应穿着工作服、胶靴、戴工作帽、手套，若不慎割破剖检人员的手指，应立即进行消毒和包扎。当血液或其他渗出物喷入眼内时，应用 2% 硼酸液洗眼，特别在

怀疑为人畜共患病时更应慎重。

⑥ 剖检完毕，对于尸体、垫料和被污染的土层一起投入坑内，撒上生石灰或喷洒消毒液后用土掩埋，有条件也可焚烧。附着于剖检器械及衣物上的脓汁和血渍等污物，先用清水洗，再作煮沸处理或用药物消毒，防止病原扩散。

三、病料的采集、保存和运送

猪病的种类很多，有的是常见病和多发病，比较容易诊断；有的表现出特异性的症状和病变，可以一目了然。但在更多的情况下是疾病缺乏特征性的病变，甚至肉眼看不到明显的病变，有的出现两种以上不同疾病的复杂病变，而本场又缺乏实验室诊断的设备和条件。为了弄清病因，正确诊断，需要采集病料，送至有关单位或诊断室作进一步检验。

（一）细菌和病毒学检查材料

1. 取料时间

要求在患畜死后即行采取，最好不超过 6 小时。剖开腹腔后，首先取材料，再做检查，因时间拖长后肠道和空气中的微生物都可能污染病料。

2. 采集病料时应行无菌操作

所用的容器和器械都要经过消毒。刀、剪、镊子用火焰消毒或煮沸消毒（100℃，15~20分钟）；玻璃器皿（如试管、吸管、注射器及针头等）要洗干净，用纸包好，高压灭菌（1.5千克/厘米^2，121℃，20~30分钟）或干热灭菌（160℃，2小时）。

3. 采病料要有目的地进行

首先怀疑是什么病，就采什么病料，如果不能确定是什么病时，则尽可能地全面采集病料。取料的方法如下。

（1）实质器官（肝、脾、肾、淋巴结） 先用废刀（新刀火烧后易损坏）在酒精灯上烧红后，烧烙取材的器官表面，再用灭菌的刀、剪、镊从组织深部取病料（1~2厘米^{3}大小），放在灭菌的容器内。

（2）血液、胆汁、渗出液、脓汁等流汁病料 先烧烙心、胆囊或病变处的表面，然后用灭菌注射器插入器官或病变内抽取，再注入灭菌的试管或小瓶内。

猪死后不久血液就凝固，无法采血样，但从心室内尚可取出少量（多数为血浆）。若死于败血症或某些毒物中毒，则血液凝固不良。

（3）全血　是指加抗凝剂的血液。用无菌操作从耳静脉采血 3~5 毫升，盛于灭菌的小瓶内，瓶内先加抗凝剂（20% 枸橼酸钠或 10% 乙二胺四乙酸钠）2~3 滴于 5 毫升血液中，轻轻振摇。

（4）血清　同上方法采出 3~5 毫升血液，置于干燥的灭菌试管内，经 1~2 小时后即自然凝固，析出血清。必要时可进行离心，再将血清吸出置于另一灭菌的小管内，冰冻保存。

（5）肠内容物及肠壁　烧烙肠道表面，用吸管插穿肠壁，从肠腔内吸内容物，置入试管内，也可将肠管两端结扎后取出送检。

（6）皮肤、结痂、皮毛等　用刀、剪割取所需的样品，主要用于真菌、疥螨、痘疮的检查。

（7）脑、脊髓等病料　常用于病毒学的检查。无菌操作法采集病死猪的脑或脊髓，冰冻保存和送检。

4.送检材料的包装和运送

① 涂片自然干燥，在玻片之间垫上半节火柴棒，避免磨擦，将最外的一张倒过来使涂面朝下，然后捆扎，用纸包好。

② 装在试管、广口瓶或青霉素瓶内的病料，均需盖好盖，或塞好棉塞，然后用胶布粘好，再用蜡封固，放入保温箱中，盛病料的容器均应保持正立，切勿翻倒，每件标本都要写明标签。

③ 病料送检时，远道应航空托运或专人送检，并附带说明，内容包括送检单位、地址、动物种类、何种病料、检验目的、保存方法、死亡时间、剖检取材时间、送检日期、送检者姓名及电话号码，并附上临床病例摘要。

（二）寄生虫学检查材料

血液寄生虫（如血孢子虫）需送检血片及全血。线虫（绝大部分在胃肠道，也有的在肺、肾等处）主要是挑拣虫体（要注明采集的部位），尽可能多拣一些，并把它保存在 4% 福尔马林或 70% 的酒精中。

（三）毒物学检查材料

① 要求容器清洁，无化学杂质，要洗刷干净，不能随便用药瓶盛装，病料中更不能放入防腐消毒剂，因为化学药品可能发生反应而妨碍检验。

② 送检材料应包括肝、肾、胃、肠内容物及怀疑中毒的饲料样品，甚至血和膀胱内容物。

③ 每一种病料应该放在一个容器内，不要混合。

④ 专人保管、送检，除微生物检查所附带的说明外，尚须提供剖检材料，提供可疑的毒物。

（四）病理组织学检查材料

① 及时采取，及时固定，以免自溶出现死后变化，影响诊断。

② 所切取的组织，应包括病灶和其邻近的正常组织两部分。这样便于对照观察，更主要的是看病灶周围的炎症反应变化。

③ 采取的病理组织材料，要包括各器官的主要结构，如肾应包括皮质、髓质、肾乳头及被膜。

④ 选取病料时，切勿挤压（可使组织变形）、刮抹（使组织缺损）、冲洗（水洗易使红细胞和其他细胞成分吸水而胀大，甚至破裂）。

⑤ 选取的组织不宜太大，一般为 $3 \times 2 \times 0.5$ 或 $1.5 \times 1.5 \times 0.5$（厘米）。尸检取标本时可先切取稍大的组织块，待固定一段时间（数小时至过夜）后，再修整成适当大小，并换固定液继续固定。常用的固定液是 10% 福尔马林，固定液量为组织体积的 5~10 倍。容器可以用大小适宜的广口瓶。

⑥ 当类似的组织块较多，易造成混淆时，可分别固定于不同的小瓶内，并附上标记（用铅笔标明的小纸片和组织块一同用纱布包裹），再行固定。

⑦ 将固定好的病理组织块，用浸渍固定液的脱脂棉包裹，放置于广口瓶或塑料袋内，并将口封固，再用棉花包装入木盒内寄送。此时，应将整理好的尸检记录及有关材料一同寄出，并在送检单中说明送检的目的和要求。

（五）猪常见传染病应送检的病料

1.猪瘟

取血清、脾、肝、肾、淋巴结，作病原学、病理组织学和血清学的检查。

2.猪乙型脑炎、伪狂犬病、繁殖与呼吸综合征、细小病毒感染等疾病

取血清、脑组织、睾丸及死胎，作血清学、病原学和组织学检查。

3.猪肺疫、猪传染性胸膜肺炎、猪丹毒、链球菌病等

取心血、肝、脾、肺送检，做细菌学检查。慢性病例，应取心瓣膜增生物送检。

4.沙门氏菌病、病毒性腹泻等

切取肝、脾并结扎一段小肠做病原学检查。

5.结核、放线菌病、霉菌性肺炎等

取局部病变组织，做细菌学检查和组织学检查。

四、尸体剖检的顺序及检查方法

1.尸体剖检顺序

为了全面而系统地检查尸体内外所呈现的病理变化，避免遗漏，尸体剖检应按照一定的顺序进行。由于尸体有大小之别，疾病种类各不相同，剖检的目的要求也有差异，因此，剖检的顺序也应灵活运用。常规剖检一般应遵循下列顺序。

新鲜猪尸体→外表检查→剥皮和皮下检查→剖开腹腔先作一般视查→剖开胸腔作一般视查→摘出腹腔脏器→摘出胸腔脏器→摘出口腔和颈部器官→颈部、胸腔和腹腔脏器的检查→骨盆腔脏器的摘出和检查→剖开颅腔，摘出大脑检查→剖开鼻腔检查→剖开脊椎管，摘出脊髓检查→肌肉、关节和淋巴结的检查→骨和骨髓的检查。

2.某些器官组织检查的方法

（1）皮下检查　在剥皮过程中进行。要注意检查皮下有无出血、水肿、脱水、炎症和脓肿，并观察皮下脂肪组织的多少、颜色、性状及病理变化性质等。

（2）淋巴结　要特别注意下颌淋巴结、颈浅淋巴结、带下淋巴结等体表淋巴结，肠系膜淋巴结、肺门淋巴结等内脏器官附属淋巴结，注意其大小、颜色、硬度、与其周围组织的关系及横切面的变化。

（3）胸膜腔　观察有无液体，液体的数量、透明度、色泽、性质、浓度和气味，注意浆膜是否光滑，有无粘连等病变。

（4）肺脏　首先注意其大小、色泽、重量、质地、弹性，有无病灶及表面附着物等。然后用剪刀将支气管剪开，注意观察支气管黏膜的色泽，表面附着物的数量、黏稠度。最后将整个肺脏纵横切割数刀，观察切面有无病变，切面流出物的数量、色泽变化等。

（5）心脏　先检查心脏纵沟、冠状沟的脂肪量和性状，有无出血，然后检查心脏的外形、大小、色泽及心外膜的性状。最后切开心脏检查心腔，方法是沿左纵沟左侧的切口，切至肺动脉起始处；沿左纵沟右侧的切口，切至主动脉的起始处；然后将心脏翻转过来，沿右纵口左右两侧作平行切口，切至心尖部与左侧心切口相连接；切口再通过房室口切至左心房及右心房。经过上述切线，心脏全部剖开。

检查心脏时，注意检查心腔内血液的含量及性状。检查心内膜的色泽、光滑皮、有无出血，各个瓣膜、腱索是否肥厚，有无血栓形成和组织增生或缺损等病变。对心肌的检查，应注意心肌各部的厚度、色泽、质地，有无出血、瘢痕、变性和坏死等。

（6）脾脏　脾脏摘出后，检查脾门血管和淋巴结，测量脾的长、宽、厚，称其重量。观察其形态和色彩，包膜的紧张度，有无肥厚、梗死、脓肿及瘢痕形成，用手触摸脾的质地（坚硬、柔软、脆弱），然后作一两个纵切，检查脾髓、滤泡和脾小梁的状态，有无结节、坏死、梗死和脓肿等。以刀背刮切面，检查脾髓的质地。患败血症猪的脾脏，常显著肿大，包膜紧张，质地柔软，呈暗红色，切面突出，结构模糊，往往流出多量煤焦油样血液。脾脏瘀血时，脾亦显著肿大变软，切面有暗红色血液流出。增生性脾炎时，脾稍肿大，质地较实，滤泡常显著增生，其轮廓明显。萎缩的脾脏包膜肥厚皱缩，脾小梁纹理粗大而明显。

（7）肝脏　先检查肝门部的动脉、静脉、胆管和淋巴结。然后检查肝脏的形态、大小、色泽、包膜性状，有无出血、结节、坏死等。最后切开肝组织，观察切面的色泽、质地和含血量等情况。注意切面是否隆突，肝小叶结构是否清晰，有无脓肿、寄生虫性结节和坏死等。

（8）肾脏　先检查肾脏的形态、大小、色泽和质地。注意包膜的状态，是否光滑透明和容易剥离。包膜剥离后，检查肾表面的色泽，有无出血、瘢痕、梗死等病变。然后由肾的外侧向肾门部将肾纵切为相等的两半，检查皮质和髓质的厚度、色泽、交界部血管状态和组织结构纹理。最后检查肾盂，注意其容积，有无积尿、积脓、结石等，以及黏膜的性状。

（9）胃　先观察其大小，浆膜面的色泽，有无粘连，胃壁有无破裂和穿孔等，然后由贲门沿大弯剪至幽门。胃剪开后，检查胃内容物的数量、性状、含水量、气味、色泽、成分，有无寄生虫等。最后检查胃黏膜的色泽，注意有无水肿、充血、溃疡、肥厚等病变。

（10）肠管　对十二指肠、空肠、回肠、大肠、直肠分段进行检查。在检查时，先检查肠管浆膜面的色泽，有无粘连、肿瘤、寄生虫结节等。然后剪开肠管，随时检查肠内容物的数量、性状、气味，有无血液、异物、寄生虫等。除去肠内容物后，检查肠黏膜的性状，注意有无肿胀、发炎、充血、出血、寄生虫和其他病变。

（11）生殖器官　公猪检查睾丸和附睾，检查其外形、大小、质地和色泽，观察切面有无充血、出血、瘢痕、结节、化脓和坏死等。母猪检查子宫、卵巢和输卵管，先注意卵巢的外形、大小、卵黄的数量、色泽，有无充血、出血、坏死等病变。观察输卵管浆膜面有无粘连、膨大、狭窄、囊肿，然后剪开，注意腔内有无异物或黏液、水肿液，黏膜有无肿胀、出血等病变。检查阴道和子宫时，除观察子宫大小及外部病变外，还要用剪子依次剪开阴道、子宫颈、子宫体，直至左右两侧子宫角，检查内容物的性状及黏膜的病变。

五、尸体剖检的诊断方法

1. 外部检查

在进行尸体剖检前，应先了解病死猪的流行病学情况、临床症状和治疗效果，对病情有个初步的诊断，缩小对所患疾病的考虑范围，对剖检有一定的导向性，可缩短剖检的时间。

2.内部检查

猪的剖检一般采用背位姿势，为了使尸体保持背位，需切断四肢内侧的所有肌肉和镜关节的圆韧带，使四肢平摊在地上，借以抵住躯体，保持不倒。然后再从颈、胸、腹的正中侧切开皮肤，只在腹侧剥皮。如果是大猪，又属非传染病死亡，皮肤可以加工利用时，建议仍按常规方法剥皮，然后再切断四肢内侧肌肉，使尸体保持背位。

（1）皮下检查　皮下检查在剥皮过程中进行。除检查皮下有无充血、炎症、出血、瘀血（血管紧张，从血管断端流出多量暗红色血液）、水肿（多呈胶冻样）等病变外，还必须检查体表淋巴结的大小、颜色，有无出血，是否充血，有无水肿、坏死、化脓等病变。小猪（断奶前）还要检查肋骨和肋软骨交界处，有无串珠样肿大。

（2）剖开腹腔和腹腔脏器的摘出　从剑状软骨后方沿白线由前向后切开腹壁至耻骨前缘，观察腹腔中有无渗出物；渗出液的数量、颜色和性状；腹膜及腹腔器官浆膜是否光滑，肠壁有无粘连；再沿肋骨弓将腹壁两侧切开，使腹腔器官全部暴露。首先摘出肝、脾及网膜，依次为胃、十二指肠、小肠、大肠和直肠，最后摘出肾脏。在分离肠系膜时，要注意观察肠浆膜有无出血，肠系膜有无出血、水肿，肠系膜淋巴结有无肿胀、出血、坏死。

（3）剖开胸腔和胸腔脏器的摘出　先用刀分离胸壁两侧表面的脂肪和肌肉，检查胸腔的压力，用刀切断两侧肋骨与肋软骨的接合部，再切断其他软组织，除去胸壁腹面，胸腔即可露出。检查胸腔、心包腔有无积液及其性状，胸膜是否光滑，有无粘连。

分离咽喉头、气管、食道周围的肌肉和结缔组织，将喉头、气管、食道、心和肺一同摘出。

（4）剖检小猪　可自下颌沿颈部、腹部正中线至肛门切开，暴露胸腹腔，切开耻骨联合，露出骨盆腔。然后将口腔、颈部、胸腔、腹腔和骨盆腔的器官一起取出。

（5）剖开颅腔　可在脏器检查后进行。清除头部的皮肤和肌肉，在两眼眶之间横劈额骨，然后再将两侧颜骨（与额骨平行）及枕骨髁劈开，即可掀掉颅顶骨，暴露颅腔。检查脑膜有无充血、出血。必要时取材送检。

3. 摘出器官的检查

参照前面介绍的内脏器官的检查方法，逐一检查各个器官的病理变化，并详细记录。

第五节　猪病的治疗技术

治疗猪病常用技术包括保定技术、给药技术、穿刺技术、封闭技术、灌肠技术、子宫冲洗技术等。

一、保定技术

猪的保定是进行免疫接种、样品采集、阉割和健康检查等必须使用的基本技术，也是猪病诊断和治疗必不可少的手段。常用的猪保定方法有站立保定法、提举保定法、网架保定法、保定架保定法和倒卧保定法等。

（一）站立保定法

此方法有 3 种具体的操作方法。

第一种方法是在猪圈中，把猪群轰赶到圈舍的角落里，关紧圈门，并由 1~2 个人用长木板或者一扇门将猪群挡住，使猪在圈内互相拥挤无法行动，兽医人员瞅准机会，然后检查处理。如欲抓住猪群中某一头猪进行检查和处理时，可迅速抓提猪尾、猪耳或后肢，将其拖出猪群，然后做进一步的保定。此法适于检查体温、肌内注射及一般的临床检查。在进行臀部注射时，最好是注完一头后马上用颜色水液标记，以免重注。肌内注射部位多选择耳后或臀部肌肉丰满处，且选用金属注射器为好。

第二种方法是用保定绳保定法，将保定绳的一端打个活结，一人抓住猪的两耳并向上提，在猪嚎叫时，把绳的活结立即套入猪的上颌部犬齿的后方并抽紧，然后把绳头扣在圈栏或木柱上，此时猪常后退，当猪退到被绳拉紧时，便站立不动。此法适用于一般检查和肌内注射。操作完毕后，只需把活结的绳头一抽便可使猪解脱。

第三种方法是鼻捻保定法，在 1 米左右长的木棍一端系一个绳套，套环直径 20 厘米左右，将套环套于猪的上颌部犬齿的后方，迅速旋转木棍使绳套拉紧（不宜过紧，以防窒息），猪立即安静，此时可进行各种操作。

（二）提举保定法

1. 两耳提举保定

抓住猪两耳，迅速提举，使猪腹部朝前，同时用膝部夹住其颈胸部。此法用于胃管投药及肌内注射。

2. 后肢提举保定

两手握住后肢飞节并将其提起，头部朝下，用膝部夹注背部即可固定。此法可用于直肠脱的整复、腹腔注射以及阴囊和腹股沟疝手术等。

（三）网架保定法

取两根木棒或竹竿（长 100~150 厘米），按 60~75 厘米的宽度，用绳织成网床。将网架于地上，把猪赶至网架上，随即抬起网架，使猪的四肢落入网孔并离开地面即可。较小的猪可将其捉住后放于网架上保定。或者几人将猪抬至移动式网架上，使四肢落入网孔，猪除了四肢游泳状划动外无法动弹，即可进行相应的诊疗。此法可用于一般的临床检查、耳静脉注射等。

（四）保定架保定法

将猪放于特制的活动保定架上，或使其成仰卧姿势，在大小适宜的木槽行背位保定。此法可用于前腔静脉注射及腹部手术等。

（五）倒卧保定法

1. 侧卧保定

左手抓住猪的右耳，右手抓住右侧膝部前皱褶，并向术者怀内提举放倒，然后使前后肢交叉，用绳在掌跖部拴紧固定。此法可用于大公、母猪去势，腹腔手术，耳静脉、腹腔注射。小公猪阉割术的保定方法：术者右手提起小猪的右后腿，左手抓住同侧膝部前皱襞，使小猪呈左侧倒卧，背朝术者；术者以左脚踩住猪颈部，右脚踩住尾根，并用左手掌外侧推按压右侧大腿的后部，使该肢向前向上靠紧腹壁，充分暴露睾丸。

2. 倒背两前肢保定法

用一条长 1 米左右、直径 0.3~0.5 厘米的细绳，一头先拴住患猪左（或右）前肢系部，然后绕过脊背再绑住右（或左）前肢系部，松紧适中，这样猪就处于趴卧状态，不能随意活动。个别猪剧烈挣扎不安静时，还可再用一条绳如法拴住两后肢。

3. 前后肢交叉保定法

用长 1 米，直径 0.3~0.5 厘米的细绳，将猪的任何一前肢与对侧的另一后肢拉紧绑在一起，这样保定也非常方便、牢靠，勿需再按压保定。

4. 四肢叉开保定法

利用可能利用的条件，将猪的四条腿向前后两个方向分四点固定即可。如将猪四条腿分别固定起来，猪就呈趴卧状态，输液、换药、打针、灌肠都很方便。

5. 双绳放倒法

主要适用于性情较温顺的猪。用两条 3 米长的绳索，一条系于右前肢掌部，另一条系于右后肢跗部，两绳端越过腹下到左侧，分别向相反方向牵拉，猪即失去平衡而向右侧倒卧。随后，两助手按压住猪的头部和臀部，根据要求将猪前后肢捆缚固定。

二、给药技术

猪的给药方法很多，应根据病情、药物性质、猪的大小和头数，选择适当的给药方法。

（一）群体给药

现代集约化猪场控制猪病的关键措施就是群防群治。将药物添加到饲料或饮水中防治猪病，是规模养殖场用药的一个重要方法。其特点是方便，经济，节省人力与物力，提高防治效率，还能减少对猪群的应激。

混饲和饮水给药时应严格掌握用量，并确保药物与饲料混合均匀，通过饮水给药时应注意药物的水溶性，只有溶于水的药物才能通过饮水给药；同时要注意饮水量，保证每头猪药物的摄入量。另外，有些药物在水中时间过长易失效变质，应限时饮用。

（二）个体口服给药

1. 经口投药

首先捉住病猪两耳，使它站立保定，然后用木棒或开口器撬开猪嘴，将药片、药丸或其他药剂放置于猪舌根背面，再倒入少量清水，将猪嘴闭上，猪即可将药物咽下。这种投药方法限于少量药物。

2. 经口胃管投药法

助手抓住猪的两耳，将猪前躯挟于两腿之间。用木棒撬开口腔，并装上开口器，术者取胃管，从开口器中央将胃管插入食道，在确认插入食道后，再行灌药。

（三）注射给药

注射给药是将灭菌的液体药物，用注射器或输液器注入猪体内的方法。常用的注射方法有以下几种。

1. 肌内注射

将药液注入肌肉比较丰富的部位。刺激性较强和较难吸收的药物进行血管内注射，而有副作用的药液和油、乳剂等不能进行血管内注射的药液等均可采用肌内注射。但因肌肉组织致密，仅能注射较少剂量。一般注射部位在猪耳根后、臀部或股内侧，应避开大血管及神经。

2. 静脉注射

将药液直接注入静脉内，药液随血液循环很快分布全身。主要用于大量的输液、输血，以治疗为目的的速效给药（如急救、强心药等），或注射药物有较强的刺激作用，不能作皮下、肌内注射，只能通过静脉内才能发挥药效的药物。注射药物的温度要尽可能接近于体温。猪注射部位一般选择耳静脉。

3. 气管内注射

气管内注射时将药液注入气管。注射时，病猪多取侧卧保定，且头高臀低，将针头经气管软骨环间进入气管，接上注射器缓慢注射。适用于气管、支气管和肺部疾病的治疗。注射药液量不宜过多，一般

3~5毫升，量过大时，易发生气道阻塞而产生呼吸困难。

4.胸腔注射或肺内注射

胸腔或肺内注射是治疗肺炎和胸膜炎的一种有效给药途径，由于药物直达病灶，因此治疗效果好于其他给药方法。

肺内注射法的注射部位在肩胛骨后缘，倒数第6~8肋间与髋关节连线交点，注射时选择单侧给药即可，若一次不愈，可在另侧相应部位再次注射。

操作时，站立保定，确定注射部位并用碘酊消毒。用注射器连接3~5厘米长的9~12号针头，抽吸药物后向胸壁垂直刺入2~3厘米以注入肺内为标准，并快速注入药物。为防止将药物注入肺内，刺入后可轻轻回针，看是否有气泡进入注射器内，如有气泡则说明针头未达肺内，而在胸腔。如针头到达肺内，则有少许血丝进入注射器。注完药物后迅速拔针并消毒。

药物选择：临床可选用卡那霉素注射液；氟喹诺酮类的环丙沙星、恩诺沙星等注射液。

注入药物后，鼻腔和口腔可能流出少量泡沫，但很快就能恢复。注射针头不宜过粗，以免对肺组织造成大的损伤而引起意外。

5.腹腔注射

腹腔注射是将药液注入腹腔。肥育猪在右髋关节下缘的水平线，距离最后肋骨数厘米的凹窝部刺入。小猪应倒提保定，然后将针头刺入耻骨前缘3~5厘米的正中线旁的腹腔内。

其他，如皮内注射和皮下注射在猪少用。

三、穿刺技术

穿刺技术是使用特制的穿刺器具（如套管针、穿刺器等）刺入猪体内某个部位，排出内容物或气体，或注入药液已达到治疗目的。也可通过穿刺采取病猪体内某一特定器官或组织的病理材料，进行实验室检验，有助于确诊疾病。所以，穿刺技术既是一种治疗技术，又是一种诊断手段。

（一）胸腔穿刺

用于排出体内的积液、血液或其他病理性产物，洗涤胸腔和注入药液进行治疗。

1.注射部位的选择

右侧第7肋间（或左侧第8肋间）胸外静脉上方约2厘米处。

2.操作方法

术者左手将术部皮肤稍向前方移动，右手持套管针（或针头），靠肋骨前缘垂直刺入3~5厘米。

当套管针刺入胸腔后，左手把持套管，右手拔出内针筒，即可流出积液或血液，放液时不宜过急，用拇指堵住套管口，间断地放出液体，防治胸腔减压过急，影响心肺功能。

如针孔堵塞不流时，可用内针疏通，直至放完为止。

放完积液后，需要洗涤胸腔时，可将装有消毒液的输液瓶的乳胶管或注射器连接到套管口（或注射针），高举输液瓶，药液即可流入胸腔，反复冲洗2~3次，再将其放出，最后注入治疗性药物。

操作完毕，插入内针，拔出套管针（或针头），使局部皮肤复位，术部涂碘酊。

3.注意事项

穿刺或排液过程中，防止空气进入胸腔内；排出积液和注入消毒药以及治疗药物时应缓慢进行，同时注意观察病猪有无异常表现；穿刺（注射）时防止损伤肋间神经和血管；刺入时，应以手指控制套管针的刺入深度，以防过深，刺伤心肺；穿刺过程如果出血，应充分止血，改变穿刺位置。

（二）腹腔穿刺

腹腔穿刺主要用于排出腹腔积液、洗涤腹腔及注入药液进行治疗，或采集腹腔积液，进行胃肠破裂、肠变位、内脏出血等疾病的鉴别诊断。猪腹腔穿刺部位在脐部至耻骨前缘连线中央，腹白线两侧。猪侧卧保定，术部剪毛、消毒，左手稍移动穿刺部位皮肤，右手控制套管针（或针头）的深度，垂直刺入2~3厘米。拔出针芯，即可流出积液，用手指堵住套管口（或针头），缓慢而间断地放出积液。如套管针堵塞不流时，可用针芯疏通，直至放完为止。洗涤腹腔时，左手持针头垂直刺入两侧后腹部腹腔，连接输液瓶胶管或折射器，注入药液洗涤后再由穿刺部位排出，如此反复冲洗2~3次。

（三）膀胱穿刺

膀胱穿刺是当尿道完全阻塞时，为防止膀胱破裂或尿中毒而采取的暂时性的治疗措施，通过穿刺排出膀胱中的尿液。猪侧卧保定，将左或右后肢向后牵拉转位，充分暴露后腹部，在耻骨前缘触摸胀满有明显波动感处剪毛、消毒，以左手压紧穿刺部位，右手持针头向后下方刺入，并用手指捏住针头固定，待尿液排完后拔出针头，局部进行消毒处理。针刺入膀胱后应将针头固定好，防止滑脱。进行多次穿刺时，容易引起腹膜炎和膀胱炎，应慎重并积极采取对因治疗措施，特别是膀胱充盈时，穿刺时尿液有可能从膀胱穿刺孔处流入腹腔，所以膀胱穿刺应慎用。

四、封闭技术

普鲁卡因封闭疗法是一种调节神经营养机能疗法。通过这种疗法，可以使已经受到刺激的神经恢复其机能，发挥对器官和组织的正常调节作用。封闭后可使因炎症而扩张的血管收缩，减少渗出，减轻水肿，减轻疼痛，调节血管机能，改善组织营养，促进炎症的修复和治愈。

在治疗过程中，一般应用 0.25%~0.5% 的普鲁卡因溶液，有时也可与青霉素、可的松制剂配合应用。

1.病灶周围封闭法

将 10~30 毫升 0.25%~0.5% 的普鲁卡因溶液，分几点注射于病猪病灶周围 1~2 厘米处的皮下或肌膜间，适用于创伤和局部炎症。

2.尾骶封闭法

尾骶位于直肠与荐椎之间，腹腔以外，为疏松结缔组织，其间有腰荐神经丛、阴部神经和直肠后神经。

病猪站立保定，将尾部提起；刺入点在尾根与肛门形成的三角区中央相当于中兽医的后海穴或交巢穴处。用 15~20 厘米长针头，局部消毒后，垂直刺入皮下，将针头稍上翘并与荐椎呈平行方向刺入，先沿正中边注边拔针；然后再分别向左、向右各方向注入 1 次，使50~100 毫升 0.5% 普鲁卡因溶液呈一扇形分布。

五、灌肠技术

灌肠是将药液、温水或营养液灌入直肠或结肠内的一种方法。通过药液的吸收、洗肠和排出宿粪，可用于治疗直肠炎、胃肠炎、胃肠卡他和大肠便秘等疾病，也可排出肠内异物，给动物补液及营养物质。灌注液常用温水、温肥皂水、食盐水、鞣酸液、0.1%高锰酸钾液、硼酸水、抗菌药液、中药药液等。

灌肠时取站立保定或侧卧保定，用小动物灌肠器或导尿管灌肠。若直肠内有宿粪，应先人工排出宿粪。肛门周围用温水清洗干净，把胶管一端插入直肠，另端连接漏斗或吊桶，将液体注入其内，适当举高即可流入。同时压迫尾根肛门，以免液体排出。也可使用100毫升注射器连接在胶管另端注入溶液，注完后捏紧胶管，取下注射器再吸取液体注入，直至注入需要量液体为止。

六、子宫冲洗技术

子宫冲洗就是用子宫冲洗器或普通胶皮管、塑料管，向子宫内反复灌注和吸出消毒药液，清洗子宫内的积脓、胎衣碎片等物质。用于治疗母猪子宫内膜炎、子宫积脓、胎衣腐败等疾病。冲洗子宫的药品有0.05%~0.1%雷佛奴耳溶液、0.1%碘溶液、0.05%~0.1%高锰酸钾溶液、生理盐水、青霉素、链霉素等。

子宫冲洗时取站立保定或侧卧保定，先清洗和消毒外阴部，术者持导管插入母猪阴道内，经子宫颈口插入子宫内，导管另一端连接漏斗或注射器，向子宫内灌注消毒药液。然后放低导管，用虹吸法导引出灌入的药液，如此反复几次灌入和吸出，直至清洗干净。最后用青霉素160万~320万单位、生理盐水150~200毫升灌入子宫内，以控制和消除子宫炎症。

子宫冲洗通常在产后48小时内或发情期间进行，如果是在非发情期间，应先注射雌激素，以松弛子宫颈口。

猪场药物的安全使用

第一节　安全合理用药

一、《兽药管理条例》对兽药安全合理使用的规定

兽药的安全使用是指兽药使用既要保障动物疾病的有效治疗，又要保障对动物和人的安全。建立用药记录是防止临床滥用兽药，保障遵守兽药的休药期，以避免或减少兽药残留，保障动物产品质量的重要手段。2016年3月1日，国务院公布实施李克强总理签署的中华人民共和国国务院令第666号《国务院关于修改部分行政法规的决定》，为推进简政放权、放管结合、优化服务改革，国务院对11条《兽药管理条例》（2004年3月24日，国务院第45次常务会议通过，自2004年11月1日起施行）作出删改。新修订的《兽药管理条例》明确要求兽药使用单位，要遵守国务院兽医行政管理部门制定的兽药安全使用规定，并建立用药记录。

兽药安全使用规定，是指农业部（现农业农村部）发布的关于安全使用兽药以确保动物安全和人的食品安全等方面的有关规定，如饲料药物添加剂使用规范、食品动物禁用的兽药及其他化合物清单，动物性食品中兽药最高残留限量、兽用休药期规定，以及兽用处方药和非处方药分类管理办法等文件。用药记录是指由兽医使用者所记录的关于预防治疗诊断动物疾病所使用的兽药名称、剂量、用法、疗程、用药开始日期、预计停药日期、产品批号、兽药生产企业名称、处方人、用药人等的书面材料和档案。

为确保动物性产品的安全，饲养者除了应遵守休药期规定外，还应确保动物及其产品在用药期、休药期内不用于食品消费。如泌乳期奶牛在发生乳房炎而使用抗菌药等进行治疗期间，其所产牛奶应当废弃，不得用作食品。

新《兽药管理条例》还规定，禁止将原料药直接添加到饲料及动物饮水中或者直接饲喂动物。因为，将原料药直接添加到动物饲料或饮水中，一是剂量难以掌握或是稀释不均匀有可能引起中毒死亡，二是国家规定的休药期一般是针对制剂规定的，原料药没有休药期数据会造成严重的兽药残留问题。

临床合理用药，既要做到有效的防治畜禽的各种疾病，又要避免对动物机体造成毒性损害或降低动物的生产性能，因此，必须全面考虑动物的种属、年龄、性别等对药物作用的影响，选择适宜的药物、适宜的剂型、给药途径、剂量与疗程等，科学合理地加以使用。

（一）新《兽药管理条例》关于兽药使用的主要内容

第38条 兽药使用单位，应当遵守国务院兽医行政管理部门制定的兽药安全使用规定，并建立用药记录。

第39条 禁止使用假、劣兽药以及国务院兽医行政管理部门规定禁止使用的药品和其他化合物。禁止使用的药品和其他化合物目录由国务院兽医行政管理部门制定公布。

第40条 有休药期规定的兽药用于食用动物时，饲养者应当向购买者或者屠宰者提供准确、真实的用药记录；购买者或者屠宰者应当确保动物及其产品在用药期、休药期内不被用于食品消费。

第41条 国务院兽医行政管理部门，负责制定公布在饲料中允许添加的药物饲料添加剂品种目录。

禁止在饲料和动物饮水中添加激素类药品和国务院兽医行政管理部门规定的其他禁用药品。

经批准可以在饲料中添加的兽药，应当由兽药生产企业制成药物饲料添加剂后方可添加。禁止将原料药直接添加到饲料及动物饮用水中或者直接饲喂动物。

禁止将人用药品用于动物。

第 42 条　国务院兽医行政管理部门，应当制定并组织实施国家动物及动物产品兽药残留监控计划。

县级以上人民政府兽医行政管理部门，负责组织对动物产品中兽药残留量的检测。兽药残留检测结果，由国务院兽医行政管理部门或者省、自治区、直辖市人民政府兽医行政管理部门按照权限予以公布。

动物产品的生产者、销售者对检测结果有异议的，可以自收到检测结果之日起 7 个工作日内向组织实施兽药残留检测的兽医行政管理部门或者其上级兽医行政管理部门提出申请，由受理申请的兽医行政管理部门指定检验机构进行复检。

兽药残留限量标准和残留检测方法，由国务院兽医行政管理部门制定发布。

第 43 条　禁止销售含有违禁药物或者兽药残留量超过标准的食用动物产品。

（二）食品动物禁用的兽药及其化合物清单

2002 年 4 月农业部公告 193 号（表 2-1）发布食品动物禁用的兽药及其他化合物清单。截至 2002 年 5 月 15 日，《禁用清单》序号 1 至 18 所列品种的原料药及其单方、复方制剂产品停止经营和使用。《禁用清单》序号 19 至 21 所列品种的原料药及其单方、复方制剂产品不准以抗应激、提高饲料转化率、促进动物生长为目的地在食品动物饲养过程中使用。

表 2-1　食品动物禁用的兽药及其他化合物清单

序号	兽药及其他化合物名称	禁止用途	禁用动物
1	β- 兴奋剂类：克仑特罗 Clenbuterol、沙丁胺醇 Salbutamol、西马特罗 Cimaterol 及其盐、酯及制剂	所有用途	所有食品动物
2	性激素类：己烯雌酚 Diethylstilbestrol 及其盐、酯及制剂	所有用途	所有食品动物

（续表）

序号	兽药及其他化合物名称	禁止用途	禁用动物
3	具有雌激素样作用的物质：玉米赤霉醇 Zeranol、去甲雄三烯醇酮 Trenbolone、醋酸甲孕酮 Mengestrol，Acetate 及制剂	所有用途	所有食品动物
4	氯霉素 Chloramphenicol、及其盐、酯（包括：琥珀氯霉素 Chloramphenicol Succinate）及制剂	所有用途	所有食品动物
5	氨苯砜 Dapsone 及制剂	所有用途	所有食品动物
6	硝基呋喃类：呋喃唑酮 Furazolidone、呋喃它酮 Furaltadone、呋喃苯烯酸钠 Nifurstyrenate sodium 及制剂	所有用途	所有食品动物
7	硝基化合物：硝基酚钠 Sodium nitrophenolate、硝呋烯腙 Nitrovin 及制剂	所有用途	所有食品动物
8	催眠、镇静类：安眠酮 Methaqualone 及制剂	所有用途	所有食品动物
9	林丹（丙体六六六）Lindane	杀虫剂	所有食品动物
10	毒杀芬（氯化烯）Camahechlor	杀虫剂、清塘剂	所有食品动物
11	呋喃丹（克百威）Carbofuran	杀虫剂	所有食品动物
12	杀虫脒（克死螨）Chlordimeform	杀虫剂	所有食品动物
13	双甲脒 Amitraz	杀虫剂	水生食品动物
14	酒石酸锑钾 Antimonypotassiumtartrate	杀虫剂	所有食品动物
15	锥虫肿胺 Tryparsamide	杀虫剂	所有食品动物
16	孔雀石绿 Malachitegreen	抗菌、杀虫剂	所有食品动物
17	五氯酚酸钠 Pentachlorophenolsodium	杀螺剂	所有食品动物
18	各种汞制剂包括：氯化亚汞（甘汞）Calomel，硝酸亚汞 Mercurous nitrate、醋酸汞 Mercurous acetate、吡啶基醋酸汞 Pyridyl mercurous acetate	杀虫剂	所有食品动物

（续表）

序号	兽药及其他化合物名称	禁止用途	禁用动物
19	性激素类：甲基睾丸酮 Methyltestosterone、丙酸睾酮 Testosterone Propionate、苯丙酸诺龙 Nandrolone Phenylpropionate、苯甲酸雌二醇 Estradiol Benzoate 及其盐、酯及制剂	促生长	所有食品动物
20	催眠、镇静类：氯丙嗪 Chlorpromazine、地西泮（安定）Diazepam 及其盐、酯及制剂	促生长	所有食品动物
21	硝基咪唑类：甲硝唑 Metronidazole、地美硝唑 Dimetronidazole 及其盐、酯及制剂	促生长	所有食品动物

注：食品动物是指各种供人食用或其产品供人食用的动物

中华人民共和国农业部于 2015 年 9 月 1 日再次发布第 2292 号公告，经评价，认为洛美沙星、培氟沙星、氧氟沙星、诺氟沙星 4 种原料药的各种盐、酯及其各种制剂可能对养殖业、人体健康造成危害或者存在潜在风险。根据《兽药管理条例》第六十九条规定，决定在食品动物中停止使用洛美沙星、培氟沙星、氧氟沙星、诺氟沙星 4 种兽药，撤销相关兽药产品批准文号。公告指出，自公告发布之日起，除用于非食品动物的产品外，停止受理洛美沙星、培氟沙星、氧氟沙星、诺氟沙星 4 种原料药的各种盐、酯及其各种制剂的兽药产品批准文号的申请。自 2015 年 12 月 31 日起，停止生产用于食品动物的洛美沙星、培氟沙星、氧氟沙星、诺氟沙星 4 种原料药的各种盐、酯及其各种制剂，涉及的相关企业的兽药产品批准文号同时撤销。2015 年 12 月 31 日前生产的产品，可以在 2016 年 12 月 31 日前流通使用。自 2016 年 12 月 31 日起，停止经营、使用用于食品动物的洛美沙星、培氟沙星、氧氟沙星、诺氟沙星 4 种原料药的各种盐、酯及其各种制剂。

2017 年农业部发布 2583 号公告，禁止非泼罗尼及相关制剂用于食品动物。

农业部于 2018 年 1 月 11 日再次发布公告第 2638 号，自公告发布之日起，停止受理喹乙醇、氨苯胂酸、洛克沙胂等3种兽药的原料药及各种制剂兽药产品批准文号的申请。自2018年5月1日起，停止生产喹乙醇、氨苯胂酸、洛克沙胂等3种兽药的原料药及各种制剂，相关企业的兽药产品批准文号同时注销。2018年4月30日前生产的产品，可在2019年4月30日前流通使用。自2019年5月1日起，停止经营、使用喹乙醇、氨苯胂酸、洛克沙胂等3种兽药的原料药及各种制剂。

（三）禁止在饲料和动物饮用水中使用的药物品种目录

农业部公告第176号规定，凡生产含有药物饲料添加剂的饲料产品，必须严格执行《饲料药物添加剂使用规范》（168号公告）的规定。凡生产含有《饲料药物添加剂使用规范》附录中的饲料药物添加剂的饲料产品，必须执行《饲料标签》标准的规定。

禁止在饲料和动物饮用水中使用的药物品种目录如下。

1. 肾上腺素受体激动剂

（1）盐酸克仑特罗（Clenbuterol Hydrochloride）　中华人民共和国药典（以下简称药典）2000年二部P605。β_2肾上腺素受体激动药。

（2）沙丁胺醇（Salbutamol）　药典2000年二部P316。β_2肾上腺素受体激动药。

（3）硫酸沙丁胺醇（Salbutamol Sulfate）　药典2000年二部P870。β_2肾上腺素受体激动药。

（4）莱克多巴胺（Ractopamine）　一种β兴奋剂，美国食品和药物管理局（FDA）已批准，中国未批准。

（5）盐酸多巴胺（Dopamine Hydrochloride）　药典2000年二部P591。多巴胺受体激动药。

（6）西马特罗（Cimaterol）　美国氰胺公司开发的产品，一种β兴奋剂，FDA未批准。

（7）硫酸特布他林（Terbutaline Sulfate）　药典2000年二部P890。β_2肾上腺受体激动药。

2. 性激素

（8）己烯雌酚（Diethylstibestrol）　药典2000年二部P42。雌激

素类药。

（9）雌二醇（Estradiol） 药典 2000 年二部 P1005。雌激素类药。

（10）戊酸雌二醇（Estradiol Valerate） 药典 2000 年二部 P124。雌激素类药。

（11）苯甲酸雌二醇（Estradiol Benzoate） 药典 2000 年二部 P369。雌激素类药。中华人民共和国兽药典（以下简称兽药典）2000 年版一部 P109。雌激素类药。用于发情不明显动物的催情及胎衣滞留、死胎的排出。

（12）氯烯雌醚（Chlorotrianisene） 药典 2000 年二部 P919。

（13）炔诺醇（Ethinylestradiol） 药典 2000 年二部 P422。

（14）炔诺醚（Quinestrol） 药典 2000 年二部 P424。

（15）醋酸氯地孕酮（Chlormadinone acetate） 药典 2000 年二部 P1037。

（16）左炔诺孕酮（Levonorgestrel） 药典 2000 年二部 P107。

（17）炔诺酮（Norethisterone） 药典 2000 年二部 P420。

（18）绒毛膜促性腺激素（绒促性素）（Chorionic Gonadotrophin） 药典 2000 年二部 P534。促性腺激素药。兽药典 2000 年版一部 P146。激素类药。用于性功能障碍、习惯性流产及卵巢囊肿等。

（19）促卵泡生长激素（尿促性素主要含卵泡刺激 FSHT 和黄体生成素 LH）（Menotropins） 药典 2000 年二部 P321。促性腺激素类药。

3. 蛋白同化激素

（20）碘化酪蛋白（Iodinated Casein） 蛋白同化激素类，为甲状腺素的前驱物质，具有类似甲状腺素的生理作用。

（21）苯丙酸诺龙及苯丙酸诺龙注射液（Nandrolone phenyl-propionate） 药典 2000 年二部 P365。

4. 精神药品

（22）（盐酸）氯丙嗪（Chlorpromazine Hydrochloride） 药典 2000 年二部 P676。抗精神病药。兽药典 2000 年版一部 P177。镇静药。用于强化麻醉以及使动物安静等。

（23）盐酸异丙嗪（Promethazine Hydrochloride） 药典2000年二部P602。抗组胺药。兽药典2000年版一部P164。抗组胺药。用于变态反应性疾病，如荨麻疹、血清病等。

（24）安定（地西泮）（Diazepam） 药典2000年二部P214。抗焦虑药、抗惊厥药。兽药典2000年版一部P61。镇静药、抗惊厥药。

（25）苯巴比妥（Phenobarbital） 药典2000年二部P362。镇静催眠药、抗惊厥药。兽药典2000年版一部P103。巴比妥类药。缓解脑炎、破伤风、士的宁中毒所致的惊厥。

（26）苯巴比妥钠（Phenobarbital Sodium） 兽药典2000年版一部P105。巴比妥类药。缓解脑炎、破伤风、士的宁中毒所致的惊厥。

（27）巴比妥（Barbital） 兽药典2000年版一部P27。中枢抑制和增强解热镇痛。

（28）异戊巴比妥（Amobarbital） 药典2000年二部P252。催眠药、抗惊厥药。

（29）异戊巴比妥钠（Amobarbital Sodium） 兽药典2000年版一部P82。巴比妥类药。用于小动物的镇静、抗惊厥和麻醉。

（30）利血平（Reserpine） 药典2000年二部P304。抗高血压药。

（31）艾司唑仑（Estazolam）

（32）甲丙氨脂（Meprobamate）

（33）咪达唑仑（Midazolam）

（34）硝西泮（Nitrazepam）

（35）奥沙西泮（Oxazepam）

（36）匹莫林（Pemoline）

（37）三唑仑（Triazolam）

（38）唑吡旦（Zolpidem）

（39）其他国家管制的精神药品

5. 各种抗生素滤渣

（40）抗生素滤渣 该类物质是抗生素类产品生产过程中产生的工业三废，因含有微量抗生素成分，在饲料和饲养过程中使用后对动物有一定的促生长作用。但对养殖业的危害很大，一是容易引起耐药性，二是由于未做安全性试验，存在各种安全隐患。

（四）食品动物禁用兽药的有关公告

① 食品动物禁用的兽药及其他化合物清单，农业部公告193号。

② 禁止在饲料和动物饮用水中使用的药物品种目录，农业部公告176号。

③ 禁止在饲料和动物饮水中使用的物质，农业部公告1519号。

④ 兽药地方标准废止目录，序号1为193号公告的禁用品种补充，序号2-5为废止品种，农业部公告560号。

⑤ 兽药地升标汇编，废止目录见农业部1435号公告，1506号公告，1759号公告。

⑥ 在食品动物中停止使用洛美沙星、培氟沙星、氧氟沙星、诺氟沙星等4种原料药的各种盐、酯及其各种制剂，2016年农业部公告2292号。

⑦ 禁止非泼罗尼及相关制剂用于食品动物，2017年农业部公告2583号。

⑧ 在食品动物中停止使用喹乙醇、氨苯胂酸、洛克沙胂等3种兽药，2018年农业部公告第2638号。

截至目前，涉及食品动物禁用的兽药及其他化合物品种清单，见表2-2。

表2-2 食品动物禁用的兽药及其他化合物品种清单

序号	药物名称	英文名	类别	引用依据
1	克仑特罗	Clenbuterol	β_2肾上腺素受体激动药	农业部第235号公告
2	盐酸克仑特罗	ClenbuterolHydro-chloride	β_2肾上腺素受体激动药	农业部第176号公告
3	沙丁胺醇	Salbutamol	β_2肾上腺素受体激动药	农业部第176号、235号公告
4	硫酸沙丁胺醇	SalbutamolSulfate	β_2肾上腺素受体激动药	农业部第176号公告

（续表）

序号	药物名称	英文名	类别	引用依据
5	莱克多巴胺	Ractopamine	β_2肾上腺素受体激动药	农业部第 176 号公告
6	盐酸多巴胺	DopamineHydrochloride	多巴胺受体激动药	农业部第 176 号公告
7	西马特罗	Cimaterol	β 兴奋剂	农业部第 176 号、235 号公告
8	硫酸特布他林	TerbutalineSulfate	β_2肾上腺素受体激动药	农业部第 176 号公告
9	苯乙醇胺	APhenylethanolamineA	β- 肾上腺素受体激动剂	农业部第 1519 号公告
10	班布特罗	Bambuterol	β- 肾上腺素受体激动剂	农业部第 1519 号公告
11	盐酸齐帕特罗	ZilpaterolHydrochloride	β- 肾上腺素受体激动剂	农业部第 1519 号公告
12	盐酸氯丙那林	ClorprenalineHydrochloride	β- 肾上腺素受体激动剂	农业部第 1519 号公告
13	马布特罗	Mabuterol	β- 肾上腺素受体激动剂	农业部第 1519 号公告
14	西布特罗	Cimbuterol	β- 肾上腺素受体激动剂	农业部第 1519 号公告
15	溴布特罗	Brombuterol	β- 肾上腺素受体激动剂	农业部第 1519 号公告
16	酒石酸阿福特罗	ArformoterolTartrate	β- 肾上腺素受体激动剂	农业部第 1519 号公告
17	富马酸福莫特罗	FormoterolFumatrate	β- 肾上腺素受体激动剂	农业部第 1519 号公告
18	盐酸可乐定	ClonidineHydrochloride	抗高血压药	农业部第 1519 号公告

（续表）

序号	药物名称	英文名	类别	引用依据
19	盐酸赛庚啶	CyproheptadineHydrochloride	抗组胺药	农业部第1519号公告
20	己烯雌酚	Diethylstibestrol	雌激素类药	农业部第176号、235号公告
21	玉米赤霉醇	Zeranol	具有雌激素样作用的物质	农业部第193号、235号公告
22	去甲雄三烯醇酮	Trenbolone	具有雌激素样作用的物质	农业部第193号、235号公告
23	醋酸甲孕酮及制剂	Mengestrol，Acetate	具有雌激素样作用的物质	农业部第193号、235号公告
24	雌二醇	Estradiol	雌激素类药	农业部第176号公告
25	戊酸雌二醇	EstradiolValerate	雌激素类药	农业部第176号公告
26	苯甲酸雌二醇	EstradiolBenzoate	雌激素类药	农业部第176号、193号公告
27	氯烯雌醚	Chlorotrianisene	雌激素类药	农业部第176号公告
28	炔诺醇	Ethinylestradiol	雌激素类药	农业部第176号公告
29	炔诺醚	Quinestrol	雌激素类药	农业部第176号公告
30	醋酸氯地孕酮	Chlormadinoneacetate	雌激素类药	农业部第176号公告
31	左炔诺孕酮	Levonorgestrel	雌激素类药	农业部第176号公告
32	炔诺酮	Norethisterone	雌激素类药	农业部第176号公告

（续表）

序号	药物名称	英文名	类别	引用依据
33	绒毛膜促性腺激素（绒促性素）	Chorionic Gonadotrophin	激素类药	农业部第176号公告
34	促卵泡生长激素（尿促性素主要含卵泡刺激 FSHT 和黄体生成素 LH）	Menotropins	促性腺激素类药	农业部第176号公告
35	碘化酪蛋白	Iodinated Casein	蛋白同化激素类	农业部第176号公告
36	苯丙酸诺龙及苯丙酸诺龙注射液	Nandrolonephenyl-propionate	蛋白同化激素类	农业部第176号、193号公告
37	（盐酸）氯丙嗪	Chlorpromazine Hydrochloride	抗精神病药，镇静药	农业部第176号公告
38	氯丙嗪	Chlorpromazine	促生长类	农业部第193号公告
39	盐酸异丙嗪	Promethazine Hydrochloride	抗组胺药	农业部第176号公告
40	安定（地西泮）	Diazepam	抗焦虑药、抗惊厥药	农业部第176号、193号公告
41	苯巴比妥	Phenobarbital	镇静催眠药、抗惊厥药	农业部第176号公告
42	苯巴比妥钠	Phenobarbital Sodium	巴比妥类药	农业部第176号公告
43	巴比妥	Barbital	巴比妥类药	农业部第176号公告
44	异戊巴比妥	Amobarbital	催眠药、抗惊厥药	农业部第176号公告

（续表）

序号	药物名称	英文名	类别	引用依据
45	异戊巴比妥钠	AmobarbitalSodium	巴比妥类药	农业部第 176 号公告
46	利血平	Reserpine	抗高血压药	农业部第 176 号公告
47	艾司唑仑	Estazolam	精神药品	农业部第 176 号公告
48	甲丙氨脂	Meprobamate	精神药品	农业部第 176 号公告
49	咪达唑仑	Midazolam	精神药品	农业部第 176 号公告
50	硝西泮	Nitrazepam	精神药品	农业部第 176 号公告
51	奥沙西泮	Oxazepam	精神药品	农业部第 176 号公告
52	匹莫林	Pemoline	精神药品	农业部第 176 号公告
53	三唑仑	Triazolam	精神药品	农业部第 176 号公告
54	唑吡旦	Zolpidem	精神药品	农业部第 176 号公告
55	氯霉素	Chloramphenicol	抗生素类	农业部第 193 号公告
56	琥珀氯霉素	Chloramphenicol-Succinate	抗生素类	农业部第 193 号公告
57	氨苯砜	dapsone	抗生素类	农业部第 193 号、235 号公告
58	呋喃唑酮	Furazolidone	硝基呋喃类	农业部第 193 号、235 号公告

（续表）

序号	药物名称	英文名	类别	引用依据
59	呋喃它酮	Furaltadone	硝基呋喃类	农业部第193号、235号公告
60	呋喃苯烯酸钠	Nifurstyrenatesodium	硝基呋喃类	农业部第193号、235号公告
61	硝基酚钠	Sodiumnitrophenolate	硝基化合物	农业部第193号、235号公告
62	硝呋烯腙	Nitrovin	硝基化合物	农业部第193号、235号公告
63	安眠酮	Methaqualone	催眠、镇静类	农业部第193号、235号公告
64	林丹（丙体六六六）	Lindane	杀虫剂	农业部第193号、235号公告
65	毒杀芬（氯化烯）	Camahechlor	杀虫剂、清塘剂	农业部第193号、235号公告
66	呋喃丹（克百威）	Carbofuran	杀虫剂	农业部第193号、235号公告
67	杀虫脒（克死螨）	Chlordimeform	杀虫剂	农业部第193号、235号公告
68	双甲脒	Amitraz	杀虫剂	农业部第193号、235号公告
69	酒石酸锑钾	Antimonypotassium-tartrate	杀虫剂	农业部第193号、235号公告
70	锥虫胂胺	Tryparsamide	杀虫剂	农业部第193号、235号公告
71	孔雀石绿	Malachitegreen	抗菌、杀虫剂	农业部第193号、235号公告
72	五氯酚酸钠	Pentachlorophenol-sodium	杀螺剂	农业部第193号、235号公告

（续表）

序号	药物名称	英文名	类别	引用依据
73	氯化亚汞（甘汞）	Calomel	杀虫剂	农业部第193号、235号公告
74	硝酸亚汞	Mercurousnitrate	杀虫剂	农业部第193号、235号公告
75	醋酸汞	Mercurousacetate	杀虫剂	农业部第193号、235号公告
76	吡啶基醋酸汞	Pyridylmercurousac-etate	杀虫剂	农业部第193号、235号公告
77	甲基睾丸酮	Methyltestosterone	促生长类	农业部第193号、235号公告
78	丙酸睾酮	TestosteronePropio-nate	促生长类	农业部第193号公告
79	甲硝唑	Metronidazole	促生长类	农业部第193号公告
80	地美硝唑	Dimetronidazole	促生长类	农业部第193号公告
81	洛硝达唑	Ronidazole	抗生素类	农业部第235号公告
82	群勃龙	Trenbolone	激素类药	农业部第235号公告
83	呋喃妥因	Furadantin	硝基呋喃类	农业部第560号公告
84	替硝唑	tinidazole	硝基咪唑类	农业部第560号公告
85	卡巴氧	carbadox	喹噁啉类	农业部第560号公告
86	万古霉素	vancomycin	抗生素类	农业部第560号公告

（续表）

序号	药物名称	英文名	类别	引用依据
87	金刚烷胺	amantadine	抗病毒类	农业部第560号公告
88	金刚乙胺	rimantadine	抗病毒类	农业部第560号公告
89	阿昔洛韦	acyclovir	抗病毒类	农业部第560号公告
90	吗啉（双）胍（病毒灵）	moroxydine	抗病毒类	农业部第560号公告
91	利巴韦林	ribavirin	抗病毒类	农业部第560号公告
92	头孢哌酮	cefoperazone	抗生素、合成抗菌药及农药	农业部第560号公告
93	头孢噻肟	cefotaxime	抗生素、合成抗菌药及农药	农业部第560号公告
94	头孢曲松（头孢三嗪）	cefatriaxone	抗生素、合成抗菌药及农药	农业部第560号公告
95	头孢噻吩	cephalothin	抗生素、合成抗菌药及农药	农业部第560号公告
96	头孢拉啶	cefradine	抗生素、合成抗菌药及农药	农业部第560号公告
97	头孢唑啉	cefazolin	抗生素、合成抗菌药及农药	农业部第560号公告
98	头孢噻啶	cefaloridine	抗生素、合成抗菌药及农药	农业部第560号公告
99	罗红霉素	Roxithromycin	抗生素、合成抗菌药及农药	农业部第560号公告
100	克拉霉素	Clarithromycin	抗生素、合成抗菌药及农药	农业部第560号公告

（续表）

序号	药物名称	英文名	类别	引用依据
101	阿奇霉素	Azithromycin	抗生素、合成抗菌药及农药	农业部第 560 号公告
102	磷霉素	phosphonomycin	抗生素、合成抗菌药及农药	农业部第 560 号公告
103	硫酸奈替米星	netilmicin	抗生素、合成抗菌药及农药	农业部第 560 号公告
104	氟罗沙星	fleroxacin	抗生素、合成抗菌药及农药	农业部第 560 号公告
105	司帕沙星	sparfloxacin	抗生素、合成抗菌药及农药	农业部第 560 号公告
106	甲替沙星	Methylhydrochloride	抗生素、合成抗菌药及农药	农业部第 560 号公告
107	氯林可霉素	chlorodeoxylincomycin	抗生素、合成抗菌药及农药	农业部第 560 号公告
108	氯洁霉素	clindamycin	抗生素、合成抗菌药及农药	农业部第 560 号公告
109	妥布霉素	tobramycin	抗生素、合成抗菌药及农药	农业部第 560 号公告
110	胍哌甲基四环素	guamecycline	抗生素、合成抗菌药及农药	农业部第 560 号公告
111	盐酸甲烯土霉素（美他环素）	methacyclinehydrochloride	抗生素、合成抗菌药及农药	农业部第 560 号公告
112	两性霉素	amphotericin	抗生素、合成抗菌药及农药	农业部第 560 号公告
113	利福霉素	rifamycin	抗生素、合成抗菌药及农药	农业部第 560 号公告
114	双嘧达莫	dipyridamole	预防血栓栓塞性疾病	农业部第 560 号公告

（续表）

序号	药物名称	英文名	类别	引用依据
115	聚肌胞	polyI-C	解热镇痛类	农业部第560号公告
116	氟胞嘧啶	flucytosine	解热镇痛类	农业部第560号公告
117	代森铵	ambam	农用杀虫菌剂	农业部第560号公告
118	磷酸伯氨喹	primaquinephosphate	解热镇痛类	农业部第560号公告
119	磷酸氯喹	chloroquinephosphate	抗疟药	农业部第560号公告
120	异噻唑啉酮	isothiazolinone	防腐杀菌	农业部第560号公告
121	盐酸地酚诺酯	Diphenoxylate	解热镇痛	农业部第560号公告
122	盐酸溴己新	bromhexinehydro-chloride	祛痰药	农业部第560号公告
123	西咪替丁	cimetidine	解热镇痛类	农业部第560号公告
124	盐酸甲氧氯普胺	Reclomide	解热镇痛类	农业部第560号公告
125	甲氧氯普胺（盐酸胃复安）	maxolon	解热镇痛类	农业部第560号公告
126	比沙可啶	bisacodyl	泻药	农业部第560号公告
127	二羟丙茶碱	dihydroxypropylthe-ophylline	平喘药	农业部第560号公告
128	白细胞介素-2	interleukin-2	解热镇痛类	农业部第560号公告

（续表）

序号	药物名称	英文名	类别	引用依据
129	别嘌醇	allopurinol	解热镇痛类	农业部第 560 号公告
130	多抗甲素（α-甘露聚糖肽）	polyactin	解热镇痛类	农业部第 560 号公告
131	注射用的抗生素与安乃近、氟喹诺酮类等化学合成药物的复方制剂	Analginum、Fluoro-quinolone	复方制剂	农业部第 560 号公告
132	镇静类药物与解热镇痛药等治疗药物组成的复方制剂	hypnogenesis	复方制剂	农业部第 560 号公告
133	洛美沙星	lomefloxacin	抗菌类	农业部第 2292 号公告
134	培氟沙星	Pefloxacin	抗菌类	农业部第 2292 号公告
135	氧氟沙星	Ofloxacin	抗菌类	农业部第 2292 号公告
136	诺氟沙星	Norfloxacin	抗菌类	农业部第 2292 号公告
137	非泼罗尼	Fipronil	杀虫剂	农业部第 2583 号公告
138	喹乙醇	Oloquindox	抗菌类	农业部第 2638 号公告
139	氨苯胂酸	Arsanilic acid	抗菌类	农业部第 2638 号公告
140	洛克沙胂	Roxarsone	促生长剂	农业部第 2638 号公告

二、注意动物的种属、年龄、性别和个体差异

多数药物对各种动物都能产生类似的作用，但由于各种动物的解剖结构、生理机能及生化反应的不同，对同一药物的反应存在一定差异即种属差异，多为量的差异，少数表现为质的差异。如反刍兽对二甲苯胺噻唑比较敏感，剂量较小即可出现肌肉松弛镇静作用，而猪对此药则不敏感，剂量较大也达不到理想的肌肉松弛镇静效果；酒石酸锑钾能引起猪呕吐，但对反刍动物则呈现反刍促进作用。

家畜的年龄、性别不同，对药物的反应也有差异。一般说来，幼龄、老龄动物的药酶活性较低，对药物的敏感性较高，故用量宜适当减少；雌性动物比雄性动物对药物的敏感性要高，在发情期、妊娠期和哺乳期用药，除了一些专用药外，使用其他药物必须考虑母畜的生殖特性。如泻药、利尿药、子宫兴奋药及其他刺激性强的药物，使用不慎可引起流产、早产和不孕等，要尽量避免使用。有些药物如四环素类、氨基苷类等可通过胎盘或乳腺进入胎儿或新生动物体内而影响其生长发育，甚至致畸，故妊娠期、哺乳期要慎用或禁用。在年龄、体重相近的情况下，同种动物中的不同个体，对药物的敏感性也存在差异，称为个体差异。如青霉素等药物可引起某些动物的过敏反应等，临床用药时应予注意。

三、注意药物的给药方法、剂量与疗程

不同的给药途径可直接影响药物的吸收速度和血药浓度的高低，从而决定着药物作用出现的快慢、维持时间长短和药效的强弱，有时还会引起药物作用性质的改变。如硫酸镁内服致泻，而静脉注射则产生中枢神经抑制作用；又如新霉素内服可治疗细菌性肠炎，因很少吸收，故无明显的肾脏毒性。肌内注射给药时肾脏毒性很大，严重者引起死亡，故不可注射给药，而气雾给药时可用于猪传染性萎缩性鼻炎等呼吸系统疾病的治疗。故临床上应根据病情缓急、用药目的及药物本身的性质来确定适宜的给药方法。对危重病例，宜采用注射给药；治疗肠道感染或驱除肠道寄生虫时，宜内服给药；对集约化饲养的畜禽，一般应采用群体用药法，以减轻应激反应；治疗呼吸系统疾病，

最好采用呼吸道给药。

药物的剂量是决定药物效应的关键因素，通常是指防治疾病的用量。用药量过小不产生任何效应，在一定范围内，剂量越大作用越强，但用量过大则会引起中毒甚至死亡。临床用药要做到安全有效，就必须严格掌握药物的剂量范围，用药量应准确，并按规定的时间和次数用药。对安全范围小的药物，应按规定的用法用量使用，不可随意加大剂量。

为达到治愈疾病的目的，大多数药物都要连续或间歇性地反复用药一段时间，称之为疗程。疗程的长短多取决于动物饲养情况、疾病性质和病情需要。一般而言，对散养的动物常见病，对症治疗药物如解热药、利尿药、镇痛药等，一旦症状缓解或改善，可停止使用或进一步作对因治疗；而对集约化饲养的动物感染性疾病如细菌或霉形体性传染病，一定要用药至彻底杀灭入侵的病原体，即治疗要彻底，疗程要足够，一般用药需 3~5 天。疗程不足或症状改善即停止用药，一是易导致病原体产生耐药性，二是疾病易复发。

四、注意药物的配伍禁忌

临床上为了提高疗效，减少药物的不良反应，或治疗不同的并发症，常需同时或短期内先后使用两种或两种以上的药物，称联合用药。由于药物间的相互作用，联用后可使药效增强（协同作用）或不良反应减轻，也可使药效降低、消失（拮抗作用）或出现不应有的不良反应，后者称之为药理性配伍禁忌。联合用药合理，可利用增强作用提高疗效，如磺胺药与增效剂联用，抗菌效能可增强数倍至几十倍；亦可利用拮抗作用来减少副作用或作解毒，如用阿托品对抗水合氯醛引起的支气管腺体分泌的副作用，用中枢兴奋药解救中枢抑制药过量中毒等。但联用不当，则会降低疗效或对机体产生毒性损害。如含钙、镁、铝、铁的药物与四环素合用，因可形成难溶性的络合物，而降低四环素的吸收和作用；又如苯巴比妥可诱导肝药酶的活性，可使同用的维生素 K 减效，并可引起出血。故联合用药时，既要注意药物本身的作用，还要十分注意药物之间的相互作用。

当药物在体外配伍如混用时，也会因相互作用而出现物理化学变化，导致药效降低或失效，甚至引起毒性反应，这些称为理化性配伍禁忌。如乙酰水杨酸与碱性药物配成散剂，在潮湿时易引起分解；维生素 C 溶液与苯巴比妥钠配伍时，能使后者析出，同时前者亦部分分解；吸附药与抗菌药配合，抗菌药被吸附而使疗效降低，等等；还有出现产气、变色、燃烧、爆炸等。此外，水溶剂与油溶剂配合时会分层；含结晶水的药物相互配伍时，由于条件的改变使其中的结晶水析出，使固体药物变成半固体或泥糊状态；两种固体混合时，可由于熔点的降低而变成溶液（液化）等。理化性配伍禁忌，主要是酸性碱性药物间的配伍问题。

无论是药理性还是理化性配伍禁忌，都会影响到药物的疗效与安全性，必须引起足够的重视。通常一种药物可有效治疗的不应使用多种药物，少数几种药物可解决问题的，不必使用许多药物进行治疗，即做到少而精、安全有效，避免盲目配伍。

五、注意药物在动物性产品中的残留

在集约化养殖业中，药物除了防治动物疾病的传统用途外，有些还作为饲料添加剂以促进生长，提高饲料报酬，改善畜产品质量，提高养殖的经济效益。但在产生有益作用的同时，往往又残留在动物性食品（肉、蛋、奶及其产品）中，间接危害人类的健康。所谓药物残留是指给动物应用兽药或饲料添加剂后，药物的原型及其代谢物蓄积或贮存在动物的组织、细胞、器官或可食性产品中。残留量以每千克（或每升）食品中的药物及其衍生物残留的重量表示，如毫克/千克或毫克/升、微克/千克或微克/升。兽药残留对人类健康主要有三个方面的影响：一是对消费者的毒性作用。主要有致畸、致突变或致癌作用（如硝基呋喃类、砷制剂已被证明有致癌作用，许多国家已禁用于食品动物）、急慢性毒性（如人食用含有盐酸克仑特罗的猪肺可发生急性中毒等）、激素样作用（如人吃了含有雌激素或同化激素的食品则会干扰人的激素功能）、过敏反应等。二是对人类肠道微生物的不良影响，使部分敏感菌受到抑制或被杀死，致使平衡破坏。有些条件性致病菌（如大肠杆菌）可能大量繁殖，或体外病原菌侵入，损害人类健康。三是使人类病原菌耐药性增加。抗菌药物在动物性食品中的残留可能使人类的病原菌长期接触这些低浓度的药物，从而产生耐药性；再者，食品动物使用低剂量抗菌药物作促生长剂时容易产生耐药性。临床致病菌耐药性的不断增加，使抗菌药的药效降低，使用寿命缩短。

为保证人类的健康，许多国家对用于食品动物的抗生素、合成抗菌药、抗寄生虫药、激素等，规定了最高残留限量和休药期。最高残留限量（MRL）原称允许残留量，是指允许在动物性食品表面或内部残留药物的最高量。具体地说，是指在屠宰以及收获、加工、贮存和销售等特定时期，直到被人消费时，动物性食品中药物残留的最高允许量。如违反规定，肉、蛋、奶中的药物残留量超过规定浓度，则将受到严厉处罚。近年来，因药物残留问题，严重影响了我国禽肉、兔肉、羊肉、牛肉的对外出口，故给食品动物用药时，必须注意有关药物的休药期规定。所谓休药期，系指允许屠宰畜禽及其产品（乳、蛋）允许上市前的停药时间。规定休药期，是为了减少或避免畜产品中药物的超量残留，由于动物种属、药物种类、剂型、用药剂量和给药途径不同，休药期长短亦有很大差别，故在食品动物或其产品上市前的一段时间内，应遵守休药期规定停药一定时间，以免造成出口产品的经济损失或影响人们的健康。对有些药物，还提出有应用限制，如有些药物禁用于犊牛，有些禁用于产蛋鸡群或泌乳牛等，使用药物时都需十分注意。

2003年5月22日农业部公告第278号发布了兽药国家标准中部分品种停药期规定（表2-3），并确定了部分不需制订停药期规定的品种（表2-4）。

表2-3　停药期规定

序号	兽药名称	执行标准	停药期
1	乙酰甲喹片	兽药规范92版	牛、猪35日
2	二氢吡啶	部颁标准	牛、肉鸡7日，弃奶期7日
3	二硝托胺预混剂	兽药典2000版	鸡3日，产蛋期禁用

序号	兽药名称	执行标准	停药期
4	土霉素片	兽药典 2000 版	牛、羊、猪 7 日，禽 5 日，弃蛋期 2 日，弃奶期 3 日
5	土霉素注射液	部颁标准	牛、羊、猪 28 日，弃奶期 7 日
6	马杜霉素预混剂	部颁标准	鸡 5 日，产蛋期禁用
7	双甲脒溶液	兽药典 2000 版	牛、羊 21 日，猪 8 日，弃奶期 48 小时，禁用于产奶羊和水生动物杀虫剂
8	巴胺磷溶液	部颁标准	羊 14 日
9	水杨酸钠注射液	兽药规范 65 版	牛 0 日，弃奶期 48 小时
10	四环素片	兽药典 90 版	牛 12 日、猪 10 日、鸡 4 日，产蛋期禁用，产奶期禁用
11	甲砜霉素片	部颁标准	28 日，弃奶期 7 日
12	甲砜霉素散	部颁标准	28 日，弃奶期 7 日，鱼 500 度日（注：温度乘以天数，500 度日就是 20℃ 的情况下为 25 天，25℃ 的情况下就是 20 天）
13	甲基前列腺素 F2a 注射液	部颁标准	牛 1 日，猪 1 日，羊 1 日
14	甲硝唑片	兽药典 2000 版	牛 28 日，禁用于促生长
15	甲磺酸达氟沙星注射液	部颁标准	猪 25 日
16	甲磺酸达氟沙星粉	部颁标准	鸡 5 日，产蛋鸡禁用
17	甲磺酸达氟沙星溶液	部颁标准	鸡 5 日，产蛋鸡禁用
18	甲磺酸培氟沙星可溶性粉	部颁标准	农业部 2292 号公告已全面禁用
19	甲磺酸培氟沙星注射液	部颁标准	农业部 2292 号公告已全面禁用

（续表）

序号	兽药名称	执行标准	停药期
20	甲磺酸培氟沙星颗粒	部颁标准	农业部 2292 号公告已全面禁用
21	亚硒酸钠维生素E 注射液	兽药典 2000 版	牛、羊、猪 28 日
22	亚硒酸钠维生素E 预混剂	兽药典 2000 版	牛、羊、猪 28 日
23	亚硫酸氢钠甲萘醌注射液	兽药典 2000 版	0 日
24	伊维菌素注射液	兽药典 2000 版	牛、羊 35 日，猪 28 日，泌乳期禁用
25	吉他霉素片	兽药典 2000 版	猪、鸡 7 日，产蛋期禁用
26	吉他霉素预混剂	部颁标准	猪、鸡 7 日，产蛋期禁用
27	地西泮注射液	兽药典 2000 版	28 日
28	地克珠利预混剂	部颁标准	鸡 5 日，产蛋期禁用
29	地克珠利溶液	部颁标准	鸡 5 日，产蛋期禁用
30	地美硝唑预混剂	兽药典 2000 版	猪、鸡 28 日，产蛋期禁用
31	地塞米松磷酸钠注射液	兽药典 2000 版	牛、羊、猪 21 日，弃奶期 3 日
32	安乃近片	兽药典 2000 版	牛、羊、猪 28 日，弃奶期 7 日
33	安乃近注射液	兽药典 2000 版	牛、羊、猪 28 日，弃奶期 7 日
34	安钠咖注射液	兽药典 2000 版	牛、羊、猪 28 日，弃奶期 7 日
35	那西肽预混剂	部颁标准	鸡 7 日，产蛋期禁用
36	吡喹酮片	兽药典 2000 版	28 日，弃奶期 7 日
37	芬苯哒唑片	兽药典 2000 版	牛、羊 21 日，猪 3 日，弃奶期 7 日
38	芬苯哒唑粉（苯硫苯咪唑粉剂）	兽药典 2000 版	牛、羊 14 日，猪 3 日，弃奶期 5 日

（续表）

序号	兽药名称	执行标准	停药期
39	苄星邻氯青霉素注射液	部颁标准	牛 28 日，产犊后 4 天禁用，泌乳期禁用
40	阿司匹林片	兽药典 2000 版	0 日
41	阿苯达唑片	兽药典 2000 版	牛 14 日，羊 4 日，猪 7 日，禽 4 日，弃奶期 60 小时
42	阿莫西林可溶性粉	部颁标准	鸡 7 日，产蛋鸡禁用
43	阿维菌素片	部颁标准	羊 35 日，猪 28 日，泌乳期禁用
44	阿维菌素注射液	部颁标准	羊 35 日，猪 28 日，泌乳期禁用
45	阿维菌素粉	部颁标准	羊 35 日，猪 28 日，泌乳期禁用
46	阿维菌素胶囊	部颁标准	羊 35 日，猪 28 日，泌乳期禁用
47	阿维菌素透皮溶液	部颁标准	牛、猪 42 日，泌乳期禁用
48	乳酸环丙沙星可溶性粉	部颁标准	禽 8 日，产蛋鸡禁用
49	乳酸环丙沙星注射液	部颁标准	牛 14 日，猪 10 日，禽 28 日，弃奶期 84 小时
50	乳酸诺氟沙星可溶性粉	部颁标准	农业部 2292 号公告已全面禁用
51	注射用三氮脒	兽药典 2000 版	28 日，弃奶期 7 日
52	注射用苄星青霉素（注射用苄星青霉素 G）	兽药规范 78 版	牛、羊 4 日，猪 5 日，弃奶期 3 日
53	注射用乳糖酸红霉素	兽药典 2000 版	牛 14 日，羊 3 日，猪 7 日，弃奶期 3 日
54	注射用苯巴比妥钠	兽药典 2000 版	28 日，弃奶期 7 日
55	注射用苯唑西林钠	兽药典 2000 版	牛、羊 14 日，猪 5 日，弃奶期 3 日

（续表）

序号	兽药名称	执行标准	停药期
56	注射用青霉素钠	兽药典 2000 版	0 日，弃奶期 3 日
57	注射用青霉素钾	兽药典 2000 版	0 日，弃奶期 3 日
58	注射用氨苄青霉素钠	兽药典 2000 版	牛 6 日，猪 15 日，弃奶期 48 小时
59	注射用盐酸土霉素	兽药典 2000 版	牛、羊、猪 8 日，弃奶期 48 小时
60	注射用盐酸四环素	兽药典 2000 版	牛、羊、猪 8 日，弃奶期 48 小时
61	注射用酒石酸泰乐菌素	部颁标准	牛 28 日，猪 21 日，弃奶期 96 小时
62	注射用喹嘧胺	兽药典 2000 版	28 日，弃奶期 7 日
63	注射用氯唑西林钠	兽药典 2000 版	牛 10 日，弃奶期 2 日
64	注射用硫酸双氢链霉素	兽药典 90 版	牛、羊、猪 18 日，弃奶期 72 小时
65	注射用硫酸卡那霉素	兽药典 2000 版	28 日，弃奶期 7 日
66	注射用硫酸链霉素	兽药典 2000 版	牛、羊、猪 18 日，弃奶期 72 小时
67	环丙氨嗪预混剂（1%）	部颁标准	鸡 3 日
68	苯丙酸诺龙注射液	兽药典 2000 版	28 日，弃奶期 7 日
69	苯甲酸雌二醇注射液	兽药典 2000 版	28 日，弃奶期 7 日
70	复方水杨酸钠注射液	兽药规范 78 版	28 日，弃奶期 7 日
71	复方甲苯咪唑粉	部颁标准	鳗 150 度日

（续表）

序号	兽药名称	执行标准	停药期
72	复方阿莫西林粉	部颁标准	鸡7日，产蛋期禁用
73	复方氨苄西林片	部颁标准	鸡7日，产蛋期禁用
74	复方氨苄西林粉	部颁标准	鸡7日，产蛋期禁用
75	复方氨基比林注射液	兽药典2000版	28日，弃奶期7日
76	复方磺胺对甲氧嘧啶片	兽药典2000版	28日，弃奶期7日
77	复方磺胺对甲氧嘧啶钠注射液	兽药典2000版	28日，弃奶期7日
78	复方磺胺甲噁唑片	兽药典2000版	28日，弃奶期7日
79	复方磺胺氯哒嗪钠粉	部颁标准	猪4日，鸡2日，产蛋期禁用
80	复方磺胺嘧啶钠注射液	兽药典2000版	牛、羊12日，猪20日，弃奶期48小时
81	枸橼酸乙胺嗪片	兽药典2000版	28日，弃奶期7日
82	枸橼酸哌嗪片	兽药典2000版	牛、羊28日，猪21日，禽14日
83	氟苯尼考注射液	部颁标准	猪14日，鸡28日，鱼375度日
84	氟苯尼考粉	部颁标准	猪20日，鸡5日，鱼375度日
85	氟苯尼考溶液	部颁标准	鸡5日，产蛋期禁用
86	氟胺氰菊酯条	部颁标准	流蜜期禁用
87	氢化可的松注射液	兽药典2000版	0日
88	氢溴酸东莨菪碱注射液	兽药典2000版	28日，弃奶期7日
89	洛克沙肿预混剂	部颁标准	5日，产蛋期禁用。2018年农业部公告第2638号，自2019年5月1日起，食品动物全面禁用

（续表）

序号	兽药名称	执行标准	停药期
90	恩诺沙星片	兽药典 2000 版	鸡 8 日，产蛋鸡禁用
91	恩诺沙星可溶性粉	部颁标准	鸡 8 日，产蛋鸡禁用
92	恩诺沙星注射液	兽药典 2000 版	牛、羊 14 日，猪 10 日，兔 14 日
93	恩诺沙星溶液	兽药典 2000 版	禽 8 日，产蛋鸡禁用
94	氧阿苯达唑片	部颁标准	羊 4 日
95	氧氟沙星片	部颁标准	农业部 2292 号公告已全面禁用
96	氧氟沙星可溶性粉	部颁标准	农业部 2292 号公告已全面禁用
97	氧氟沙星注射液	部颁标准	农业部 2292 号公告已全面禁用
98	氧氟沙星溶液（碱性）	部颁标准	农业部 2292 号公告已全面禁用
99	氧氟沙星溶液（酸性）	部颁标准	农业部 2292 号公告已全面禁用
100	氨苯胂酸预混剂	部颁标准	5 日，产蛋鸡禁用。2018 年农业部公告第 2638 号，自 2019 年 5 月 1 日起，食品动物全面禁用
101	氨茶碱注射液	兽药典 2000 版	28 日，弃奶期 7 日
102	海南霉素钠预混剂	部颁标准	鸡 7 日，产蛋期禁用
103	烟酸诺氟沙星可溶性粉	部颁标准	农业部 2292 号公告已全面禁用
104	烟酸诺氟沙星注射液	部颁标准	农业部 2292 号公告已全面禁用
105	烟酸诺氟沙星溶液	部颁标准	农业部 2292 号公告已全面禁用
106	盐酸二氟沙星片	部颁标准	鸡 1 日

（续表）

序号	兽药名称	执行标准	停药期
107	盐酸二氟沙星注射液	部颁标准	猪 45 日
108	盐酸二氟沙星粉	部颁标准	鸡 1 日
109	盐酸二氟沙星溶液	部颁标准	鸡 1 日
110	盐酸大观霉素可溶性粉	兽药典 2000 版	鸡 5 日，产蛋期禁用
111	盐酸左旋咪唑	兽药典 2000 版	牛 2 日，羊 3 日，猪 3 日，禽 28 日，泌乳期禁用
112	盐酸左旋咪唑注射液	兽药典 2000 版	牛 14 日，羊 28 日，猪 28 日，泌乳期禁用
113	盐酸多西环素片	兽药典 2000 版	28 日
114	盐酸异丙嗪片	兽药典 2000 版	28 日
115	盐酸异丙嗪注射液	兽药典 2000 版	28 日，弃奶期 7 日
116	盐酸沙拉沙星可溶性粉	部颁标准	鸡 0 日，产蛋期禁用
117	盐酸沙拉沙星注射液	部颁标准	猪 0 日，鸡 0 日，产蛋期禁用
118	盐酸沙拉沙星溶液	部颁标准	鸡 0 日，产蛋期禁用
119	盐酸沙拉沙星片	部颁标准	鸡 0 日，产蛋期禁用
120	盐酸林可霉素片	兽药典 2000 版	猪 6 日
121	盐酸林可霉素注射液	兽药典 2000 版	猪 2 日
122	盐酸环丙沙星、盐酸小檗碱预混剂	部颁标准	500 度日

（续表）

序号	兽药名称	执行标准	停药期
123	盐酸环丙沙星可溶性粉	部颁标准	28 日，产蛋鸡禁用
124	盐酸环丙沙星注射液	部颁标准	28 日，产蛋鸡禁用
125	盐酸苯海拉明液射液	兽药典 2000 版	28 日，弃奶期 7 日
126	盐酸洛美沙星片	部颁标准	农业部 2292 号公告已全面禁用
127	盐酸洛美沙星可溶性粉	部颁标准	农业部 2292 号公告已全面禁用
128	盐酸洛美沙星注射液	部颁标准	农业部 2292 号公告已全面禁用
129	盐酸氨丙啉、乙氧酰胺苯甲酯、磺胺喹噁啉预混剂	兽药典 2000 版	鸡 10 日，产蛋鸡禁用
130	盐酸氨丙啉、乙氧酰胺苯甲酯预混剂	兽药典 2000 版	鸡 3 日，产蛋期禁用
131	盐酸氯丙嗪片	兽药典 2000 版	28 日，弃奶期 7 日。禁用于促生长
132	盐酸氯丙嗪注射液	兽药典 2000 版	28 日，弃奶期 7 日。禁用于促生长
133	盐酸氯苯胍片	兽药典 2000 版	鸡 5 日，兔 7 日，产蛋期禁用
134	盐酸氯苯胍预混剂	兽药典 2000 版	鸡 5 日，兔 7 日，产蛋期禁用
135	盐酸氯胺酮注射液	兽药典 2000 版	28 日，弃奶期 7 日
136	盐酸赛拉唑注射液	兽药典 2000 版	28 日，弃奶期 7 日

（续表）

序号	兽药名称	执行标准	停药期
137	盐酸赛拉嗪注射液	兽药典 2000 版	牛、羊 14 日，鹿 15 日
138	盐霉素钠预混剂	兽药典 2000 版	鸡 5 日，产蛋期禁用
139	诺氟沙星、盐酸小檗碱预混剂	部颁标准	农业部 2292 号公告已全面禁用
140	酒石酸吉他霉素可溶性粉	兽药典 2000 版	鸡 7 日，产蛋期禁用
141	酒石酸泰乐菌素可溶性粉	兽药典 2000 版	鸡 1 日，产蛋期禁用
142	维生素 B_{12} 注射液	兽药典 2000 版	0 日
143	维生素 B_1 片	兽药典 2000 版	0 日
144	维生素 B_1 注射液	兽药典 2000 版	0 日
145	维生素 B_2 片	兽药典 2000 版	0 日
146	维生素 B_2 注射液	兽药典 2000 版	0 日
147	维生素 B_6 片	兽药典 2000 版	0 日
148	维生素 B_6 注射液	兽药典 2000 版	0 日
149	维生素 C 片	兽药典 2000 版	0 日
150	维生素 C 注射液	兽药典 2000 版	0 日
151	维生素 C 磷酸酯镁、盐酸环丙沙星预混剂	部颁标准	500 度日
152	维生素 D_3 注射液	兽药典 2000 版	28 日，弃奶期 7 日
153	维生素 E 注射液	兽药典 2000 版	牛、羊、猪 28 日
154	维生素 K_1 注射液	兽药典 2000 版	0 日
155	喹乙醇预混剂	兽药典 2000 版	猪 35 日，禁用于禽、鱼、35 千克以上的猪。2019 年 5 月 1 日起，食品动物全面禁用

（续表）

序号	兽药名称	执行标准	停药期
156	奥芬达唑片（苯亚砜哒唑）	兽药典 2000 版	牛、羊、猪 7 日，产奶期禁用
157	普鲁卡因青霉素注射液	兽药典 2000 版	牛 10 日，羊 9 日，猪 7 日，弃奶期 48 小时
158	氯羟吡啶预混剂	兽药典 2000 版	鸡 5 日，兔 5 日，产蛋期禁用
159	氯氰碘柳胺钠注射液	部颁标准	28 日，弃奶期 28 日
160	氯硝柳胺片	兽药典 2000 版	牛、羊 28 日
161	氰戊菊酯溶液	部颁标准	28 日
162	硝氯酚片	兽药典 2000 版	28 日
163	硝碘酚腈注射液（克虫清）	部颁标准	羊 30 日，弃奶期 5 日
164	硫氰酸红霉素可溶性粉	兽药典 2000 版	鸡 3 日，产蛋期禁用
165	硫酸卡那霉素注射液（单硫酸盐）	兽药典 2000 版	28 日
166	硫酸安普霉素可溶性粉	部颁标准	猪 21 日，鸡 7 日，产蛋期禁用
167	硫酸安普霉素预混剂	部颁标准	猪 21 日
168	硫酸庆大 - 小诺霉素注射液	部颁标准	猪、鸡 40 日
169	硫酸庆大霉素注射液	兽药典 2000 版	猪 40 日
170	硫酸黏菌素可溶性粉	部颁标准	7 日，产蛋期禁用。2016 年已禁止硫酸黏菌素预混剂用于动物促生长

（续表）

序号	兽药名称	执行标准	停药期
171	硫酸黏菌素预混剂	部颁标准	7 日，产蛋期禁用。2016 年已禁止硫酸黏菌素预混剂用于动物促生长
172	硫酸新霉素可溶性粉	兽药典 2000 版	鸡 5 日，火鸡 14 日，产蛋期禁用
173	越霉素 A 预混剂	部颁标准	猪 15 日，鸡 3 日，产蛋期禁用
174	碘硝酚注射液	部颁标准	羊 90 日，弃奶期 90 日
175	碘醚柳胺混悬液	兽药典 2000 版	牛、羊 60 日，泌乳期禁用
176	精制马拉硫磷溶液	部颁标准	28 日
177	精制敌百虫片	兽药规范 92 版	28 日
178	蝇毒磷溶液	部颁标准	28 日
179	醋酸地塞米松片	兽药典 2000 版	马、牛 0 日
180	醋酸泼尼松片	兽药典 2000 版	0 日
181	醋酸氟孕酮阴道海绵	部颁标准	羊 30 日，泌乳期禁用
182	醋酸氢化可的松注射液	兽药典 2000 版	0 日
183	磺胺二甲嘧啶片	兽药典 2000 版	牛 10 日，猪 15 日，禽 10 日
184	磺胺二甲嘧啶钠注射液	兽药典 2000 版	28 日
185	磺胺对甲氧嘧啶，二甲氧苄氨嘧啶片	兽药规范 92 版	28 日
186	磺胺对甲氧嘧啶、二甲氧苄氨嘧啶预混剂	兽药典 90 版	28 日，产蛋期禁用
187	磺胺对甲氧嘧啶片	兽药典 2000 版	28 日

（续表）

序号	兽药名称	执行标准	停药期
188	磺胺甲噁唑片	兽药典 2000 版	28 日
189	磺胺间甲氧嘧啶片	兽药典 2000 版	28 日
190	磺胺间甲氧嘧啶钠注射液	兽药典 2000 版	28 日
191	磺胺脒片	兽药典 2000 版	28 日
192	磺胺喹噁啉、二甲氧苄氨嘧啶预混剂	兽药典 2000 版	鸡 10 日，产蛋期禁用
193	磺胺喹噁啉钠可溶性粉	兽药典 2000 版	鸡 10 日，产蛋期禁用
194	磺胺氯吡嗪钠可溶性粉	部颁标准	火鸡 4 日、肉鸡 1 日，产蛋期禁用
195	磺胺嘧啶片	兽药典 2000 版	牛 28 日
196	磺胺嘧啶钠注射液	兽药典 2000 版	牛 10 日，羊 18 日，猪 10 日，弃奶期 3 日
197	磺胺噻唑片	兽药典 2000 版	28 日
198	磺胺噻唑钠注射液	兽药典 2000 版	28 日
199	磷酸左旋咪唑片	兽药典 90 版	牛 2 日，羊 3 日，猪 3 日，禽 28 日，泌乳期禁用
200	磷酸左旋咪唑注射液	兽药典 90 版	牛 14 日，羊 28 日，猪 28 日，泌乳期禁用
201	磷酸哌嗪片（驱蛔灵片）	兽药典 2000 版	牛、羊 28 日、猪 21 日，禽 14 日
202	磷酸泰乐菌素预混剂	部颁标准	鸡、猪 5 日

表2-4　不需要制订停药期的兽药品种

序号	兽药名称	标准来源
1	乙酰胺注射液	兽药典 2000 版
2	二甲硅油	兽药典 2000 版
3	二巯丙磺钠注射液	兽药典 2000 版
4	三氯异氰脲酸粉	部颁标准
5	大黄碳酸氢钠片	兽药规范 92 版
6	山梨醇注射液	兽药典 2000 版
7	马来酸麦角新碱注射液	兽药典 2000 版
8	马来酸氯苯那敏片	兽药典 2000 版
9	马来酸氯苯那敏注射液	兽药典 2000 版
10	双氢氯噻嗪片	兽药规范 78 版
11	月苄三甲氯铵溶液	部颁标准
12	止血敏注射液	兽药规范 78 版
13	水杨酸软膏	兽药规范 65 版
14	丙酸睾酮注射液	兽药典 2000 版
15	右旋糖酐铁钴液射液（铁钴针注射液）	兽药规范 78 版
16	右旋糖酐 40 氯化钠注射液	兽药典 2000 版
17	右旋糖酐 40 葡萄糖注射液	兽药典 2000 版
18	右旋糖酐 70 氯化钠注射液	兽药典 2000 版
19	叶酸片	兽药典 2000 版
20	四环素醋酸可的松眼膏	兽药规范 78 版
21	对乙酰氨基酚片	兽药典 2000 版
22	对乙酰氨基酚注射液	兽药典 2000 版
23	尼可刹米注射液	兽药典 2000 版
24	甘露醇注射液	兽药典 2000 版
25	甲基硫酸新斯的明注射液	兽药规范 65 版

（续表）

序号	兽药名称	标准来源
26	亚硝酸钠注射液	兽药典 2000 版
27	安络血注射液	兽药规范 92 版
28	次硝酸铋（碱式硝酸铋）	兽药典 2000 版
29	次碳酸铋（碱式碳酸铋）	兽药典 2000 版
30	呋塞米片	兽药典 2000 版
31	呋塞米注射液	兽药典 2000 版
32	辛氨乙甘酸溶液	部颁标准
33	乳酸钠注射液	兽药典 2000 版
34	注射用异戊巴比妥钠	兽药典 2000 版
35	注射用血促性素	兽药规范 92 版
36	注射用抗血促性素血清	部颁标准
37	注射用垂体促黄体素	兽药规范 78 版
38	注射用促黄体素释放激素 A2	部颁标准
39	注射用促黄体素释放激素 A3	部颁标准
40	注射用绒促性素	兽药典 2000 版
41	注射用硫代硫酸钠	兽药规范 65 版
42	注射用解磷定	兽药规范 65 版
43	苯扎溴铵溶液	兽药典 2000 版
44	青蒿琥酯片	部颁标准
45	鱼石脂软膏	兽药规范 78 版
46	复方氯化钠注射液	兽药典 2000 版
47	复方氯胺酮注射液	部颁标准
48	复方磺胺噻唑软膏	兽药规范 78 版
49	复合维生素 B 注射液	兽药规范 78 版
50	宫炎清溶液	部颁标准

（续表）

序号	兽药名称	标准来源
51	枸橼酸钠注射液	兽药规范 92 版
52	毒毛花苷 K 注射液	兽药典 2000 版
53	氢氯噻嗪片	兽药典 2000 版
54	洋地黄毒甙注射液	兽药规范 78 版
55	浓氯化钠注射液	兽药典 2000 版
56	重酒石酸去甲肾上腺素注射液	兽药典 2000 版
57	烟酰胺片	兽药典 2000 版
58	烟酰胺注射液	兽药典 2000 版
59	烟酸片	兽药典 2000 版
60	盐酸大观霉素、盐酸林可霉素可溶性粉	兽药典 2000 版
61	盐酸利多卡因注射液	兽药典 2000 版
62	盐酸肾上腺素注射液	兽药规范 78 版
63	盐酸甜菜碱预混剂	部颁标准
64	盐酸麻黄碱注射液	兽药规范 78 版
65	萘普生注射液	兽药典 2000 版
66	酚磺乙胺注射液	兽药典 2000 版
67	黄体酮注射液	兽药典 2000 版
68	氯化胆碱溶液	部颁标准
69	氯化钙注射液	兽药典 2000 版
70	氯化钙葡萄糖注射液	兽药典 2000 版
71	氯化氨甲酰甲胆碱注射液	兽药典 2000 版
72	氯化钾注射液	兽药典 2000 版
73	氯化琥珀胆碱注射液	兽药典 2000 版
74	氯甲酚溶液	部颁标准
75	硫代硫酸钠注射液	兽药典 2000 版

（续表）

序号	兽药名称	标准来源
76	硫酸新霉素软膏	兽药规范 78 版
77	硫酸镁注射液	兽药典 2000 版
78	葡萄糖酸钙注射液	兽药典 2000 版
79	溴化钙注射液	兽药规范 78 版
80	碘化钾片	兽药典 2000 版
81	碱式碳酸铋片	兽药典 2000 版
82	碳酸氢钠片	兽药典 2000 版
83	碳酸氢钠注射液	兽药典 2000 版
84	醋酸泼尼松眼膏	兽药典 2000 版
85	醋酸氟轻松软膏	兽药典 2000 版
86	硼葡萄糖酸钙注射液	部颁标准
87	输血用枸橼酸钠注射液	兽药规范 78 版
88	硝酸士的宁注射液	兽药典 2000 版
89	醋酸可的松注射液	兽药典 2000 版
90	碘解磷定注射液	兽药典 2000 版
91	中药及中药成分制剂、维生素类、微量元素类、兽用消毒剂、生物制品类等五类产品（产品质量标准中有除外）	

　　为了保证动物性产品的安全，近年来各国都对食品动物禁用药物品种作了明确的规定，我国兽药管理部门也规定了禁用药品清单。规模化养殖场专职兽医和食品动物饲养人员均应严格执行这些规定，严禁非法使用违禁药物。为避免兽药残留，还要严格执行兽药使用的登记制度，兽药及养殖人员必须对使用兽药的品种、剂型、剂量、给药途径、疗程或添加时间等进行登记，以备检查；还应避免标签外用药，以保证动物性食品的安全。

六、无公害畜产品审阅注意事项

① 用药品种目录中应无禁用药清单中品种。使用品种符合允许使用药物添加剂目录。

② 具有禁止应用禁用药、激素类、原料药相关规定。具有符合停药期相关规定要求。

③ 对用药记录，查看与规定应用药物目录是否一致；治疗药物有无治疗期，使用药物添加剂是否有停药期。

④ 对检验报告，检验报告禁用药等不得检出的检测结果符合规定；检测限符合相关要求。

第二节　兽药的合理选购和贮存

一、正确选购兽药

近年来，随着畜牧业生产的快速发展和疾病的不断变化，兽药用量也大大增加，一批批兽药生产企业迅速崛起，兽药市场异常繁荣。与此同时，一些假、劣兽药也相继流入市场。按照兽药管理法规规定，假兽药是指：以非兽药冒充兽药的；兽药所含成分的种类、名称与国家标准、专业标准或者地方标准不符合的；未取得批准文号的；国务院农牧行政管理机关明文规定禁止使用的。劣兽药是指：兽药成分含量与国家标准、专业标准或者地方标准规定不符合的；超过有效期的；因变质不能药用的；因被污染不能药用的；其他与兽药标准规定不符合，但不属于假兽药的。面对品种繁多、真伪难辨的各种兽药，广大养殖户应做到正确选购和使用。如何在纷繁的兽药市场中选购兽药，应注意以下几个问题。

（一）到合法部门购买

购药时应选择信誉好、兽药GSP认证的、持有畜牧部门核发的《兽药经营许可证》和工商部门核发的《营业执照》的兽药经营部门购买，并应向卖方索要购药发票，注明所购药品的详细情况。

（二）兽药产品有无生产批准文号

使用过期兽药批准文号的兽药产品均为假兽药。兽药批准文号必须按农业部规定的统一编号格式，如果使用文件号或其他编号（如生产许可证号）代替、冒充兽药生产批准文号，该产品视为无批准文号产品，同样以假兽药进行处理。进口兽药必须有登记许可证号。

（三）成件的兽药产品有无产品质量合格证

检查内包装上是否附有检验合格标志，包装箱内有无检验合格证。

（四）仔细阅读兽药包装标签和说明书

兽药的包装、标签及说明书上必须注明兽药批准文号、注册商标、生产厂家、厂址、生产日期（或批号）、品名、有效成分、含量、规格、作用、用途、用法、用量、注意事项、有效期等，缺一不可。

（五）要注意药品的生产日期和有效期

购买和使用药品者，必须小心注意药物的生产日期和有效期限，不要购买和使用过期的药品。

（六）不要购买使用变质的药物

药物经过一段时间保存，尤其是当保存不善时，有的已发生潮解，有的会氧化、碳酸化、光化，以致药物解体、变色、发生沉淀等变化。南方气候炎热而潮湿，某些药物易发霉而变质。药物一旦变质，不但不能治病，并且由于其中可能含有多种毒性物质，会使动物发生不良反应甚至中毒。观察药物是否变质，一方面注意其外包装有无破损、变潮、霉变、污染等，用瓶包装的应检查瓶盖是否密封，封口是否严密，有无松动现象，检查有无裂缝或药液漏出；另一方面注意检查药品内在质量。

1. 片剂

外观应完整光洁、色泽均匀，有适宜的硬度，无花斑、黑点，无破碎、发黏、变色，无异臭味。

2. 粉针剂

主要观察有无粘瓶、变色、结块、变质等。

3. 散剂（含预混剂）

散剂应干燥疏松、颗粒均匀、色泽一致，无吸潮结块、霉变、发黏等现象。

4.水针剂

水针剂要看其色泽、透明度、装量有无异常，外观药液必须澄清，无混浊、变色、结晶、生菌等现象，否则不能使用。

5.中药材

主要看其有无吸潮霉变、虫蛀、鼠咬等。

另外，所购买的兽药虽没有以上情况，但按照说明用药后，没有效果的，可提取样品到当地兽药管理部门进行检验，如属不合格产品，可凭检验报告索赔损失。广大养殖户要积极参与打假，在购买和使用兽药时，如发现假劣兽药或因药品质量造成畜禽伤亡的，应及时向畜牧行政主管部门或向消费者协会等部门举报，并保存好实物证据，有关部门会维护消费者的合法权益。

（七）细心比较不同包装、不同规格的同一药品

有些含量低的制剂听起来很便宜，但按有效成分计算起来，往往比含量高的制剂更贵些。因为有效成分含量越低，需加入的赋形剂也就越多，同时包装成本增加，所以价格实际更高。

二、兽药的贮存与保管

兽药的贮存和保管方法应根据不同的兽药采用不同的贮存和保管方法，一般药物的包装上都有说明，应仔细阅读，妥善保管。药物如果保存不当，就会失效、变质、不能使用。促使药品变质、失效的外界主要因素有空气、湿度、光线、温度及时间、微生物和昆虫等。

在空气中易变质的兽药，如遇光易分解、易吸潮、易风化的药品应装在密封的容器中，于遮光、阴凉处保存。受热易挥发、易分解和易变质的药品，需在3~10℃条件下保存。化学性质作用相反的药品，应分开存放，如酸类与碱类药品。具有特殊气味的药品，应密封后与一般药品隔离贮存。专供外用的药品，应与内服药品分开贮存。杀虫、灭鼠药有毒，应单独存放。名称容易混淆的药品，要注意分别贮存，以免发生差错。药品的性质不同，应选用不同的瓶塞，如氯仿、松节油，宜用磨口玻璃塞，禁用橡皮塞，氢氧化钠则相反。另外，用纸盒、纸袋、塑料袋包装的药品，要注意防止鼠咬及虫蛀。

（一）药品保管的一般方法

1.注射剂的保管

遇光易变质的水针剂如维生素等，应避光保存。遇热易变质的水针剂，如抗生素、生物制品、酚类等，应按规定的温度，根据不同的季节，选择适当的保存方法。炎热季节应注意经常检查，因温度过高，可促进氧化、分解等化学反应的进行，药物效价降低，加速药品变质。如生物制品应低温保存，抗生素类应置阴凉干燥处避光保存，胶塞铝盖包装的粉针剂，应注意防潮，贮存于干燥处，且不得倒置。

钙、钠盐类注射液如氯化钠、碳酸氢钠、氯化钙等，久贮后药液能侵蚀玻璃，尤其对质量差的安瓿，使注射液产生浑浊或白色。因此，这类药液不宜久存，并注意检查其澄明度。水针剂冬季应注意防冻。

2.片剂的保存

片剂应密闭在干燥处保存，防止受潮发霉变质。维生素C、磺胺类药物等对光敏感的片剂，必须盛装在棕色瓶等避光容器内，避光保存。

3.散剂的保存

散剂均应在干燥阴凉处密封保存，遇光易变质药品的散剂还需避光保存。

（二）有效期药品的保存

1.抗生素

抗生素主要是控制湿度，应保存于阴凉干燥处。

2.生物制品

生物制品具有蛋白质性质，因其是由微生物及其代谢产物制成的，所以怕热、怕光，有的还怕冻。各种生物药品的保存条件分述于本章第三节。

3.危险药品的保存

危险药品是指受到光、热、空气等影响可引起爆炸、自燃、助燃或具有强腐蚀性、刺激性和剧毒性的药物，如易燃的乙醇、樟脑，氧化剂高锰酸钾，有腐蚀性的烧碱、苯酚等。对危险药品应按其特性分类存放，并间隔一定距离，不能与其他药品混放在一起，保存时注意避光、防晒、防潮、防撞击，要远离火源。

4. 毒剧药品的保存

毒剧药品包括毒药和剧药两大类。

毒药是指药理作用剧烈、安全剂量范围小，极量与致死量非常接近，超过极量在短期内即可引起中毒或死亡的药品，如敌百虫、盐酸士的宁等。

剧药是指药理作用强烈，极量与致死量比较接近，应用超过极量，会出现不良反应，甚至造成死亡的药物，如安钠咖注射液、己烯雌酚等。

毒剧药品的保存应做到：专柜存放，专人负责，品种之间要用隔板隔离，每个药品要有明显的标记，以免混错。

使用时控制用量和用药次数；称量要准确无误，现用现取，避免误服。

5. 中草药和中成药的保存

中草药和中成药的保存方法基本相同，主要是防虫蛀、防霉变、防鼠。夏季要注意防潮、防热、防晒、防霉、防蛀；冬季应注意防冻。中成药不宜久贮。

第三节　猪场常用生物制品与正确使用

一、疫苗

（一）疫苗的概念

由特定细菌、病毒、寄生虫、支原体、衣原体等微生物制成的，接种动物后能产生自动免疫和预防疾病的一类生物制剂。

（二）疫苗的分类

1. 根据对病菌的处理方法不同分

（1）灭活疫苗　又称死疫苗。将细菌或病毒利用物理的或化学的方法处理，使其丧失感染性或毒性，而保持免疫原性，接种动物后能产生特异性免疫的一类生物制品。如 O 型猪口蹄疫灭活疫苗和猪气喘病灭活疫苗等。

灭活疫苗易于制备，成本低；稳定性高，疫苗安全性高；易于保存，储存及运输方便；易于制备多价疫苗。但灭活苗抗体产生慢，免疫力维持时间短，需要多次重复接种；主要诱发体液免疫，不能产生细胞免疫或黏膜免疫应答；接种剂量较大，不良反应多，易应激；通常需要用佐剂或携带系统来增强其免疫效果。

（2）活疫苗（弱毒疫苗）　微生物的自然强毒株通过物理的、化学的和生物的方法，使其对原宿主动物丧失致病力，或引起亚临床感染，但仍保持良好的免疫原性、遗传特性的毒株制成的疫苗。例如，猪瘟兔化弱毒疫苗及猪蓝耳病弱毒疫苗等。

弱毒苗免疫活性高，接种较小的剂量即可产生坚强的免疫力；接种次数少，不需要使用佐剂，抗体产生快，免疫期长；能诱发全面、稳定、持久的体液、细胞和黏膜免疫应答。但弱毒苗的有效期短，稳定性较差，产生的抗体滴度下降快；运输、储存与保存条件要求较高；存在污染其他病毒甚至毒力反强的风险。

（3）基因缺失疫苗　本疫苗是用基因工程技术将强毒株毒力相关基因切除后构建的活疫苗，如伪狂犬病毒 $TK^-/gE^-/gG^-$ 缺失疫苗。

基因缺失苗安全性好，毒力不易返祖；免疫原性好，产生免疫力坚实；免疫期长，可适于局部接种，诱导产生黏膜免疫力；易于鉴别，区别疫苗毒和野毒。但是成本偏高；理论上存在基因重组可能。

（4）多价疫苗　是指将同一种细菌或病毒的不同血清型通过一定的工艺混合而制成的疫苗，如猪链球菌病多价灭活疫苗和猪传染性胸膜肺炎多价灭活疫苗等。其特点是：对多种血清型的微生物所致的疫病动物可获得比较完全的保护力，而且适于不同地区使用。

（5）联合疫苗　联苗是指由两种以上的细菌或病毒通过一定的工艺联合制成的疫苗，如猪丹毒猪巴氏杆菌二联灭活疫苗和猪瘟猪丹毒猪巴氏杆菌三联活疫苗。其特点是：可减少接种次数，使用方便，打一针防多病。

（6）亚单位疫苗　本类疫苗是从细菌或病毒粗抗原中分离提取某一种或几种具有免疫原性的生物学活性物质，除去"杂质"后而制成的疫苗。如大肠杆菌 K88、K99、987p 等。本类疫苗不含有微生物的遗传物质，因而无不良反应；使用安全，免疫效果较好。但生产工艺复杂，生产成本较高，不利于广泛应用。

（7）合成肽疫苗　用化学方法人工合成多肽作为抗原（如口蹄疫苗等）。其纯度高、稳定、免疫应激小。但人工合成多肽和天然肽链结构上做不到完全一致，免疫原性相对较差。

2. 根据疫苗的性质分

（1）冻干疫苗　大多数的活疫苗都采用冷冻真空干燥的方式冻干保存，可延长疫苗的保存时间，保持疫苗的质量。一般要求病毒性冻干疫苗常在 -15℃以下保存，保存期一般为 2 年。细菌性冻干疫苗在 -15℃保存时，保存期一般为 2 年；2~8℃保存时，保存期 9 个月。其对猪体组织的刺激性比较小，安全性高。能迅速产生很高的免疫力，但免疫作用维持的时间较短。

（2）油佐剂疫苗　这类疫苗多为灭活疫苗，大多数病毒性灭活疫苗采用这种方式，这类疫苗 2~8℃保存，禁止冻结。油佐剂疫苗对猪体组织的刺激性较大，容易产生注射部位肿胀，引起慢性炎症反应。质量不佳或刺激性太强的油佐剂可能会造成注射部位组织坏死。大多数的油佐剂疫苗作用时间长，保护效果好，但免疫力提升速度慢。

（三）养猪场常用疫苗

1. 猪瘟兔化弱毒冻干苗

皮下或肌内注射，每次每头 1 毫升，注射后 4 天产生免疫力，免疫期保护为 1~1.5 年。为了克服母源抗体干扰，断奶仔猪可注射 3 头或 4 头份。此疫苗在 -15℃条件下可以保存 1 年；0~8℃条件下，可以保存 6 个月；10~25℃条件下，可以保存 10 天。

2. 猪丹毒疫苗

（1）猪丹毒冻干苗　皮下或肌内注射，每次每头 1 毫升，注射后 7 天产生免疫力，免疫期保护为 6 个月。此疫苗在 -15℃条件下可以保存 1 年；0~8℃条件下，可以保存 9 个月；25~30℃条件下，可以保存 10 天。

（2）猪丹毒氢氧化铝灭活苗　皮下或肌内注射，10 千克以上的猪每次每头 5 毫升，10 千克以下的猪每次每头 3 毫升，注射后 21 天产生免疫力，免疫保护期为 6 个月。此疫苗在 2~15℃条件下，可以保存 1.5 年；28℃以下，可以保存 1 年。

3. 猪瘟、猪丹毒二联冻干苗

肌内注射，每头每次 1 毫升，免疫保护期为 6 个月。此疫苗在 –15℃条件下可以保存 1 年；2~8℃条件下，可以保存 6 个月；20~25℃条件下，可以保存 10 天。

4. 猪肺疫菌苗

（1）猪肺疫氢氧化铝灭活苗　皮下或肌内注射，每头每次 5 毫升，注射后 14 天产生免疫力，免疫保护期为 6 个月。此疫苗在 2~15℃条件下，可以保存 1~1.5 年。

（2）口服猪肺疫弱毒菌苗　不论大小猪一般口服 3 亿个菌，按猪数计算好需要菌苗剂量，用清水稀释后拌入饲料，注意要让每一头猪都能吃上一定的料，口服 7 天后产生免疫力。免疫期为 6 个月。

5. 仔猪副伤寒弱毒冻干苗

皮下或肌内注射，每头每次 1 毫升，断乳后注射能产生较强免疫保护力。此疫苗 –15℃条件下可以保存 1 年；在 2~8℃条件下，可以保存 9 个月；在 28℃条件下，可以保存 9~12 天。

6. 猪瘟、猪丹毒、猪肺疫三联活苗

肌内注射，每头每次 1 毫升，按瓶签标明用 20% 氢氧化铝胶生理盐水稀释，注射后 14~21 天产生免疫力，猪瘟的免疫保护期为 1 年，猪丹毒、猪肺疫的免疫保护期均为 6 个月。未断奶猪注射后隔 2 个月再注苗一次。此疫苗在 –15℃条件下可以保存 1 年；0~8℃条件下，可以保存 6 个月；10~25℃条件下，可以保存 10 天。

7. 猪喘气病疫苗

（1）猪喘气病弱毒冻干疫苗　用生理盐水注射液稀释，对怀孕 2 月龄内的母猪在右侧胸腔倒数第 6 肋骨与肩胛骨后缘 3.5~5 厘米外进针，刺透胸壁即行注射，每头 5 毫升。注射前后皆要严格消毒，每头猪一个针头。

（2）猪霉形体肺炎（喘气病）灭活菌苗　仔猪于 1~2 周龄首免，2 周后第 2 次免疫，每次 2 毫升，肌注。接种后 3 天即可产生良好的保护作用，并可持续 7 个月之久。

8. 猪萎缩性鼻炎疫苗

（1）猪传染性萎缩性鼻炎灭活菌苗　本菌苗含猪支气管败血波德氏杆菌、巴氏杆菌 A 型和产毒素 D 型及巴氏杆菌 A、D 型类毒素。对猪萎缩性鼻炎提供完整的保护。每头猪每次肌内注射 2 毫升。母猪产前 4 周接种 1 次，2 周后再接种 1 次，种公猪每年接种 1 次。母猪已接种者，仔猪于断奶前接种 1 次；母猪未接种者，仔猪于 7~10 日龄接种 1 次。如现场污染严重，应在首免后 2~3 周加强免疫 1 次。

（2）猪传染性萎缩性鼻炎油佐剂灭活菌苗　颈部皮下注射。母猪于产前 4 周注射 2 毫升，新进未经免疫接种的后备母猪应立即接种 1 毫升。仔猪生后 1 周龄注射 0.2 毫升（未免母猪所生），4 周龄时注射 0.5 毫升，8 周龄时注射 0.5 毫升。种公猪每年 2 次，每次 2 毫升。

9. 猪细小病毒疫苗

（1）猪细小病毒灭活氢氧化铝疫苗　使用时充分摇匀。母猪、后备母猪，于配种前 2~8 周，颈部肌内注射 2 毫升；公猪于 8 月龄时注射。注苗后 14 天产生免疫力，免疫期为 1 年。此疫苗在 4~8℃冷暗处保存，有效期为 1 年，严防冻结。

（2）猪细小病毒病灭活疫苗　母猪配种前 2~3 周接种一次；种公猪 6~7 月龄接种一次，以后每年只须接种一次。每次剂量 2 毫升，肌内注射。

（3）猪细小病毒灭活苗佐剂苗　阳性猪群断奶后的猪，配种前的后备母猪和不同月龄的种公猪均可使用，对经产母猪无须免疫。阴性猪群，初产和经产母猪都须免疫，配种前 2~3 周免疫，种公猪应每半年免疫 1 次。以上每次每头肌注 5 毫升，免疫 2 次，间隔 14 天，免疫后 4~7 天产生抗体，免疫保护期为 7 个月。

10. 伪狂犬病毒疫苗

（1）伪狂犬病毒弱毒疫苗　乳猪第一次注射 0.5 毫升，断奶后再注射 1 毫升；3 月龄以上架子猪 1 毫升；成年猪和妊娠母猪（产前 1 个月）2 毫升，注射后 6 天产生免疫力，免疫保护期为一年。

（2）猪伪狂犬病灭活菌苗、猪伪狂犬病基因缺失灭活菌苗和猪伪狂犬病基因缺失弱毒菌苗　后两种基因缺失灭活苗，用于扑灭计划。这三种苗均为肌内注射，程序是：小母猪配种前 3~6 周之间注射 2 毫升，公猪为每年注射 2 毫升，肥猪约在 10 周龄注射 2 毫升或 4 周后再注射 2 毫升。

11. 兽用乙型脑炎疫苗

为地鼠肾细胞培养减毒苗。在疫区于流行期前 1~2 个月免疫，5 月龄以上至 2 岁的后备公母猪都可皮下或肌内注射 0.1 毫升，免疫后 1 个月产生坚强的免疫力。

二、抗血清

（一）猪常用抗血清的种类及使用方法

1. 猪用抗炭疽血清

本品系以炭疽弱毒芽孢苗高度免疫马，采血分离血清，加适量防腐剂制成。

（1）性状　本品为微带荧光的橙黄色澄明液体，久置瓶底微有沉淀。

（2）用途　用于治疗或紧急预防家畜炭疽病。

（3）免疫期　免疫保护期为 10~14 日。

（4）用法与用量　猪在耳根后部或腿内侧皮下注射。本品也可供静脉注射。预防量：猪 16~20 毫升/次。治疗量：猪 50~120 毫升/次。治疗时，根据病情可以同样剂量重复注射。

（5）保存期　于 2~15℃阴冷干燥处保存，有效期为 3 年半。

（6）注意事项

① 治疗时，采用静脉注射疗效较好。如皮下或肌内注射剂量大，可分点注射。用注射器吸取血清时，不可把瓶底沉淀摇起。

② 冻结过的血清不可使用。

③ 个别猪注射本品后可能发生过敏反应，因此最好先少量注射，观察 20~30 分钟后，如无反应，再大量注射。发生严重过敏反应（过敏性休克）时，可皮下或静脉注射 0.1% 肾上腺素 2~4 毫升。

2. 抗猪瘟血清

（1）物理性状　本品为略带棕红色的透明液体，久置后瓶底有少量灰白色沉淀。

（2）作用与用途　用于猪瘟的预防和紧急治疗，但对出现后躯麻痹和紫斑的病猪无效。

（3）免疫保护期　免疫保护期为14天左右。

（4）用法与用量　皮下、肌内或静脉注射都可。预防量为：体重8千克以下的猪15毫升；10~16千克的猪15~20毫升；30~45千克的猪30~45毫升；80千克以上的猪70~100毫升。治疗量为预防量的2倍，可重复注射1次，被动免疫期为14天，但对危重病猪疗效不佳。

（5）不良反应　个别猪注射本品后出现过敏反应。最好先少量注射，观察20~30分钟，若无反应再大量注射。出现严重过敏反应（过敏性休克）时，可皮下或静脉注射0.1%肾上腺素注射液2~4毫升紧急救治。

（6）注意事项　注射时要做局部消毒处理；治疗时采用静脉注射疗效较好，如皮下或肌内注射剂量大，可分点注射；用注射器吸取血清时，不能将瓶底沉淀摇起。冻结过的血清禁止使用。

3. 抗破伤风血清

（1）物理性状　未精制的抗血清是微带乳光、呈橙红色或茶色的澄明液体；精制抗毒素为无色清亮液体。长期贮存后瓶底微有灰白色或白色沉淀，轻摇就能摇散。

（2）作用与用途　用于治疗或紧急预防猪的破伤风。

（3）免疫保护期　为14~21天。

（4）用法与用量　猪在耳根后或腿内侧皮下注射，也可在肌内或静脉注射。猪预防量为1 200~3 000单位，治疗量为6 000~30 000单位。若病情重，治疗时可用同样剂量重复注射。

（5）不良反应　个别猪会发生过敏反应，如发生严重过敏反应时，皮下或静脉注射0.1%肾上腺素注射液，每头猪2~4毫升。

（6）注意事项　采用静脉注射疗效较好。如皮下或肌内注射剂量大，可分点注射；用注射器吸取血清时，不要将瓶底沉淀摇起；冻结过的血清禁止使用。

4. 抗猪伪狂犬病血清

（1）物理性状　本品为黄褐色清亮液体，久置瓶底微有沉淀。

（2）作用与用途　用于治疗或紧急预防猪伪狂犬病。

（3）用法与用量　本品可皮下或肌内注射。预防量每次 10~25 毫升，治疗量加倍。必要时可间隔 4~6 天重复注射 1 次。

（4）免疫保护期　为 14 天。

（5）不良反应　可能出现过敏反应，如发生严重过敏反应时，可皮下或静脉注射 0.1% 肾上腺素注射液，每只猪注射 2~4 毫升。

（6）注意事项　冻结过的血清不可使用。用注射器吸取血清时要轻柔，勿将瓶底沉淀摇起。为防止猪出现过敏反应，要先行注射少量血清，观察 20~30 分钟，如无异常反应再大量注射。

5.抗狂犬病血清

（1）物理性状　本品为淡黄色透明液体，久置瓶底微有灰白色沉淀。

（2）作用与用途　治疗或紧急预防猪的狂犬病。

（3）免疫保护期　为 14 天左右。

（4）用法与用量　肌内或皮下注射，治疗量 1.5 毫升 / 千克体重，预防量减半。

（5）不良反应　个别猪注射本品后容易出现过敏反应，应先少量注射，观察 20~30 分钟后，如正常反应再大剂量注射。如果过敏性休克，要迅速进行皮下或静脉注射 2~4 毫升 0.1% 肾上腺素注射液救。

（6）注意事项　治疗时最好采用静脉注射法，如皮下或肌内注射剂量大，分点注射。用注射器吸取血清时，不能将瓶底沉淀摇起。冻结过的血清要废弃不用。

6.抗口蹄疫 O 型血清

本免疫血清系用 O 型口蹄疫病毒弱毒株高度免疫牛或马后，采取血液，分离血清，经加工处理制成。

（1）性状　本品为淡红色或浅黄色透明液体，瓶底有少量灰白色沉淀。

（2）用途　用于治疗或紧急预防猪、牛、羊 O 型口蹄疫。

（3）用法与用量　供皮下注射。预防量：仔猪每头为 1~5 毫升，成年猪每千克体重为 0.3~0.5 毫升。治疗量：预防剂量加倍。

（4）免疫期　为 14 日左右。

（5）保存期　于 2~15℃冷暗干燥处保存，有效期为 2 年。

（6）注意事项　冻结过的血清不能使用。用注射器吸取血清时，不要把瓶底沉淀摇起。为避免动物发生过敏反应，可先行注射少量血清，观察 20~30 分钟，如无反应，再大量注射。如发生严重过敏反应时，可皮下或静脉注射 0.1% 肾上腺素 2~4 毫升。

7. 抗猪丹毒血清

本品系用马经猪丹毒活疫苗基础免疫后，再用猪丹毒杆菌高度免疫，采血、分离血清，加适当防腐剂制成。

（1）性状　本品为略带乳光的橙黄色透明液体，久置瓶底微有灰白色沉淀。

（2）用途　用于治疗或紧急预防猪丹毒。

（3）免疫期　为 14 日。

（4）用法与用量　于耳根后部或后腿内侧皮下注射，也可静脉注射。预防量：仔猪 3~5 毫升，体重 50 千克以下的猪 5~10 毫升，50 千克以上的 10~20 毫升。治疗量：仔猪 5~10 毫升；50 千克以下的猪 30~50 毫升；50 千克以上的，50~75 毫升。

（5）保存期　于 2~15℃阴冷干燥处保存，有效期为 3 年半。

（6）注意事项　同抗炭疽血清。

8. 抗猪巴氏杆菌病血清（抗猪出血性败血症血清，抗出败二价血清）

本品系用免疫原性良好的 B 型多杀性巴氏杆菌制成免疫原，经高度免疫牛或马后，采血、分离血清，加适当防腐剂制成。

（1）性状　本品为橙黄色或淡棕红色澄明液体，久置瓶底微有灰白色沉淀。

（2）用途　用于治疗或紧急预防猪的巴氏杆菌病（出血性败血症）。

（3）免疫期　为 14 日。

（4）用法与用量　本品可皮下、肌内或静脉注射。预防量：2 月龄猪为 10~20 毫升；2~5 月龄猪 20~30 毫升；5~10 月龄猪为 30~40 毫升。治疗量：预防量加倍。

（5）保存期　于 2~8℃阴冷干燥处保存，有效期为 3 年。

（6）注意事项　本血清为牛或马源，注射猪可能发生过敏反应，应注意观察。其余同抗炭疽血清。

（二）使用抗血清时应注意的问题

① 抗血清的用量要按猪的体重和年龄不同确定。预防量一般为5~10毫升，以皮下注射为主，也可肌内注射。治疗量要按预防量加倍，并按病情重复注射。注射方法以静脉注射为主，以尽快奏效。剂量较小时也可肌内注射。不同的抗血清用量相差较大，使用时要按说明书的规定执行。

② 静脉注射抗血清的量较大时，要把血清加温至30℃左右再注。

③ 皮下或肌内注射大量抗血清时，可分几个部位进行分点注射，并轻轻揉压使之分散。

④ 注射不同动物源抗血清（异源抗血清）时，有时会造成过敏反应，要事先脱敏。若注射后数分钟或30分钟内猪发生不安、呼吸急促、颤抖、出汗等症状，要马上抢救。在皮下注射肾上腺素。所以，使用抗血清应密切注意观察被接种猪只的表现，及早发现问题进行处理，尽可能减少损失。

第四节　猪场用药的计量与换算

一、基本概念

（一）什么是 ppm

这是过去常用的计量单位，现已废除，现写成 1×10^{-6}。但报刊文章时有出现，在此进行简单解释。

ppm 用于表示混饲或混饮群体给药时的给药浓度。1ppm 即百万分之一的浓度比例，相当于 1 吨饲料或 1 000 升水中含有 1 克的药物（纯品），也表示 1 千克饲料或 1 升水含有 1 毫克药物（纯品）。

举例说明：有资料报道，为防止断奶后多系统衰竭综合征（PMWS）引起的继发感染，可在仔猪断奶后的饲料中添加泰妙菌素（支原净）100ppm+ 金霉素 300ppm，连喂 2 周。这表明，每吨饲料中要加纯品的泰妙菌素 100 克和纯品金霉素 300 克。但在添加剂量上还要考虑药物的有效含量是多少？如果泰妙菌素预混剂浓度为 80%，饲料级的金霉素预混剂含量为 15%，那么，80% 泰妙菌素预混剂的每吨饲料添加量应为 100 克 ÷80%=125 克，15% 金霉素预混剂的每吨饲料添加量应为 300 克 ÷15%=2 000 克，最后的结论是每吨饲料中应添加 80% 泰妙菌素预混剂 125 克和 15% 金霉素预混剂 2000 克。

（二）药物的剂量单位有哪些

固体、半固体剂型药物常用剂量单位有：千克（kg）、克（g）、毫克（mg）、微克（μg），1 千克 =1 000 克，1 克 =1 000 毫克，1 毫克 =1 000 微克。

液体剂型药物的常用剂量单位有：升（L）、毫升（mL），1 升 =1 000 毫升。

一些抗生素、激素、维生素等药物常用"单位（U）""国际单位（IU）"来表示。抗生素多用国际单位表示，有时也以微克、毫克等重量单位表示。如青霉素 G，1 单位 =0.6 微克青霉素钠纯结晶粉，或 0.625 微克钾盐，80 万单位青霉素钠应为 0.48 克；1 克链霉素或 1 克庆大霉素 =100 万单位，1 毫克 =1 000 单位。

（三）药物的含量怎样表示

用比号"："表示药物剂量与净含量的关系。例如，某生产厂家出品的卡那霉素注射液规格标明 10 毫升：1.0 克，表示 10 毫升药液中含净药量为 1.0 克。1 克 =1 000 毫克，每毫升含 100 毫克（mg）。

（四）怎样计算个体给药剂量

当个别猪只发病要用药物治疗时，首先要看明白使用说明书是怎样规定的。如果已标明每千克体重注射多少毫升，就照此执行。但有时只标明每千克体重多少毫克，那就要进行换算。

剂量用药量 = 猪的体重（千克）× 剂量率（毫克 / 千克）/制剂单位标示量（毫克 / 毫升、毫克 / 片、毫克 / 克）

举例　如 10 毫升：1.0 克的卡那霉素注射液，标明肌注一次量为每千克体重 15 毫升，试问：10 千克体重的猪应注射多少毫升？换算方法：首先应明确 10 毫升：1.0 克即 10 毫升含卡那霉素 1 克，1 克 =1 000 毫克，每毫升含 100 毫克，再计算 10 千克体重需多少毫克。

用药量 =10 千克 × 15 毫克 / 千克 / 制剂单位标示量（毫克 / 毫升、毫克 / 片、毫克 / 克）得知 10 千克体重的猪每次应肌注 1.5 毫升。

（五）使用说明书上没标明每千克体重用量是多少怎么办

凡未标明每千克体重用量是多少毫升或多少毫克的，通常指的是 50 千克标准体重的猪的用量，可以除以 50，换算出每千克体重的大体用量。如 0.1% 肾上腺素注射液常用来抢救严重过敏疾病。某生产厂家在《用法与用量》一栏中标明，皮下注射：一次量猪 0.2~1.0 毫升，就是指 50 千克体重的猪的用量，其他体重的猪可依次换算出大体用量。如兽医临床上最常用的解热镇痛药安乃近注射液厂家是这样标示的，规格：10 毫升：3.0 克，用法与用量：肌注，一次量猪 1~3 克。就是指 50 千克重的猪一次可肌注 3.3~10 毫升，其他体重的猪可依此推算出用量。

（六）猪与人用药量有何关系

可以参考如下推算方法，猪指 50 千克标准体重的猪，一般说来，50 千克猪的用药量是成人的 2 倍。人每千克体重用量乘以 2，就可推算出猪每千克体重的大体用量。

（七）不同投药途径的用药比例如何掌握

假设内服为 1，那么皮下或肌内注射可为 1/3~1/2，静脉注射 1/4，气管注射为 1/4。

（八）饮水给药与拌料给药的关系是什么

一般说来，饮水加药量是拌料给药量的 1/2 即可。因为饮水量大约是采食量的 2 倍左右。

二、计量换算

在集约化养猪的疾病控制中，一个最关键的措施就是群防群治，即将药物添加到饲料或饮水中来防止疾病。这种投药的特点如下。

① 能使药物达到对疾病群防群治的作用。

② 方便经济。对于流行性疾病，不需要花时间和精力对每只猪进行注射或内服。

③ 减少应激，降低猪应激性疾病的发生。

④ 长期添加用药可达到根治在某个猪场扎根的顽固性细菌性疾病的目的。因此，熟悉一个药物的口服剂量与饲料添加的剂量十分重要。

一般口服剂量以每千克体重使用药物量来表示，而饲料添加给药要确定单位重量饲料中添加药物的重量，即以饲料中的药物浓度表示，没有设计体重这一因素。实际上如果知道了一种药物的口服剂量，也可以算出药物在饲料、饮水中的添加量。例如，用某药预防猪病的口服剂量为每千克体重 5 毫克（5 毫克 / 千克体重），每天 1 次，换算成饲料中添加量是多少？猪的每日饲料消耗等于其体重的 5%（平均值），每千克体重消耗饲料 50 克，根据口服剂量，即 50 克饲料中应含 5 毫克（0.005 克 /50 克），相当于 1 吨饲料中添加药物 100 克。又如口服剂量为每千克体重 10 毫克，每天 2 次，即一天每千克体重用药 20 毫克。根据上述方法，饲料中的药物浓度为 20 毫克 /50 克，即每吨饲料中添加药物 400 克。

三、添加方式

可以将药物添加到饲料中，也可以添加到饮水中。添加到饲料中一般适用于预防，添加到饮水中一般适用于治疗。因为猪发生传染病时，由于疾病原因致使食欲下降，严重时食欲废绝，此时通过饲料进入猪只体内的药量不足，一般达不到理想的治疗效果，但病猪特别是热性传染病猪只的饮水比较正常，有时略有增加，此时通过饮水添加用药则可达到预期效果。应该说明的是在一般情况下，猪的饮水量是饲料量的 2 倍，以此推理，饮水中添加剂量应为饲料中添加剂量的 1/2。通过饮水添加用药，其药物应该是水溶性的；否则，药物会在饮水中沉积下来，造成用药不均，引起猪只中毒或治疗无效。

猪常见病毒性疾病的防制

第一节 以全身感染为主的病毒性疾病

一、猪瘟

猪瘟早年又称猪霍乱，是由猪瘟病毒引起的一种高度接触传染和致死性的病毒性疾病，是严重威胁养猪业发展的重大传染病之一。

（一）诊断要点

1.流行特点

（1）流行情况

① 地区范围和周期。世界范围内以温和型猪瘟为主，为周期性、波浪形的地区散发性流行。通常3~4年一个周期，疫点显著减少，且多局限于所谓的"猪瘟的不稳定地区"的散发性流行。但近几年在我国又出现了猪瘟的反弹现象，表现出既有区域性大流行又有零散式发生，既有高死亡率的急性症状，又有顽固的持续发生的温和型症状，使疫情倍显复杂。

② 发病特点。出现了所谓非典型性猪瘟、温和型猪瘟和无名高热。症状显著减轻，死亡率降低，无特征性病理变化，必须依赖实验室诊断才能确诊；并出现了猪瘟的持续性感染（亚临床感染）、胎盘感染、初生仔猪先天性震颤和妊娠母猪带毒综合征等。带毒母猪既可以发生垂直传播，其垂直传播率可达45%~100%，也可以发生水平传播。带毒公猪也是造成猪瘟持续感染的重要原因之一，可通过交配

或精液垂直传播给仔猪，造成仔猪的先天性感染。

（2）感染途径　猪瘟的传播途径有多种，大多数以空气为媒介，也有肉体接触传播病毒，常见传播途径有以下几种。

① 间接接触感染。隔离、消毒、饲养操作不规范，如小型企业在使用饲养器皿、注射接种以及草料的发放过程中共用一套工具，极容易把外界病毒间接传染猪群。贪图便宜购买不同厂家、不同接种育苗的猪崽，这种不规范的引进方式，给日后的猪群健康带来隐患，特别是未经鉴别出来的猪瘟潜伏期幼崽，会把猪瘟病毒传递给整个猪群。

② 直接接触感染，包括蚊虫叮咬感染、肉体接触感染、胎盘垂直传染。首先，有些病毒存在于各类飞虫蝉虫体内，通过蚊虫叮咬过程，经过血液直接将病毒感染给猪，猪感染这种病毒之后经过尿液、粪便唾液传给其他群体。其次肉体接触感染，一些小规模养殖场，没有单个圈舍饲养，只是包个山头散养，这样的猪群猪瘟防控措施不完善，容易受到病疫威胁。最后一个直接感染途径就是胎盘垂直传染，也是当前死亡率最高的一种传播途径。在不良交配过程中，不管是种猪还是母猪，有一方携带猪瘟病毒，在交配之后都会通过胎盘直接传染给下一代猪苗，令仔猪存活概率大打折扣。

2. 临床症状

（1）典型性猪瘟　多发生于未用疫苗免疫或免疫失败的猪，急性发病的猪体温高达 41~42℃，稽留不退，病程可持续 1~2 周，猪嗜睡、怕冷、眼睑处有黏液分泌物、便秘及腹泻交替，大便带血，嘴角有腥臭唾液，皮下组织先出血，如耳朵下、肘窝处、尾巴端都有明显出血点。

慢性发病的猪，体温时高时低，食欲时好时坏，消瘦、贫血、全身衰弱，常伏卧，行走无力，便秘及腹泻交替，皮肤上有小出血点及出血斑，指压不褪色（图3-1），耳朵、尾巴干性坏

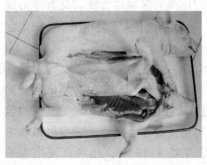

图 3-1　腹下皮肤点状出血

死。病程可达 1 个月以上，形成"僵猪"。

（2）非典型性猪瘟 常见于猪瘟预防接种不及时的猪群和断奶后的仔猪及架子猪。临床症状轻微，病情缓和，病理变化不典型，病程长。便秘，粪便呈紫黑色，食欲减退或废绝，表情呆滞，被驱赶时站立一旁，呈弓背或怕冷状，全身发抖，行走无力，眼有多量黏液，结膜苍白，有散在出血点，两耳呈紫红色，有出血点，口腔黏膜出血，肛门松弛。母猪出现不孕、流产、产死胎或产木乃伊胎儿。新生胎儿衰弱，吃奶无力或不吃奶，拉稀，重者陆续死亡。用疫苗免疫时，也不产生抗体，增重缓慢或形成"僵猪"。

3.病理变化

急性猪瘟呈现以多发性出血为特征的败血病变化。在皮肤、浆膜、黏膜、肾、膀胱、喉头（图 3-2）、淋巴结、扁桃体、胆囊等处都有程度不同的出血变化。一般呈斑点状，有的出血点少而散在，有的星罗棋布，以肾淋巴结出血和肾出血最为常见。淋巴结肿大，呈暗红色，切面呈弥散性出血和周边性出血，如大理石样外观（图 3-3），多见于腹腔淋巴结和颌下淋巴结。肾脏色彩变淡，表面有数量不等的小出血点（图 3-4、图 3-5）。胃尤其是胃底出血、溃疡（图 3-6），脾脏的边缘常可见到紫黑色突起（出血性梗死）（图 3-7），这是猪瘟有诊断意义的病变。慢性猪瘟的出血和梗死变化较少，但回肠末端、盲肠黏膜，特别是回盲口，有许多的轮层状溃疡（钮扣状溃疡）（图 3-8，图 3-9）。

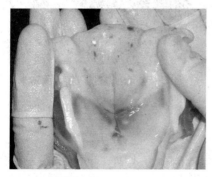 

图 3-2　喉头黏膜出血　　　　图 3-3　淋巴结切面大理石样外观

图 3-4 肾脏表面点状出血（1）

图 3-5 肾脏表面点状出血（2）

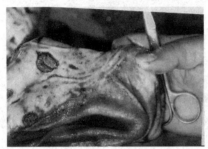

图 3-6 胃底出血

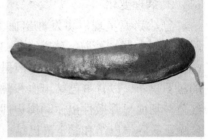

图 3-7 脾脏边缘出血性梗死

图 3-8 回盲口溃疡

图 3-9 盲肠黏膜钮扣状溃疡

（二）防制

1. 预防

（1）平时的预防措施　提高猪群的免疫水平，防止引入病猪，切断传播途径，严格按照免疫程序接种猪瘟疫苗，是预防猪瘟发生的重要措施。

（2）流行时的防治措施

① 封锁疫点。在封锁地点内停止生猪及猪产品的集市买卖和外运，最后 1 头病猪死亡或处理后 3 周，经彻底消毒，可以解除封锁。

② 处理病猪。对所有猪进行测温和临床检查，病猪以急宰为宜，急宰病猪的血液、内脏和污物等应就地深埋。污染的场地、用具和工作人员都应严格消毒，防止病毒扩散。可疑病猪予以隔离。对有带毒综合征的母猪，应坚决淘汰。这种母猪虽不发病，但可经胎盘感染胎儿，引起死胎、弱胎，生下的仔猪也可能带毒，这种仔猪对免疫接种有耐受现象，不产生免疫应答，而成为猪瘟的传染源。

③ 紧急预防接种。对疫区内的假定健康猪和受威胁区的猪群，立即注射猪瘟兔化弱毒疫苗，剂量可增至常规量的 6~8 倍。

④ 彻底消毒。病猪圈、垫草、粪水、吃剩的饲料和用具均应彻底消毒，最好将病猪圈的表土铲出，换上一层新土。在猪瘟流行期间，对饲养用具应每隔 2~3 天消毒 1 次，碱性消毒药均有良好的消毒效果。

2. 发病后应采取的主要措施

（1）治疗方案　对没有明显症状的猪用猪瘟高免血清 2 倍量注射。对已发病猪用猪瘟高免血清 4 倍量注射；氨苄青霉素与维生素 B_1 混合后肌内注射。同时在饮食中加入土霉素喂养，有效预防细菌继发感染，并改善维生素、矿物质、微量元素等元素的含量，增加机体的抵抗力。

在应用青霉素治疗的同时，可同时使用中药治疗。大黄 15 克，厚朴 20 克，枳实 15 克，芒硝 25 克，玄参 10 克，麦冬 15 克，金银花 15 克，连翘 20 克，石膏 50 克。水煎去渣，早、晚各灌服一剂。此药量为 10 千克重的猪所用药量，大小不同的猪可酌情增减。本方主要用于恶寒发热，大便干燥，粪便秘结的病猪。

黄连 5 克，黄柏 10 克，黄芩 15 克，金银花 15 克，连翘 15 克，白扁豆 15 克，木香 10 克。水煎去渣，早、晚各灌服一剂。以上药量为 10 千克重的猪所用药量，大小不同的猪可酌情增减。本方主要用于粪便稀软或出现明显腹泻症状的病猪。

（2）场内外环境处理　病死猪做焚烧后深埋处理，养猪场外环境用3%热碱水每2天消毒1次，舍内用双季胺盐酪合碘1000倍稀释，每日消毒1次，连续3天，间隔1天后，再连续3次。对饲养用具集中消毒，粪便集中堆放发酵处理。

二、非洲猪瘟

非洲猪瘟是由非洲猪瘟病毒科、非洲猪瘟病毒属的一种DNA病毒引起的疾病。由于该病能迅速传播并且对社会经济有重要影响，OIE将本病列为A类传染病。目前，本病非洲的许多亚撒哈拉国家及意大利的撒丁岛呈地方性流行。俄罗斯几个州（区）自2008年开始暴发非洲猪瘟，一直没有扑灭。2018年8月3日，辽宁省沈阳市沈北新区发生一起非洲猪瘟疫情，这是我国首次发生非洲猪瘟疫情。

（一）诊断要点

1. 流行特点

猪与野猪对本病毒都具有自然易感性，各品种及各不同年龄之猪群同样有易感性，非洲和西班牙半岛有几种软蜱是ASFV的贮藏宿主和媒介，该病毒可在钝缘蜱中增殖，并使其成为主要的传播媒介。近年来发现，美洲等地分布广泛的很多其他蜱种也可传播ASFV。一般认为，ASFV传入无病地区都与来自国际机场和港口的未经煮过的感染猪制品或残羹喂猪有关，或由于接触了感染家猪的污染物、胎儿、粪便、病猪组织，并喂了污染饲料而发生。

2. 临床症状

潜伏期5~9天，病猪最初4天之内体温上升至40.5℃，呈稽留热，无其他症状，但在发热期食欲如常，精神良好。到死亡前48小时，体温下降，停止吃食。身体虚弱，伏卧一角或呆立，不愿行动，脉搏加速，强迫行走时困难，特别是后肢虚弱，甚至麻痹。有些病猪咳嗽，呼吸困难，结膜发炎，有脓性分泌物。有的下痢或呕吐、鼻镜干燥。四肢下端发绀，白细胞总数下降，淋巴细胞减少。一般病猪在发烧后，约7日死亡。可见，非洲猪疫通常是先出现体温升高，后出现其他症状，而猪瘟则随体温升高，几乎同时出现其他症状，可作为二者鉴别诊断的一个指标。

血液的变化很类似猪瘟，以白细胞减少为特征，约半数以上病猪比正常白细胞数减少 50%。这种白细胞减少，是由广泛存在于淋巴组织中的淋巴细胞坏死，导致血液中淋巴细胞显著减少。白细胞减少时，正值体温开始上升，发热 4 天后，约减少 40%。此外，还发现未成熟的中性粒细胞增多，嗜酸、嗜碱性细胞等无变化，红细胞、血红素及血沉等未见异常。

病猪一般常在发热后 7 天，出现症状后 1~2 天死亡，死亡率接近 100%。

病猪自然恢复的极少。极少数病例转为慢性经过，多为幼龄病猪，呈间歇热型，并有发育不全、关节障碍、失明、角膜混浊等后遗症。

3.病理变化

病理变化与猪瘟相似，出血性状和淋巴细胞核崩溃等病变，甚至比猪瘟明显。白猪皮肤稀毛处有很多明显发绀区，呈紫红色，胸、腹腔及心内有较多的黄色积液，偶尔混有血液，心包积水，心外膜、心内膜出血。全身淋巴结充血严重，有水肿，在胃、肝门、肾与肠系膜的淋巴结最严重，如血瘤状，脾外表变小，少数有肿胀、局部充血或梗死，喉头、会厌部有严重出血，肺小叶间质水肿，胆囊壁水肿，浆膜和结膜有出血斑。膀胱黏膜有出血斑。小肠有不同程度的炎症，盲肠和结肠充血、出血或溃疡。

（二）防制

1.预防

由于目前在世界范围内没有研发出可以有效预防非洲猪瘟的疫苗，但高温、消毒剂可以有效杀灭病毒，所以做好养殖场生物安全防护是防控非洲猪瘟的关键。一是严格控制人员、车辆和易感动物进入养殖场；进出养殖场及其生产区的人员、车辆、物品要严格落实消毒等措施。二是尽可能封闭饲养生猪，采取隔离防护措施，尽量避免与野猪、钝缘软蜱接触。三是严禁使用泔水或餐余垃圾饲喂生猪。四是积极配合当地动物疫病预防控制机构开展疫病监测排查，特别是发生猪瘟疫苗免疫失败、不明原因死亡等现象，应及时上报当地兽医部门。

2. 紧急防控措施

我国目前尚无本病发生，但必须保持高度警惕，严禁从有病地区和国家进口猪及其产品。销毁或正确处置来自感染国家（地区）的船舶、飞机的废弃食物和泔水等。加强口岸检疫，以防本病传入。

一旦发现可疑疫情，应立即上报，并将病料严密包装，迅速送检。同时按《中华人民共和国动物防疫法》规定，采取紧急、强制性的控制和扑灭措施。封锁疫区，控制疫区生猪移动。迅速扑杀疫区所有生猪，无害化处理动物尸体及相关动物产品。对栏舍、场地、用具进行全面清扫及消毒。详细进行流行病学调查，包括上下游地区的疫情调查。对疫区及其周边地区进行严密监测。

三、猪口蹄疫

本病是由口蹄疫病毒感染引起的牛、羊、猪等偶蹄动物共患的一种急性、热性传染病，是一种人兽共患病。本病毒有甲型（A型）、乙型（O型）、丙型（C型）、南非1型、南非2型、南非3型和亚洲1型7个血清主型，每个主型又有许多亚型。由于本病传播快、发病率高、传染途径复杂、病毒型多易变，而成为近年来危害养猪业的主要疫病之一。

（一）诊断要点

1. 流行特点

本病主要侵害牛、羊、猪及野生偶蹄动物，人也可感染。主要传染源是患病家畜和带毒动物。传染途径为水疱液、排泄物、分泌物、呼出的气体等途径向外排散感染力极强的病毒，从而感染其他健康家畜。本病发生没有明显的季节性，但是，由于气温和光照强度等自然条件对口蹄疫病毒的存活有直接影响，因此，本病的流行又呈现一定的季节性，表现为冬春季多发，夏秋季节发病较少。单纯性猪口蹄疫的流行特点略有不同，仅猪发病，不感染牛、羊，不引起迅速扩散或跳跃式流行，主要发生于集中饲养的猪场和食品公司的活猪仓库或城郊猪场以及交通密集的铁路、公路沿线，农村分散饲养的猪较少发生。

2.临床症状

潜伏期1~2天，病猪以蹄部水疱为主要特征，病初体温40~41℃，精神不振，食欲减退或不食，口唇、嘴角、蹄冠、趾间、蹄踵等处出现发红、微热、敏感等症状，不久形成黄豆大、蚕豆大的水疱，水疱破裂后形成出血性烂斑、溃疡（图3-10、图3-11），1周左右恢复。若有细菌感染，则局部化脓坏死，可引起蹄壳脱落，患肢不能着地，常卧地不起，部分病猪的口腔黏膜（包括舌、唇、齿龈、咽、腭）、鼻盘和哺乳母猪的乳头，也可见到水疱和烂斑。吃奶仔猪患口蹄疫时，通常很少见到水疱和烂斑，呈急性胃肠炎和心肌炎突然死亡，病死率可达60%。仔猪感染时水疱症状不明显，主要表现为胃肠炎和心肌炎，致死率高达80%以上。

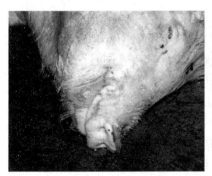

图3-10 口唇、嘴角溃疡

图3-11 蹄冠烂斑

3.病理变化

除口腔、蹄部或鼻端（吻突）、乳房（图3-12）等处出现水疱及烂斑外，咽喉、气管、支气管和胃黏膜也有烂斑或溃疡，小肠、大肠黏膜可见出血性炎症。仔猪心包膜有弥散性出血点，心肌切面有灰色或黄色斑点或条纹，心肌松软似煮熟状。组织学检查心肌有病变灶，细胞呈颗粒变性，脂肪变性或蜡样坏死，俗称"虎斑心"（图3-13）。

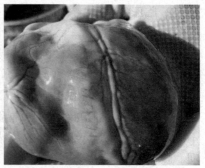

图3-12　乳房水疱烂斑　　　　　图3-13　虎斑心

（二）防制

1. 预防

（1）平时的预防措施

① 加强检疫和普查工作。经常检疫和定期普查相结合，做好猪产地检疫、屠宰检疫、农贸市场检疫和运输检疫。同时，每年冬季重点普查1次，了解和发现疫情，以便及时采取相应措施。

② 及时接种疫苗。容易传播口蹄疫的地区，如国境边界地区、城市郊区等，要注射口蹄疫疫苗。猪注射猪乙型（O型）口蹄疫油乳剂灭活疫苗。值得注意的是，所用疫苗的病毒型必须与该地区流行的口蹄疫病毒型相一致，否则，不能预防和控制口蹄疫的发生和流行。

③ 加强相应防疫措施。严禁从疫区（场）买猪及其肉制品，不得用未经煮开的洗肉水、泔水喂猪。

（2）流行时的预防措施

① 一旦怀疑口蹄疫流行，应立即上报，迅速确诊，并对疫点采取封锁措施，防止疫情扩散蔓延。

② 疫区内的猪、牛、羊，应由兽医进行检疫，病畜及其同栏猪立即急宰，内脏及污染物（指不易消毒的物品）深埋或者烧掉。

③ 疫点周围及疫点内尚未感染的猪、牛、羊，应立即注射口蹄疫疫苗。注射疫区外围的牲畜完后，再注射疫区内的牲畜。

④ 坚持每周带猪消毒2~3次，常用消毒药有0.15%过氧乙酸、1%~2%甲醛溶液等。消毒前要彻底清扫粪尿和周围环境，猪舍水泥

地面冲洗干净，自然晾干后喷雾或喷洒消毒药。对垃圾、垫料、污物等要及时焚烧。

⑤ 疫点内最后一头病猪痊愈或死亡后 14 天，如再未发生口蹄疫，经过彻底消毒后，可申报解除封锁。但痊愈猪仍需隔离 1 个月方可出售。

2. 治疗

根据国家的规定，口蹄疫病猪应一律采取扑杀措施，不准治疗，以防散播传染。但在特殊情况下，如某些种用珍贵动物，可在严格隔离的情况下予以治疗。

轻症病猪，经过 10 天左右多能自愈。重症病猪，可先用食醋水或 0.1% 高锰酸钾液洗净口腔、蹄部、乳房等损伤部位，再涂布龙胆紫溶液或碘甘油，或直接用碘伏、过氧乙酸喷涂，以控制感染。口腔消毒也可用冰硼散（冰片 15 克，硼砂 150 克，芒硝 18 克，共为末）。经过数日治疗，绝大多数可以治愈。

中药贯众 15 克，桔梗 12 克，山豆根 15 克，连翘 12 克，大黄 12 克，赤芍 9 克，生地 9 克，花粉 9 克，荆芥 9 克，木通 9 克，甘草 9 克，绿豆粉 30 克。共研细末，加蜂蜜 100 克为引，开水冲服，每日 1 剂，连用 2~3 剂。

四、猪圆环病毒病

猪圆环病毒病是近年来猪发生的一种新传染病。

猪圆环病毒病的病原体是猪圆环病毒（PCV-2）。此病毒主要感染断奶后仔猪，一般集中于断奶后 2~3 周龄和 5~8 周龄的仔猪。PCV 分布很广，在美、法、英等国流行。猪群血清阳性率可达 20%~80%，但是，实际上只有相对较小比例的猪或猪群发病。目前已知与 PCV 感染有关的有 5 种疾病：断奶后多系统衰竭综合征；猪皮炎肾病综合征；间质性肺炎；繁殖障碍；传染性先天性震颤。

（一）猪断奶后多系统衰竭综合征（PMWS）

猪断奶后多系统衰竭综合征，多发生在 5~12 周龄断奶猪和生长猪。

1. 诊断要点

（1）流行特点　哺乳仔猪很少发病，主要在断奶后 2~3 周发病。本病的主要病原是 PCV-2（猪圆环病毒），其在猪群血清阳性率达 20%~80%，多存在隐性感染。发病时病原还有 PRRSV（猪繁殖呼吸综合征病毒）、PRV（猪细小病毒）、MH（猪肺炎支原体）、PRV（猪伪狂犬病毒）、APP（猪胸膜炎放线杆菌），以及 PM（猪多杀性巴氏杆菌）等混合感染。PMWS 的发病往往与饲养密度大、环境恶劣（空气不新鲜、湿度大、温度低、饲料营养差、管理不善等有密切关联。患病率为 3%~50%，致死率 80%~90%）。

（2）临床症状　主要表现精神不振、食欲下降、进行性呼吸困难、消瘦、贫血、皮肤苍白、肌肉无力、黄疸、体表淋巴结肿大。被毛粗乱，怕冷，可视黏膜黄疸，下痢，嗜睡，腹股沟浅淋巴结肿大。由于细菌、病毒的多重感染而使症状复杂化与严重化。

（3）病理变化　皮肤苍白，有 20% 出现黄疸。淋巴结异常肿胀，切面呈均匀的苍白色，肺呈弥漫性间质性肺炎；肾脏肿大，外观呈蜡样，其皮质和髓质有大小不一的点状或条状白色坏死灶（图 3-14）。肝脏外观呈现浅黄色到橘黄色；脾稍肿大、边缘有梗死灶（图 3-15）。胃肠道呈现不同程度的炎症损伤，结肠和盲肠黏膜充血或瘀血。肠壁外覆盖一层厚的胶冻样黄色膜。胰损伤、坏死。死后，其全身器官组织表现炎症变化，出现多灶性间质性肺炎、肝炎、肾炎、心肌炎以及胃溃疡等病变。

图 3-14　肾脏肿大，有出血斑点、坏死灶

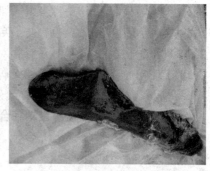

图 3-15　脾脏肿大、边缘有梗死灶

2. 防制

目前尚无有效的治疗办法和疫苗。使用抗生素，加强饲养管理，有助于控制二重感染。

① 支原净 0.125 千克、强力霉素 0.125 千克和阿莫西林 0.125 千克，3 种药加入 1 000 千克饲料中拌匀喂饲。连用 1~2 周。

② 按每千克体重支原净 125 毫克给病猪注射 2 次 / 天，连用 3~5 天。

③ 按每 1 000 千克饮水中加入支原净 0.12~0.18 千克，供病猪饮服，连用 3~5 天。

④ 中药用生石膏 90 克，连翘、板蓝根、大青叶、黄芪、玄参各 30 克，黄芩、桔梗、栀子、丹皮各 20 克，熟地、甘草各 10 克。煎后拌料，10 头小猪用量。

仔猪断奶前 1 周和断奶后 2~3 周，可选用以下措施。

① 用优良的乳猪料或添加 1.5%~3% 柠檬酸、适量酶制剂，或用抗综合应激征的断奶安等药拌服。

② 每千克日粮中添加支原净 50 毫克、强力霉素 0.05 千克、阿莫西林 0.05 千克。拌匀喂服。

③ 饮服口服补液盐水，并在补液盐水每 1 000 千克中加入 0.05 千克支原净和 0.05 千克水溶性阿莫西林。

④ 实行严格的全进全出制，防止不同来源、年龄的猪混养，减少各种应激，降低饲养密度，防止温差过大的变化，尤其后半夜保温，防贼风和有害气体。

⑤ 加强泌乳母猪的营养，添加氧化锌、丙酸，防止发生胃溃疡。

（二）猪皮炎和肾病综合征

1. 流行特点

英国于 1993 年首次报道此病，随后美国、欧洲和南非均有报道。通常只发生在 8~18 周龄的猪。发病率为 0.5%~2%，有的可达到 7%，通常病猪在 3 天内死亡，有的在出现临床症状后 2~3 周发生死亡。

2. 临床症状

病猪皮肤出现散在斑点状的丘疹，病发初期为红色小点，继而发展为红色、紫红色的圆形或不规则的隆起，并逐步由中心点变黑扩展为丘疹，病灶常呈现斑块状（图 3-16），有时这些斑块相互融合。尤其在会阴部和四肢最明显（图 3-17）。体温有时升高。病变主要发生在背部、臀部和身体躯干两侧，并可延伸至腹部以及四肢，发病严重的患猪病变遍布全身各部位。体外寄生虫（疥螨）感染严重的猪场该病的症状相对较明显；个别猪出现发热、常堆聚在一起、跛行、食欲减退、逐渐消瘦、结膜炎，拉黄色水样粪便、呼吸急促，甚至继发其他疾病而衰竭死亡。

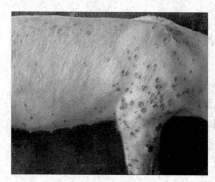 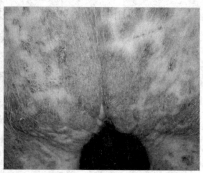

图 3-16　皮肤上出现圆形或不规则的　　图 3-17　会阴、四肢形成融合的
　　　　　红紫色病变斑点或斑块　　　　　　　　　　斑块

3. 病理变化

主要是出血性坏死性皮炎和动脉炎，以及渗出性肾小球性肾炎和间质性肾炎，因此出现皮下水肿、胸水增多和心包积液。病原检测，送检血清和病料中，可查出 PCV-2 病毒，又能查出猪繁殖和呼吸综合征病毒、细小病毒，并且都存在相应的抗体。

（三）猪间质性肺炎

本病主要危害 6~14 周龄的猪，发病率 2%~3%，死亡率为 4%~10%。眼观病变为弥漫性间质性肺炎，呈灰红色。实验室检查有时可见肺部存在 PCV-2 型病毒，其存在于肺细胞增生区和细支气管上皮坏死细胞碎片区域内，肺泡腔内有时可见透明蛋白。

（四）繁殖障碍

研究发现有些繁殖障碍表现可与 PCV-2 型病毒相联系。该病毒造成比如返情率增加，子宫内感染、木乃伊胎，孕期流产，以及死产和产弱仔等（图 3-18、图 3-19）。有些产下的仔猪中发现 PCV-2 型病毒血症。

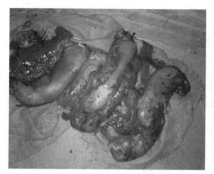

图 3-18 蓝耳病母猪产出木乃伊胎　　图 3-19 蓝耳病母猪产出死胎

在有很高比例新母猪的猪群中，可见到非常严重的繁殖障碍。急性繁殖障碍，如发情延迟和流产增加，通常可在 2~4 周后消失。但其后就在断奶后发生多系统衰竭综合征。用 PCR 技术对猪进行血清 PCV-2 型病毒监测，结果表明有些母猪有延续数月时间的病毒血症。

（五）仔猪先天性震颤

多在仔猪出生后第 1 周内发生，震颤由轻变重，卧下或睡觉时震颤消失，受外界刺激（如突发的噪声或寒冷等）时可以引发或是加重震颤，严重的影响吃奶，以致死亡。每窝仔猪受病毒感染的发病数目不等。大多是新引入的头胎母猪所产的仔猪。在精心护理 1 周后，存活的病仔猪多数于 3 周逐渐恢复。但是，有的猪直至肥育期仍然不断发生震颤。

猪皮炎肾病综合征、间质性肺炎、繁殖障碍、传染性先天性震颤的防制，可参考猪断奶后多系统衰竭综合征。

五、猪流行性感冒

猪流行性感冒简称猪流感，是由猪流行性感冒病毒引起的一种急性呼吸器官传染病。临床特征为突然发病，并迅速蔓延全群，表现为呼吸道炎症。

（一）诊断要点

1.流行特点

不同年龄、性别和品种的猪对猪流感病毒均有易感性。传染源是病猪和带毒猪。病毒存在于呼吸道黏膜，随分泌物排出后，通过飞沫经呼吸道侵入易感猪体内，在呼吸道上皮细胞内迅速繁殖，很快致病，又向外排出病毒，以至于迅速传播，往往在2~3天内波及全群。康复猪和隐性感染猪可长时间带毒，是猪流感病毒的重要宿主，往往是以后发生猪流感的传染源，猪流感呈流行性发生。在常发生本病的猪场可呈散发性。大多发生在天气骤变的晚秋和早春以及寒冷的冬季。一般发病率高，病死率却很低。如继发巴氏杆菌、肺炎链球菌等感染，则使病情加重。

图3-20 精神沉郁，行动无力，常堆挤一处

图3-21 气管内泡沫

2.临床症状

潜伏期为2~7天。病猪突然发热、精神不振、食欲减退或废绝，常挤卧一起（图3-20），不愿活动，呼吸困难、咳嗽，眼、鼻有黏液性分泌物，病程很短，一般2~6天可完全恢复。如果并发支气管肺炎、胸膜炎等，则猪群病死率增加。普通感冒与之区别在于前者体温稍高、散发、病程短、发病缓，其他症状无多大差别。

3.病理变化

病变主要在呼吸器官，鼻、喉、气管和支气管黏膜充血，表面有多量泡沫状黏液（图3-21），有时混有血液。肺部病变轻重不一，有的只在边缘部分有轻度炎症，严重时病变部呈紫红色。

（二）防制

1.预防

一是对各不同生长阶段的猪实行分群饲养，封闭管理，全进全出；二是控制好饲养环境，保证"三度"（温度、湿度、饲养密度）适宜，保持"两干"（干净、干燥），坚持"一通"（通风）；三是建立健全猪场各项生物安全措施，及时清粪，定期消毒。

2.治疗

目前尚无特效治疗药物。对证治疗可肌内注射30%安乃近，或2%氨基比林，或青霉素等。中医疗法治疗猪流感，可用金银花、连翘、黄芩、柴胡、陈皮、牛蒡、甘草各10~16克，水煎服；或银翘解毒丸2粒，冲服。

第二节 以繁殖障碍为主的病毒性疾病

一、猪繁殖与呼吸综合征（蓝耳病）

猪繁殖与呼吸综合征是1987年新发现的一种接触性传染病。主要特征是母猪呈现发热、流产、木乃伊胎、死产、弱仔等症状；仔猪表现异常呼吸症状和高死亡率。当时由于病原不明，症状不一，曾先后命名为"猪神秘病""蓝耳病""猪繁殖失败综合征""猪不孕与呼吸综合征"等十几个病名，至1992年在猪病国际学术讨论会上才确定其病名为"猪繁殖与呼吸综合征"。

（一）诊断要点

1.流行特点

本病主要侵害种猪、繁殖母猪及其仔猪，而肥育猪发病比较温和。本病的传染源是病猪、康复猪及临床健康带毒猪，病毒在康复猪体内至少可存留6个月。病毒可从鼻分泌物、粪尿等途径排出体外，经多种途径进行传播，如空气传播、接触传播、胎盘传播和交配传播等。卫生条件不良，气候恶劣，饲养密度过高，可促进本病发生。

2.临床症状

本病的症状在不同感染猪群中有很大的差异，潜伏期各地报道也不一致。病的经过通常为3~4周，最长可达6~12周。感染猪群的早期症状类似流行性感冒，出现发热、嗜睡、食欲不振、疲倦、呼吸困难、咳嗽等症状。发病数日后，少数病猪的耳朵、外阴部、腹部及口鼻皮肤呈青紫色，以耳尖发绀（图3-22）最常见。部分猪感染后没有任何症状（40%~50%），或症状很轻微，但长期携带病毒，成为猪场持久的传染源。

（1）母猪　反复出现食欲不振、发热、嗜睡，继而发生流产（多发生于妊娠后期）、早产、死胎（图3-23）或木乃伊胎。活产的仔猪体重小而且衰弱，经2~3周后，母猪开始康复，再次配种时受精率可降低50%，发情期推迟。

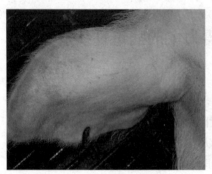 

图3-22　耳尖发绀　　　　　图3-23　妊娠后期母猪流产、死胎

（2）公猪　表现厌食、沉郁、嗜睡、发热、并有异常呼吸症状。精液质量暂时下降，精子数量少，活力低。

（3）肥育猪　症状较轻，仅表现5~7天厌食、呼吸增数、不安、易受刺激、体温升高、皮肤瘙痒，发育迟缓。患猪耳尖坏死脱落。发生慢性肺炎或有继发感染时，死亡率明显增高。

（4）哺乳仔猪　呼吸困难，甚至出现哮喘样的呼吸障碍（由间质性肺炎所致），张口呼吸、流鼻涕、不安、侧卧、四肢划动、有时可见呕吐、腹泻、瘫痪、平衡失调、多发性关节炎及皮肤发绀等症状。仔猪的病死率可达50%~60%。

3.病理变化

病毒主要侵害肺脏,大多数病例如无继发感染,肺部看不到明显的肉眼病变。病理组织学检查,在肺部见有特征性的细胞性间质性肺炎(图3-24、图3-25),肺泡壁间隔增厚,充满巨噬细胞。鼻甲骨的纤毛脱落,上皮细胞变性,淋巴细胞和浆细胞积聚。

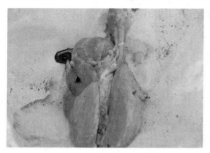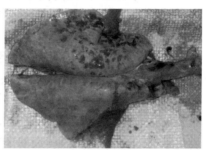

图3-24 严重肺炎   图3-25 肺炎病变

(二)防制

1.预防

(1)重视和强化猪场生物安全体系建设 坚持自繁自养,控制引种,构建猪繁殖与呼吸障碍综合征病毒阴性种猪场和种公猪站,建立本场稳定的种猪群;加强交通运输工具和人员、饲料、物品的全面、彻底、有效消毒,切断传播途径;实行全进全出制度,至少在产房和保育两个阶段必须实行全进全出制度。

(2)定期进行疫病监测,合理选择时机免疫防控 蓝耳病疫苗的使用原则是:一个猪场只用一种疫苗,待发病情况稳定后即停止免疫,发病前3周进行免疫。妊娠母猪在产前1.5个月免疫,全场猪群出现病情不稳定前3周免疫,有母源抗体的仔猪一免3周后再进行二免。

蓝耳病疫苗使用有几个特点:临近发病或发病时使用疫苗无效;在病毒血症时使用,病情加重;发病中后期,使用疫苗可以中和抗体，注射疫苗作用较小；监测仔猪母源抗体水平，在抗体水平较高时，不能使用疫苗，否则母源抗体和抗原两败俱伤，引蓝耳病毒上身而致病；猪场蓝耳病发生不稳定时不能使用疫苗，母猪临产前2周不能使用疫苗。

2. 治疗

猪繁殖与呼吸综合征是病毒病，临床上没有特效药物，只能采取对症治疗的办法加以控制。

① 对于体温升高的病猪，可以使用30%安乃近注射液20~30毫升，地塞米松25毫克，青霉素320万~480万单位，链霉素2克，一次肌注，每日2次。

② 对于食欲不振的病猪，使用胃复安1毫克/千克体重，维生素B_1 20毫升，1次肌注，每天1次；对于食欲废绝但呼吸平稳的病猪，可以使用5%葡萄糖盐水500毫升、维生素B_1 10毫升，配合适当的抗生素混合静注，另外肌注维生素C 10毫升。

③ 对于继发支原体肺炎的仔猪，可使用壮观霉素或利高霉素15毫克/千克肌注1~2个疗程，每个疗程5天。

④ 对于继发胸膜肺炎的仔猪，可选用氨苄青霉素、庆大霉素、土霉素等治疗。

⑤ 中药可用黄连、黄柏、黄芩、大黄、连翘、栀子各20克，二花30克，知母、豆根、桔梗各40克，生石膏20克，甘草20克。加水适量煎服，每天1剂，连用5天。也可用柴胡、黄芩、栀子、连翘、丹皮、地骨皮、青蒿、知母、元参、水牛角、黄芪各40克，石膏60克，桔梗30克，槟榔、泽泻、甘草20克。加水适量，煎后分2份，早晚各服1份，连用4天。

另外，对病猪应进行有针对性的支持疗法，以防止并发症的发生，使损失降低到最低限度，可用10%葡萄糖或5%葡萄糖盐水，配合使用阿莫西林、青霉素等抗生素。同时，还要加强猪舍卫生消毒和饲养管理工作，减少环境中不利因素的影响，增加日粮中维生素和矿物质的含量。

二、猪伪狂犬病

猪伪狂犬病是多种哺乳动物和鸟类的急性传染病。在临床上以中枢神经系统障碍、发热、局部皮肤持续性剧烈瘙痒为主要特征。

（一）诊断要点

1.流行特点

伪狂犬病病毒在全世界广泛分布。易感动物甚多，有猪、牛、羊、犬、猫及某些野生动物等，而发病最多的是哺乳仔猪，且病死率极高，成猪多为隐性感染。这些病猪和隐性感染猪可较长期地带毒排毒，是本病的主要传染源。鼠类粪尿中含大量病毒、也能传播本病。本病的传播途径较多，经消化道、呼吸道、损伤的皮肤以及生殖道均可感染。仔猪常因吃了感染母猪的乳而发病。怀孕母猪感染本病后，病毒可经胎盘而使胎儿感染，以致引起流产和死产。一般呈地方流行性发生，多发生于寒冷季节。

2.临床症状

猪的临床症状随着年龄的不同有很大的差异，但归纳起来主要有4大症状。

（1）哺乳仔猪及断奶幼猪 新生哺乳仔猪感染伪狂犬病毒会引起大量死亡，多在产后2~3天发病，发病仔猪表现出全身发抖，精神极度沉郁，吮乳无力，体温升至41~41.5℃，叫声嘶哑、流涎、眼睑口角水肿；有的运动共济失调，头颈歪向一侧，做圆圈运动；有的腹泻、呕吐或者后肢瘫痪（图3-26），犬坐式呼吸，继而倒地，四肢划动，数分钟后站立恢复正常，数小时后又发生。1~2天的病猪口吐白沫、磨牙、呆立或者盲目行走，抽搐、癫痫、角弓反张，死亡率100%。若发病6天后才出现神经症状则有恢复的希望，但可能有永久性后遗症，如眼瞎、偏瘫、发育障碍等。

图3-26 后肢麻痹

（2）中猪 常见便秘，一般

症状和神经症状较幼猪轻，病死率也低，病程一般 4~8 天。

（3）成猪　常呈隐性感染，较常见的症状为微热，打喷嚏或咳嗽，精神沉郁，便秘，食欲不振，数日即恢复正常，一般没有神经症状。但是，容易发生母猪久配不孕、种公猪睾丸肿胀，萎缩，失去种用能力。

（4）怀孕母猪　感染后，常有流产、产死胎及延迟分娩等现象。死产胎儿有不同程度的软化现象，流产胎儿大多甚为新鲜，脑壳及臀部皮肤有出血点，胸腔、腹腔及心包腔有多量棕褐色潴留液，肾及心肌出血，肝、脾有灰白色坏死点。

图 3-27　肺水肿出血

3. 病理变化

临床上呈现严重神经症状的病猪，死后常见明显的脑膜充血及脑脊髓液增加；鼻咽部充血，扁桃体、咽喉部及淋巴结有坏死病灶；肝、脾有 1~2 毫米灰白色坏死点，心包液增加，肺可见水肿和出血点（图 3-27）。组织学检查，有非化脓性脑膜脑炎及神经节炎变化。

（二）防制

1. 预防

（1）平时的预防措施

① 要从洁净猪场引种，并严格隔离检疫 30 天，未出现病情时再混群饲养。

② 猪舍地面、墙壁及用具等每周消毒 1 次，粪尿进行发酵池或沼气池处理。

③ 猪场严格灭鼠，搞好清洁卫生。

④ 种猪场的母猪应每 3 个月采血检查 1 次。

（2）流行时的预防措施

① 感染种猪场的净化措施。根据种猪场的条件可采取全群淘汰更新、淘汰阳性反应猪群、隔离饲养阳性反应母猪所生仔猪及注射伪

狂犬病油乳剂灭活苗 4 种措施。接种疫苗的具体方法为：种猪（包括公母）每 6 个月注射 1 次，母猪于产前 1 个月再加强免疫 1 次。种用仔猪于 1 月龄左右注射 1 次，隔 4~5 周重复注射 1 次，以后每半年注射 1 次。种猪场一般不宜用弱毒疫苗。

② 肥育猪发病后的处理。发病后可采取全面免疫的方法，除发病仔猪予以扑杀外，其余仔猪和母猪一律注射伪狂犬病弱毒疫苗（K6：弱毒株），乳猪第 1 次注苗 0.5 毫升，断奶后再注苗 1 毫升；3 月龄以上的中猪、成猪及怀孕母猪（产前 1 个月）2 毫升。免疫期 1 年。也可注射伪狂犬病油乳剂灭活菌。同时，还应加强猪场疫病综合防制。

2. 治疗

在病猪出现神经症状之前，注射高免血清或病愈猪血液有一定疗效，对携带病毒猪要隔离饲养。

三、猪细小病毒病

猪细小病毒病可引起猪的繁殖障碍，故又称猪繁殖障碍病。其特征为受感染的母猪，特别是初产母猪产出死胎、畸形胎和木乃伊胎，而母猪本身无明显症状。

（一）诊断要点

1. 流行特点

猪是唯一已知的易感动物。不同品种、性别、年龄猪均可发病，病猪和带病毒猪是传染源。急性感染猪的排泄物和分泌物中含有较多的病毒，子宫内感染的胎儿至少出生后 9 周仍可带毒排毒。一般经口、鼻和交配感染，出生前经胎盘感染。本病毒对外界环境的抵抗力很强，可在被污染的猪舍内生存数月之久，容易造成长期连续传播。精液带病毒的种公猪配种时，常引起本病的扩大传播。猪场的老鼠感染后，其粪便带有病毒，可能也是本病的传染源和媒介。本病发生无季节性。

2. 临床症状

仔猪和母猪的急性感染通常没有明显症状，但在其体内很多组织器官（尤其是淋巴组织）中均有病毒存在。

图3-28　感染母猪产死胎、木乃伊胎

怀孕母猪被感染时，主要临床表现为母源性繁殖障碍，如多次发情而不受孕或产出死胎、木乃伊胎，或只产出少数仔猪。在怀孕早期感染时，则因胚胎死亡而被吸收，使母猪不孕和不规则地反复发情。怀孕中期感染时，则胎儿死亡后，逐渐木乃伊化，在1窝仔猪中有木乃伊胎儿存在时，可使怀孕期或胎儿娩出间隔时间延长，这样就易造成外表正常的同窝仔猪的死产。50~60日感染，母猪多产死胎，60~70日多表现流产症状（图3-28），怀孕后期（70天后）感染时，则大多数胎儿能存活下来，并且外观正常，但是长期带毒、排毒。本病最多见于初产母猪，母猪首次受感染后可获较坚强的免疫力，甚至可持续终生。细小病毒感染对公猪的性欲和受精率没有明显影响。

3. 病理变化

怀孕母猪感染后本身没有病变。胚胎的病变是死后液体被吸收，组织软化。受感染而死亡的胎儿可见充血、水肿、出血、体腔积液、脱水（木乃伊化）等病变。组织学检查，可见大脑灰质、白质和软脑膜有以增生的外膜细胞、组织细胞和浆细胞形成的血管周围管套为特征的脑膜炎变化。

（二）防制

1. 预防

为了防止本病传入猪场，应从无病猪场引进种猪。若从本病阳性猪场引种猪时，应隔离观察14天，进行2次血凝抑制试验，当血凝抑制滴度在1∶256以下或阴性时，才可以混群。

在本病流行的猪场，可采取自然感染免疫或免疫接种的方法，控制本病发生。即在后备种猪群中放进一些血清阳性的母猪，使其受到自然感染而产生主动免疫力。

我国自制的猪细小病毒灭活疫苗，注射后可产生较好的预防效果。

仔猪母源抗体的持续期为 14~24 周，在抗体滴度大于 1∶80 时，可抵抗猪细小病毒的感染。因此，在断奶时将仔猪从污染猪群移到没有本病污染的地方饲养，可培育出血清阴性猪群。

2. 治疗

本病当前无有效药物治疗。当发现疫情时，对栏舍要彻底消毒，流产胎儿进行无害化处理；对超期未产母猪应用兽用敌百虫片口服（一次量最大不能超过 14 片）或肌注 0.25% 比赛可林 10 毫升，进行人工分娩，加快繁殖周期，一般下一胎可正常生产。

四、猪乙型脑炎

猪乙型脑炎病毒（JEV）是最重要的蚊媒病毒，能引起人类的脑炎，引起猪的生殖障碍。

（一）诊断要点

1. 流行特点

本病在热带地区没有明显的季节性，但在其他地区有明显的季节性，主要发生于蚊虫生长繁殖的季节。蚊虫是本病流行的重要传播媒介，其中三带喙库蚊是主要的带毒蚊种，在日本乙型脑炎的自然循环中和传播中起着重要的作用。本病人也可以感染，饲养人员及与猪接触多的人员要做好人员的防护工作。

2. 临床症状

病猪多出现高热（体温可达 40~41℃），精神沉郁或有神经症状，食欲减退，粪干呈球状，表面附着灰白色黏液；有的出现后肢麻痹、视力减退、摆头、乱冲撞等。妊娠母猪会突然发生流产，产死胎、弱胎、木乃伊胎等（图 3-29、图 3-30）。公猪常发生睾丸炎，多为单侧性，初期肿胀有热痛感，数日后炎症消退，睾丸萎缩变硬，性欲减退，精液

图 3-29 乙脑导致母猪产出木乃伊胎

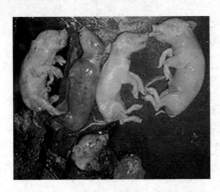

图 3-30 乙脑导致母猪产出死胎、
木乃伊胎

带毒，失去配种能力。

3.病理变化

流产母猪子宫内膜充血，并覆有黏稠的分泌物，少数有出血点。发高烧或产死胎的母猪子宫黏膜下组织水肿，胎盘呈炎性反应。出现神经症状的病猪，可见到脑膜和脊髓膜充血。流产胎儿脑水肿，皮下血样浸润，肌肉似水煮样，腹水增多；木乃伊胎儿从拇指大小到正常大小；肝、脾、肾有坏死灶；全身淋巴结出血；肺瘀血、水肿。胎盘水肿或见出血。公猪睾丸实质充血、出血和小坏死灶；睾丸硬化者，体积缩小，与阴囊粘连，实质结缔组织化。

（二）防制

① 该病属于二类传染病，按《中华人民共和国动物防疫法》要求，发病后应划定疫点、疫区和受威胁区，采取隔离、销毁、扑灭、消毒、无害化处理等措施进行防控。

② 加强卫生管理，保持圈舍卫生，将粪便进行生物发热处理或用于生产沼气。做好灭蚊、灭蝇工作。

③ 免疫接种，每年蚊虫开始活动的前1个月进行免疫接种。可用乙型脑炎灭活疫苗，在疫病流行前进行2次免疫，间隔2~3周，每次1~2头份肌内注射。后备种猪在配种前30天、15天各免疫1次，每次1~2头份，有很好的预防效果。

④ 中药治疗，可用生石膏、板蓝根各120克，大青叶60克，生地30克，连翘、紫草各30克，黄芩20克。水煎，一次灌服，每天1剂，连用3剂以上。或用生石膏80克，大黄10克，元明粉20克，板蓝根20克，生地20克，连翘20克。共研细末，开水冲调，候温灌服。每天1剂，连用3~5天。

第三节　以腹泻为主的病毒性疾病

一、猪传染性胃肠炎

猪传染性胃肠炎是由病毒引起的猪的一种高度接触性肠道传染病。特征性的临床表现为呕吐、腹泻和脱水，可感染各种日龄的猪，但其危害程度与病猪的日龄、母源抗体状况和流行的强度有关。

本病于 1946 年首先在美国发现，此后流行于世界各养猪国家和地区。我国自 20 世纪 70 年代以来，本病的疫区不断扩大，并与猪流行性腹泻混合感染，给养猪业带来较大的经济损失。

（一）诊断要点

1.流行特点

本病的流行有 3 种形式。

① 流行性。见于新疫区，很快感染所有年龄的猪，症状典型，10 日龄以内的仔猪死亡率很高。

② 地方流行性。本病常发猪场，表现出地方流行性，大部分猪都有一定的抵抗力，但由于不断有新生仔猪和引进易感猪，故病情有轻有重。

③ 周期性。本病在一个地区或一个猪场流行数年后，可能是由于猪群都获得了较强的免疫力，仔猪也能得到较高的母源抗体，病情常平息数年，当猪群的抗体逐年下降，遇到引进传染源后又会引起本病的暴发。

本病的流行有明显的季节性，常于深秋、冬季和早春（11 月至翌年 3 月）广泛流行，这可能是由于冬季气候寒冷有利于本病毒的存活和扩散。我国大部分地区都是本病的老疫区。

2.临床症状

潜伏期很短，一般为 15~18 小时，有的可延长 2~3 天。本病传播迅速，数日内可蔓延全群。仔猪突然发病，首先呕吐，继而发生频繁水样腹泻，粪便黄色、绿色或白色，常夹有未消化的凝乳块。其特征是含有大量电解质、水分和脂肪，呈碱性但不含有糖。病猪极度口渴，明显脱水，体重迅速减轻，日龄越小，病程越短，病死率越高。10日龄以内的仔猪多在2~7天内死亡，如母猪发病或泌乳量减少，小猪得不到足够的乳汁，病情加剧，营养严重失调，增加小猪病死率，随着日龄的增长病死率逐渐降低。病愈仔猪生长发育不良。

幼猪、肥猪和母猪的症状轻重不一，通常只有1天至数天出现食欲不振或废绝。个别猪有呕吐，出现灰褐色水样腹泻，呈喷射状，5~8天腹泻停止而康复，极少死亡。某些哺乳母猪与仔猪密切接触，反复感染，症状较重，体温升高，泌乳停止，呕吐和腹泻。但也有一些哺乳母猪与病仔猪接触，而本身并无症状可见。

3. 病理变化

尸体脱水明显。眼观变化，胃内充满凝乳块，胃底黏膜充血、出血。肠内充满白色至黄绿色液体，肠壁菲薄而缺乏弹性，肠管扩张呈半透明状，肠系膜充血，淋巴结肿胀，淋巴管没有乳糜。组织学变化，小肠黏膜绒毛变短和萎缩。肠上皮变性明显，上皮细胞不是柱形而是扁平至方形的未成熟细胞。黏膜固有层内可见浆液渗出和细胞浸润。肾浑浊肿胀和脂肪变性，并含有白色尿酸盐类。有些仔猪有并发性肺炎病变。有些病例除了尸体失水、肠内充满液体外，并无其他病变可见。

（二）防制

1. 预防

（1）综合性防疫措施　包括执行各项消毒隔离规程，在寒冷季节注意仔猪舍的保温防湿，避免各种应激因素。在本病的流行地区，对预产期20天内的怀孕母猪及哺乳仔猪应转移到安全地区饲养，或进行紧急免疫接种。

（2）免疫接种　平时按免疫程序有计划地进行免疫接种，目前预防本病的疫苗有活疫苗和油剂灭活苗两种，活疫苗可在本病流行季节前对全场猪普遍接种，而油剂苗主要接种怀孕母猪，使其产生母源抗体，让仔猪从乳汁中获得被动免疫。

2. 治疗

本病的致死率不高，一般都能耐过并自然康复。但对哺乳仔猪和保育仔猪的危害较大，致死的主要原因是脱水、酸中毒和细菌性疾病的继发感染。为此，在对病猪实行隔离、消毒的条件下，做到正确护理，及时治疗，能将本病造成的损失降低到最小限度。

在护理方面，若是哺乳仔猪患病，首先要停止哺乳。提供防寒保暖而又清洁干燥的环境，给予足量的清洁饮水，尽量减少或避免各种应激因素。

治疗包括以下三方面，视具体情况选择一种或几种配合使用。

（1）特异性治疗　确诊本病之后，立即使用抗传染性胃肠炎高免血清，肌内或皮下注射，剂量按 1 毫升 / 千克体重。对同窝未发病的仔猪可作紧急预防，用量减半。据报道，有人用康复猪的抗凝全血给病猪口服也有效，新生仔猪每头每天口服 10~20 毫升，连续 3 天，有良好的防治作用。也可将病猪让有免疫力的母猪代为哺乳。

（2）抗菌药物治疗　抗菌药物虽不能直接治疗本病，但能有效地防治细菌性疾病的并发或继发性感染。临诊上常见的有大肠杆菌病、沙门氏菌病、肺炎以及球虫病等，这些疾病能加重本病的病情，是引起死亡的主要因素，常用的肠道抗菌药有氟哌酸、新诺明、恩诺沙星、环丙沙星等。

（3）对症治疗　包括补液、收敛、止泻等。最重要的是补液和防止酸中毒，可静脉注射葡萄糖生理盐水或 5% 碳酸氢钠溶液。也可采用口服补液盐溶液灌服。同时还可酌情使用黏膜保护药如淀粉（玉米粉等），吸附药如木炭末，收敛药如鞣酸蛋白，以及维生素 C 等药物进行对症治疗。

使用以上药物治疗的同时，可使用黄连、三颗针、白头翁、苦参、胡黄连各 40 克，白芍、地榆炭、棕榈炭、乌梅、诃子、大黄、车前子各 30 克，甘草 20 克。共研细末，均分 6 包，每日 3 次，每头病仔猪每次 1 包。

二、猪流行性腹泻

猪流行性腹泻是由病毒引起的猪的一种高度接触性的传染病。病猪主要表现为呕吐、腹泻和食欲下降，临诊上与猪传染性胃肠炎极为相似。本病于 20 世纪 70 年代中期首先在比利时、英国的一些猪场发现，以后在欧洲、亚洲许多国家和地区都有本病流行，近年来我国也证实存在本病。据流行病学调查的结果表明，本病的发生率大大超过猪传染性胃肠炎，其致死率虽不高，但影响仔猪的生长发育，使肥猪掉膘，加之医药费用的支出，给养猪业带来较大的经济损失。

（一）诊断要点

1.流行特点

猪流行性腹泻病多发于寒冷的冬春季节，即 11 月至翌年 4 月之间。有时夏季也可发生该病。该病目前仅感染猪。不同年龄的猪都可发病，哺乳仔猪、断奶仔猪和育肥猪感染发病率 100%，成年母猪为 15%~19%。哺乳仔猪受害最严重，病死率可达 50% 以上，但以两周龄内哺乳仔猪易感染、死亡率最高。与猪传染性胃肠炎症状相似，但猪流行性腹泻发病程度较轻、传播速度稍慢。一般是有一头猪发病后，同圈或邻圈的猪在 1 周内相继发病，4~5 周内传遍整个猪场，死亡率不高，有一定的自限性，经 1 个月左右流行恢复痊愈。

该病的传染来源主要是病猪和康复后带毒猪。该病毒存在于病猪的各个器官、体液和排泄物（如粪便、呕吐物、乳汁、鼻分泌物以及呼出的气体等），但以病猪的小肠黏膜、肠内容物、肠系膜淋巴结和扁桃体含毒量最高。在发病早期，呼吸系统组织和肾的含毒量也相当高。病毒多经发病猪的粪便排出，随粪便排毒可达 8 周左右。运输车辆、饲养员的鞋子或其他带病毒的动物，都可作为传播媒介。猪流行性腹泻病可单一发生或与猪传染性胃肠炎混合感染，也有猪流行性腹泻病与猪圆环病毒混合感染的报道。

该病的感染途径主要是通过食入被污染的饲料、饮水，经消化道感染；也可以通过空气经呼吸道传染，特别是密闭猪舍，湿度大，猪只集中的猪场更易传染。猪流行性腹泻病毒经口和鼻感染后，直接进入小肠。由于病毒增殖首先造成细胞器的损伤，继而出现细胞功能障碍，肠绒毛萎缩，造成了吸收表面积减少，小肠黏膜碱性磷酸酶含量显著减少，引起营养物质吸收障碍造成腹泻，属于渗透性腹泻，是引起病猪腹泻的主要原因。因腹泻严重引起脱水，是导致病猪死亡的主要原因。

另外，造成猪流行性腹泻发病的可能原因还有饲料的霉菌毒素影响。如果哺乳仔猪刚出生不久就出现呕吐、水样腹泻症状的就有可能受饲料霉菌毒素影响，因为霉菌毒素可以造成怀孕母猪免疫力降低，母源抗体分泌少且持续时间短，导致初生哺乳仔猪无法从母乳中获得足够的猪流行性腹泻母源抗体而发病。

2. 临床症状

该病潜伏期短的 12~18 小时，一般为 1~8 天，多数病例 2~4 天，不同年龄的猪临床症状有一定的差异。

哺乳仔猪常在吃奶后突然发生呕吐，接着发生急剧水样腹泻，粪便初为白色，随后变黄或绿色，后期略带灰褐色并含有未消化的凝乳块或混有血样。一般体温不高，部分病猪初期体温出现轻热，发生腹泻后体温下降。病猪精神萎靡，被毛粗乱无光泽，颤栗，吃奶减少或停止吃奶，严重口渴，迅速脱水，很快消瘦。1 周内新生仔猪常于腹泻后 2~4 天内因脱水而死亡，也有 48 小时内死亡。5 日龄以内的仔猪致死率可达 100%，随着日龄的增长而致死率逐渐降低，病愈仔猪生长发育较缓慢，往往成为僵猪。

断奶猪、肥育猪以及母猪突然发生水样腹泻，粪便呈灰色或灰褐色，发病一日至数日后减食、无力，体重迅速减轻，有时出现呕吐，持续腹泻 4~7 天，逐渐恢复正常；部分成年猪仅表现沉郁、厌食、呕吐等症状。如果没有继发其他疾病且护理得当，猪很少发生死亡。

哺乳母猪常与仔猪一起发病，表现食欲不振，有的呕吐，体温升高 1~2℃，泌乳减少或停止。一般 3~7 天恢复，极少发生死亡。

怀孕母猪和成年公猪感染后常不表现症状，少数的仅表现轻度水样腹泻，一般 3~10 日痊愈。

3. 病理变化

剖检变化表现为尸体消瘦、皮肤暗灰色。皮下干燥，脂肪蜂窝组织表现不佳。肠管臌胀扩张，充满黄色液体，肠壁变薄，肠系膜充血，肠系膜淋巴结肿胀。主要病变在胃和小肠。仔猪胃肠膨胀，胃内容物呈鲜黄色并混有大量未消化乳白色凝乳块（或絮状小片），胃底黏膜轻度潮红充血，并有黏液覆盖，有时在黏膜下可见出血小点或出血斑。整个小肠肠管扩张，小肠壁变薄，呈半透明状，小肠内充满黄绿色或灰白色液状物，含有泡沫和未消化的小乳块，弹性降低，肠黏膜绒毛严重萎缩。肠系膜血管扩张，淋巴结肿胀，肠系膜淋巴管内见不到乳糜。将空肠纵向剪开，用生理盐水将肠内容物冲掉，在玻璃平皿内铺平，加入少量生理盐水，在低倍显微镜下观察，可见到空肠绒毛明显缩短。剖检病变局限于胃肠道，胃内充满内容物，外观呈特征性地弛缓，小肠壁变薄、半透明。显微病变从十二指肠至回肠末端，呈斑点状分布，受损区绒毛长度从中等到严重变短，变短的绒毛呈融合状，带有发育不良的刷状缘。

（二）防制

1. 预防

① 严禁从疫区或病猪场引进猪只，预防疫源传入。

② 立即隔离病猪，以 2%~4% 的纯碱稀释液对厩舍、环境、用具等进行消毒。尚未发病的猪只应立即隔离到安全的地方饲养。

③ 病死猪应进行无害化处理，污染场地、用具等严格消毒。

④ 加强饲养管理，建立科学安全的措施，搞好猪舍的清洁卫生和消毒，经常清除粪便，禁止从疫区引进仔猪。猪只可用猪流行性腹泻弱毒疫苗或灭活疫苗进行预防接种。一旦发生本病，病猪及时隔离，猪舍、用具等用 2% 氢氧化钠或 5%~10% 石灰乳、漂白粉消毒，病猪在隔离条件下治疗。

⑤ 冬季做好保暖工作，换季和气候突变时要特别注意防贼风。

⑥ 建立健康猪群，培育健康仔猪，配合消毒，切断传染因素。仔猪按窝隔离，防止窜栏。育肥猪、母猪及断奶仔猪分别饲养，利用各种检疫办法清除病猪，避免扩大传染，逐步建立健康猪群。

2. 治疗

治疗本病无特效药，一般采取对症治疗，对失水过多的病猪，可减少喂料、增加饮水，以预防机体脱水和自体酸中毒。对发病猪只采取全群用药。

① 病猪群饮用口服补液盐溶液（氯化钠 3.5 克、氯化钾 1.5 克、碳酸氢钠 2.5 克、葡萄糖 20 克，对水 1 000 毫升）。

② 庆大霉素 1 000~1 500 单位 / 千克，每隔 12 小时注射 1 次。

③ 盐酸环丙沙星注射液按 2.5 毫克 / 千克体重 + 硫酸小檗碱注射液 5~10 毫升肌内注射，2 次 / 天，连用 3~5 天。

④ 白细胞干扰素 2 000~3 000 单位，1~2 次 / 天，皮下注射。

⑤ 磺胺脒 4 克，碱式硝酸铋 4 克，小苏打 2 克。混合 1 次喂服，2 次 / 天，连用 2~3 天。

三、猪轮状病毒感染

猪轮状病毒感染是由猪轮状病毒引起的幼龄猪急性肠道传染病，其主要症状为厌食、呕吐、下痢、脱水、体重减轻，中猪和大猪为隐性感染，没有症状。病原体除猪轮状病毒外，从犊牛、羔羊、马驹分离的轮状病毒也可感染仔猪，引起不同程度的症状。

（一）诊断要点

1. 流行特点

轮状病毒主要存在于病猪及带毒猪的消化道，随粪便排到外界环境后，污染饲料、饮水、垫草及土壤等，经消化道途径使易感猪感染。排毒时间可持续数天，可严重污染环境，加之病毒对外界环境有顽强的抵抗力，使轮状病毒在成猪、中猪、小猪之间反复循环感染，长期扎根猪场。另外，人和其他动物也可散播传染。本病多发生于晚秋、冬季和早春。各种年龄的猪都可感染，在流行地区由于大多数成年猪都已感染而获得免疫。因此，发病猪多是 8 周龄以下的仔猪，日龄越小的仔猪发病率越高，发病率一般为 50%~80%，病死率一般为 10% 以内。

2. 临床症状

潜伏期一般为 12~24 小时，常地方性流行。初精神沉郁，食欲不振，不愿走动，有些吃奶后发生呕吐，继而腹泻，粪便呈黄色、灰色或黑色，为水样或糊状。症状的轻重决定于发病的日龄、免疫状态和环境条件，缺乏母源抗体保护的生后几天的仔猪症状最重，环境温度下降或继发大肠杆菌病时，常使症状加重，病死率增高。通常 10~21 日龄仔猪的症状较轻，腹泻数日即可康复，3~8 周龄仔猪症状更轻，成年猪为隐性感染。

3. 病理变化

病变主要在消化道，胃壁弛缓，充满凝乳块和乳汁，肠管变薄，小肠壁薄呈半透明，内容物为液状，呈灰黄色或灰黑色，小肠绒毛缩短，有时小肠出血，肠系膜淋巴结肿大。

（二）防制

1. 预防

主要依靠加强饲养管理，认真执行一般的兽医防疫措施，增强猪的抵抗力。在流行地区，可用轮状病毒油佐剂灭活苗或猪轮状病毒弱毒双价苗对母猪或仔猪进行预防注射。油佐剂苗于怀孕母猪临产前30天，肌内注射2毫升；仔猪于7日龄和21日龄各注射1次，注射部位在后海穴（尾根和肛门之间凹窝处）皮下，每次每头注射0.5毫升。弱毒苗于临产前5周和2周分别肌内注射1次，每次每头1毫升。同时要使新生仔猪早吃初乳，接受母源抗体的保护，以减少发病和减弱病症。

2. 治疗

目前无特效的治疗药物。发现立即停止喂乳，以葡萄糖盐水或复方葡萄糖溶液（葡萄糖43.20克，氯化钠9.20克，甘氨酸6.60克，柠檬酸0.52克，柠檬酸钾0.13克，无水磷酸钾4.35克，溶于2升水中即成）给病猪自由饮用。同时，进行对症治疗，如投用收敛止泻剂，使用抗菌药物，以防止继发细菌性感染，一般都可获得良好效果。

第四节　其他病毒病

一、猪水疱病

猪水疱病是由猪水疱病病毒引起的猪的一种急性、热性、接触性传染病，该病传染性强，发病率高。其临诊特征是猪的蹄部、鼻端、口腔黏膜、乳房皮肤发生水疱，类似于口蹄疫，但该病只引起猪发病，对其他家畜无致病性。

（一）诊断要点

1. 流行特点

在自然流行中，本病仅发生于猪，而牛、羊等家畜不发病，猪只不分年龄、性别、品种均可感染。在猪只高度集中或调运频繁的单位和地区，容易造成本病的流行，尤其是在猪集中的猪舍，集中的数量和密度越大，发病率越高。在分散饲养的情况下，很少引起流行。本病在农村主要由于饲喂城市的泔水，特别是洗猪头和蹄的污水而感染。

病猪、带毒猪是本病的主要传染源，通过粪、尿、水疱液、乳汁排出病毒。感染常由接触、饲喂病毒污染的泔水和屠宰下脚料、生猪交易、运输工具（被污染的车、船）而引起。被病毒污染的饲料、垫草、运动场和用具以及饲养员等往往造成本病的间接传播；受伤的蹄部、鼻端皮肤、消化道黏膜等是主要传播途径。

健猪与病猪同居24~45小时，虽未出现临诊症状，但体内已含有病毒。发病后第3天，病猪的肌肉、内脏、水疱皮，第15天的内脏、水疱皮及第20天的水疱皮等均带毒，第5天和第11天的血液带毒，第18天采集的血液常不带毒。病猪的淋巴结和骨髓带毒2周以上。贮存于–20℃，经11个月的病猪肉块、皮肤、肋骨、肾等的病毒滴度未见显著下降。盐渍病猪肉中的病毒需经110天后才能被灭活。

2. 临床症状

自然感染潜伏期一般为2~5天，有的延至7~8天或更长。人工感染最短为36小时。临诊症状可分为典型、温和型和亚临诊型（隐性型）。

（1）典型的水疱病　其特征性的水疱常见于主趾和附趾的蹄冠上。早期临诊症状为上皮苍白肿胀，在蹄冠和蹄踵的角质与皮肤结合处首先见到，36~48小时水疱明显凸出，里面充满水疱液，很快破裂，但有时维持数天。水疱破后形成溃疡，真皮暴露，颜色鲜红，常常环绕蹄冠皮肤与蹄壳之间裂开。病理变化严重时蹄壳脱落。部分猪的病理变化部因继发细菌感染而成化脓性溃疡。由于蹄部受到损害而出现跛行。有的猪呈犬坐式或躺卧地下，严重者用膝部爬行。水疱也见于鼻盘、舌、唇和母猪乳头上。多数仔猪病例在鼻盘发生水疱，也可发生于其他部位（图3-31）。体温升高（40~42℃），水疱破裂后体温下降至正常。病猪精神沉郁、食欲减退或停食，肥育猪显著掉膘。在一般情况下，如无并发其他疾病者不引起死亡，初生仔猪

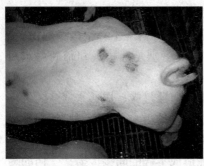

图 3-31　背部水疱破溃

可造成死亡。病猪康复较快，病愈后 2 周，创面可完全痊愈，如蹄壳脱落，则相当长时间后才能恢复。

（2）温和型（亚急性型）　只见少数猪只出现水疱，病的传播缓慢，症状轻微，往往不容易被察觉。

（3）亚临床型（隐性感染）　用不同剂量的病毒，经一次或多次饲喂猪，没有发生临诊症状，但可产生高滴度的中和抗体。据报道，将一头亚临诊感染猪与其他 5 头易感猪同圈饲养，10 天后有 2 头易感猪发生了亚临诊感染，这说明亚临诊感染猪能排出病毒，对易感猪有很大的危险性。

水疱病发生后，约有 2% 的猪发生中枢神经系统紊乱，表现向前冲、转圈运动，用鼻摩擦、咬啮猪舍用具，眼球转动，有时出现强直性痉挛。

3. 病理变化

特征性病理变化为在蹄部、鼻盘、唇、舌面、乳房出现水疱，水疱破裂，水疱皮脱落后，暴露出创面有出血和溃疡。个别病例心内膜上有条状出血斑。其他内脏器官无可见病理变化。组织学变化为非化脓性脑膜炎和脑脊髓炎病理变化，大脑中部病理变化较背部严重。脑膜含有大量淋巴细胞，血管嵌边明显，多数为网状组织细胞，少数为淋巴细胞和嗜伊红细胞。脑灰质和白质发现软化病灶。

（二）防制

猪感染水疱病病毒 7 天左右，在猪血清中出现中和抗体，28 天达高峰。因此用猪水疱病高免血清和康复血清进行被动免疫有良好效果，免疫期达 1 个月以上，为此在商品猪大量应用被动免疫，对控制疫情扩散、减少发病率会起到良好作用。用于水疱病免疫预防的疫苗有弱毒疫苗和灭活疫苗，但由于弱毒疫苗在实践应用中暴露出许多不足，目前已停止使用。灭活疫苗安全可靠，注苗后 7~10 天即可产生免疫力，保护率在 80% 以上，免疫保护期在 4 个月以上。用水疱皮和仓鼠传代毒制成灭活苗有良好免疫效果，保护率为 75%~100%。

控制猪水疱病很重要的措施是防止将病原带到非疫区，应特别注意监督牲畜交易和转运的畜产品。运输时对交通工具应彻底消毒，屠宰下脚料和泔水经煮沸方可喂猪。

加强检疫，在收购和调运时应逐头进行检疫，一旦发现疫情立即向主管部门报告，按早、快、严、小的原则，实行隔离封锁。对疫区和受威胁区的猪只，可采用被动免疫或疫苗接种，以后实行定期免疫接种。病猪及屠宰猪肉、下脚料应严格实行无害处理。环境及猪舍要进行严格消毒，常用于本病的消毒剂有过氧乙酸、菌毒敌（原名农乐）、氨水和次氯酸钠等。试验证明，以二氯异氰尿酸钠为主剂的复方含氯消毒剂消毒效果较好，有效浓度为 0.5%~1%（含有效氯 50~100 毫克/千克）。过氧乙酸、次氯酸钠、氨水、福尔马林和苛性钠的消毒效果较差，且有较强腐蚀性和刺激性，已不广泛应用。

二、猪狂犬病

本病是由狂犬病病毒经狗传播的人和温血动物共患的一种传染病。本病毒主要侵害中枢神经系统，临床上主要特征是神经机能失常，表现为各种形式的兴奋和麻痹。

（一）诊断要点

1. 流行特点

病毒主要通过咬伤感染，也有经消化道、呼吸道和胎盘感染的病例。由于本病多数由疯狗咬伤引起，所以流行呈连锁性，以一个接一个的顺序呈散发形式出现，一般春季较秋季多发，伤口越靠头部或伤口越深，其发病率越高。

2. 临床症状

潜伏期不一，长的 1 年以上，短的 10 天，一般平均为 21 天。

发病突然，狂躁不安，兴奋，横冲直撞，攻击人，运动笨拙、失调。全身痉挛，静卧，受到刺激可突然跃起，盲目乱窜，惊恐，麻痹，衰竭死亡。

3. 病理变化

眼观无特征性变化，一般表现尸体消瘦，血液浓稠、凝固不良，口腔黏膜和舌黏膜常见糜烂和溃疡。胃内常有石块、泥土、毛发等异物，胃黏膜充血、出血或溃疡，脑水肿，脑膜和脑实质的小血管充血，并常见点状出血。

（二）防制

1. 预防

带毒犬是人类和其他家畜狂犬病的主要传染源，因此对家犬进行大规模免疫接种和消灭野犬，是预防狂犬病的最有效的措施，在流行地区给家犬和家猫普遍接种疫苗，对患猪和患狂犬病死亡的猪，一般不剖检，应将病尸焚毁或深埋。

2. 治疗

猪被可疑动物咬伤后，首先要妥善处理伤口，用大量肥皂水或0.1%新洁尔灭溶液冲洗，再用75%酒精或2%~3%碘酒消毒，局部处理越早越好；其次被咬伤后要迅速注射狂犬病疫苗，使被咬动物在病的潜伏期内就产生免疫，可免于发病。

三、猪传染性脑脊髓炎

猪传染性脑脊髓炎是由病毒引起，主要侵害中枢神经系统，引起一系列神经症状的传染病。病猪以发热、共济失调、肌肉抽搐和肢体麻痹为特征，又称捷申病、猪脑脊髓灰质炎。

本病在世界许多养猪的国家都有发生，中欧一些国家呈地方流行性，意大利、法国等国呈散发性，澳大利亚等也时有 发生。我国也曾有本病的报道。

（一）诊断要点

1. 流行特点

本病仅见于猪，各品种和年龄的猪均有易感性，但临床上以保育猪发病最多，成年猪多为隐性感染，哺乳仔猪可获得母源抗体的保护。

本病在新疫区呈暴发式流行，开始个别发生，以后蔓延全群，也有的呈波浪式发生，一批猪发病后，相隔数周或数月，另一批猪又发生。在老疫区，常呈散发性。

本病毒主要存在于猪的脑和脊髓中，但可通过粪便排毒，污染饲料和饮水，经消化道传播。也可能通过人员的往来及家鼠、运输车辆间接传播。

2.临床症状

本病的潜伏期，人工感染试验平均为 6 天。病初体温达40~41℃，精神与食欲减退，后肢无力，运动失调，有的病猪前肢前移，后肢后伸，重者眼球震颤，肌肉抽搐，角弓反张和昏迷，伴有鸣叫、惊厥和磨牙，随后发生麻痹，反射消失而死亡。病死率高达60％以上，不死者也往往留有肌肉麻痹和萎缩的后遗症。

3.病理变化

剖检，脑膜水肿，脑膜和脑血管充血。心肌和骨髓肌有些萎缩，其他脏器无肉眼病变。组织学检查，病变也局限于中枢神经系统，呈现非化脓性脑脊髓灰质炎，尤以脊髓最为严重。

（二）防制

1.预防

重视从国外引进猪的检疫，一旦发现可疑病例，应采取隔离、消毒等常规措施，并尽快请有关单位作出诊断。若确诊为本病，应立即就地扑杀。

有些国家已使用细胞培养灭活苗，对小猪进行免疫，保护率可达80％，免疫期 6~8 个月。

2.治疗

目前没有可用于治疗的药物，也不宜治疗。

四、猪痘

猪痘是由痘病毒引起的猪的一种急性热性接触性传染病。其临床特征为皮肤表面有突出的半球状红色硬结，化脓结痂，形成皮肤白斑，一般取良性经过。该病遍及全球，环境条件差，生产技术落后的地区尤为多见。

（一）诊断要点

1.流行病学

该病遍及全世界，与饲养环境条件差密切相关。该病只感染猪，而不感染其他家畜、家禽。不同日龄、不同品种、不同饲养管理方式和条件下其发病率不同，病猪或带毒猪为本病的传染源。除了通过病猪排出的口、鼻分泌物污染环境传播本病外，还可通过猪虱子、苍蝇及蚊子传播，且皮肤擦伤或创伤均有助于本病水平传播。3~4 日龄以内的仔猪，发病率可高达 100%，死亡率低于 5%，并有明显的季节性。本病较长时间不能痊愈的主要原因是环境卫生差、灭虫不彻底和不断出现易感猪。

2. 临床症状与病理变化

潜伏期为 2~5 天，猪痘临床表现有明显的阶段性：红色斑点期、

图 3-32　无毛区的猪痘

红色丘疹期、水疱期、脓疱期和结痂期。水疱期一般较短不易发现，病程为 3~4 周。如有继发感染，病程延长。有猪虱寄生时，痘疹多见于腹下。有蚊子和苍蝇时，痘疱多见于背部。哺乳仔猪病情严重时可全身出痘。3~4 月龄猪的痘疱多见于皮肤无毛区（图 3-32）。成年猪多见于无毛区、乳房、耳朵、鼻部和阴部。

主要病变为皮肤痘样损伤。继发细菌感染时，损伤更为严重，并形成局部化脓灶。

此外，采用免疫荧光技术、电子显微镜以及琼脂扩散均可辅助诊断该病。

（二）防制

猪痘没有治疗药物，因本病以皮肤病变为主，病势较轻，几乎所有的猪都能自愈。但可造成发育迟缓，带来一定的经济损失。一旦发现病猪必须尽早确诊，将病猪与健康猪隔离，尤其对年轻猪要倍加重视。

平时要注意改善环境卫生条件。进猪时严格检疫，防止引入带毒猪。加强灭虱、驱蚊。发病后，隔离病猪，可以投给敏感抗生素控制继发感染。如有条件可用自家疫苗进行预防。

第四章

猪常见细菌性疾病的防制

第一节　全身感染性细菌病

一、猪丹毒

猪丹毒是由猪丹毒杆菌引起的一种传染病。由于该病多年来没有发生流行，所以许多猪场忽视了对猪丹毒的免疫防控，平时也很少进行有针对性的药物预防，导致猪丹毒有再杀"回马枪"的趋势。

（一）诊断要点

1.流行特点

各种年龄猪均易感，但以 3 个月以上的生长猪发病率最高，3 个月以下和 3 年以上的猪很少发病。牛、羊、马、鼠类、家禽及野鸟等也能感染本病，人类可因创伤感染发病。病猪、临床康复猪及健康带菌猪都是传染源。猪丹毒杆菌是猪体内的常在菌，在夏季猪圈、垫草潮湿污脏，饲喂湿拌料，猪群遭受应激，消毒不彻底等情况下，可经消化道、损伤的皮肤及蚊虫叮咬而传播。夏季气温高，很容易发病。猪丹毒经常在一定的地方发生，呈地方性流行或散发。

2.临床症状

人工感染的潜伏期为 3~5 天，短的 1 天发病，长的可在 7 天发病。临床症状一般分急性型、亚急性型和慢性型 3 种。

（1）急性型（败血症型）　见于流行初期。有的病例可能不表现任何症状突然死亡。多数病例症状明显。体温高达 42℃以上，恶寒颤抖，食欲减退或有呕吐，常躺卧地上，不愿走动，若强行赶起，站立时背腰拱起，行走时步态僵硬或跛行。结膜充血，眼睛清亮，很少有分泌物。大便干硬，有的后期发生腹泻。发病 1~2 日后，皮肤上出现大小和形状不一红斑，以耳、颈、背、腿外侧较多见，开始指压时褪色，指去复原。病程 2~4 日，病死率 80%~90%。

怀孕母猪发生猪丹毒时可引起流产（图 4-1）。哺乳仔猪和刚断奶小猪发生猪丹毒时，往往有神经症状，抽搐。病程不超过 1 天。

（2）亚急性型（疹块型） 败血症症状轻微，其特征是在皮肤上出现疹块（图 4-2）。病初食欲减退，精神不振，不愿走动，体温 42℃，在胸、腹、背、肩及四肢外侧出现大小不等的疹块，先呈淡红，后变为紫红，以致黑紫色，形状为方形、菱形或圆形，坚实，稍凸起，少则几个，多则数 10 个，以后中央坏死，形成痂皮。经 1~2 周恢复。

图 4-1　怀孕母猪流产

图 4-2　亚急性疹块

（3）慢性型 一般由前两型转变而来。常见浆液性纤维素性关节炎、疣状心内膜炎和皮肤坏死 3 种。皮肤坏死一般单独发生，而浆液性纤维素性关节炎和疣状心内膜炎往往共存。食欲变化不明显，体温正常，但生长发育不良，逐渐消瘦，全身衰弱。浆液性纤维素性关节炎常发生于腕关节和肘关节，受害关节肿胀，疼痛，僵硬，步态呈跛行。疣状心内膜炎表现呼吸困难，心跳增速，听诊有心内杂音。强迫快速行走时，易发生突然倒地死亡。皮肤坏死常发生于背、肩、耳及尾部。局部皮肤变黑，硬如皮革，逐渐与新生组织分离，最后脱落，遗留一片无毛瘢痕。

3. 病理变化

急性型皮肤上有大小不一和形状不同的红斑或弥漫性红色；淋巴结充血肿大，有小出血点；胃及十二指肠充血、出血；肺瘀血、水肿（图4-3）；心肌出血（图4-4）；脾肿大充血，呈樱桃红色。肾瘀血肿大，呈暗红色，皮质部有出血点；关节液增加。亚急性型的特征是皮肤上有方形和菱形的红色疹块，内脏的变化比急性型轻。慢性型的房室瓣常有疣状心内膜炎。瓣膜上有灰白色增生物，呈菜花状。其次是关节肿大，在关节腔内有纤维素性渗出物。

 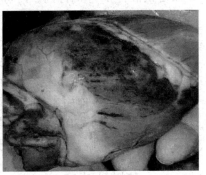

图4-3 肺瘀血、水肿　　　　　图4-4 心肌出血

（二）防治

1. 预防

平时要加强饲养管理，猪舍用具保持清洁，定期用消毒药消毒。选择合适的疫苗进行免疫接种，是防控猪丹毒发生的有效办法。目前使用的猪丹毒疫苗主要是灭活疫苗和弱毒疫苗，其用法如下。

① 猪丹毒氢氧化铝甲醛菌苗。体重10千克以上的断奶仔猪，皮下或肌内注射5毫升，免疫1个月后再重复注射3毫升；体重10千克以下或尚未断奶的仔猪，皮下或肌内注射3毫升，免疫1个月后再重复注射3毫升。

② 猪丹毒G4T10或GC42弱毒疫苗。不论体重大小，一律皮下注射1毫升。

③ 猪丹毒—猪肺疫二联灭活疫苗。用法同猪丹毒氢氧化铝甲醛菌苗。

④ 猪丹毒—猪瘟—猪肺疫三联灭活疫苗。每头猪皮下或肌内注射 1 毫升。

2. 治疗

一旦发生猪丹毒后及时隔离治疗。对急性型最好首先按每千克体重 1 万单位青霉素静脉注射，同时肌注常规剂量的青霉素，即体重在 20 千克以下的猪用 20 万~40 万单位，20~50 千克的猪用 40 万~100 万单位，50 千克以上的猪酌情增加。每天肌注 2 次，直至体温和食欲恢复正常后 24 小时停药，以防复发或转为慢性。

中药用黄连、黄柏、黄芩、栀子、丹皮各 15 克，生地、玄参各 20 克，大黄 25 克，芒硝、石膏各 30 克，甘草 10 克。水煎服。每天 1 剂，连用 3 剂。或用葛根、蝉蜕、牛蒡子、丹皮、连翘各 10 克，石膏、金银花、僵蚕各 15 克，赤芍 5 克。共研细末，开水冲调，候温灌服。每天 1 剂，连用 3 剂。也可用连翘、金银花、地骨皮、滑石、大黄各 12 克，黄芩 20 克，蒲公英、紫地丁各 15 克，木通 10 克，生石膏 30 克。水煎服。每天 1 剂，连用 3 剂。

二、猪链球菌病

猪链球菌病是一种人兽共患传染病。猪常发生化脓性淋巴结炎、败血症、脑膜脑炎及关节炎。败血症型和脑膜脑炎型的病死率较高，对养猪业的发展有较大的威胁。

（一）诊断要点

1. 流行特点

链球菌广泛分布于自然界。人和多种动物都有易感性，猪的易感性较高。各种年龄的猪均可感染，但败血症型和脑膜脑炎型多见于仔猪；化脓性淋巴结炎型多见于中猪。病猪、临床康复猪和健康猪均可带菌，当它们互相接触时，可通过口、鼻、皮肤伤口传染，一般呈地方流行性。

2. 临床症状

本病临床上可分为 4 型。

（1）败血症型　初期常呈最急性流行，往往头晚未见任何症状，次晨已死亡；或者停食，体温 41.5~42.0℃，精神委顿，腹下有紫红斑，也往往死亡。急性病例，常见精神沉郁，体温 41℃ 左右，呈稽留热，食欲减退或废绝，眼结膜潮红，流泪，有浆液性鼻液，呼吸浅表而快。有些病猪在患病后期，耳尖、四肢下端、腹下有紫红色或出血性红斑，有跛行，病程 2~4 天。

（2）脑膜脑炎型　病初体温升高，不食，便秘，有浆液性或黏液性鼻液。继而出现运动失调，转圈，空嚼，磨牙，仰卧，直至后躯麻痹，侧卧于地，四肢抽搐，作游泳状划动（图 4-5）等神经症状，甚至昏迷不醒。部分猪出现多发性关节炎，病程 1~2 天。

图 4-5　抽搐，四肢划动

（3）关节炎型　由前两型转来，或者原发性关节炎症状。表现一肢或几肢关节肿胀，疼痛，有跛行，甚至不能起立。病程 2~3 周。

值得注意的是，上述 3 型很少单独发生，常常混合存在或相伴发生。

（4）化脓性淋巴结炎（淋巴结脓肿）型　多见于颌下淋巴结、咽部和颈部淋巴结肿胀，坚硬，热痛明显，影响采食、咀嚼、吞咽和呼吸。有的咳嗽、流鼻液。至化脓成熟，肿胀中央变软，皮肤坏死，自行破溃流脓，以后全身症状好转，局部逐渐痊愈。病程一般为 3~5 周。

3.病理变化

剖检可见鼻黏膜充血及出血，喉头、气管充血，常有大量泡沫。肺充血肿胀（图 4-6）。全身淋巴结有不同程度的肿大、充血和出血。脾肿大 1~3 倍，呈暗红色，边缘有黑红色出血性梗

图 4-6　肺充血肿胀

死区。胃和小肠黏膜有不同程度的充血和出血，肠系膜淋巴结肿大，呈紫红色（图4-7），肾肿大、充血和出血，脑膜充血和出血，有的脑切面可见针尖大的出血点。脑膜充血、出血甚至溢血，个别脑膜下积液，脑组织切面有点状出血，其他病变与败血型相同。剖检可见关节腔内有黄色胶冻样或纤维素性、脓性渗出物，淋巴结脓肿。有些病例心瓣膜上有菜花样赘生物。

败血症型死后剖检，呈现败血症变化，各器官充血、出血明显，心包液增量，脾肿大，各浆膜有浆液性炎症变化等（图4-8）。脑膜脑炎型死后剖检，脑膜充血、出血，脑脊髓液浑浊、增量，有多量的白细胞，脑实质有化脓性脑炎变化等。关节炎型死后剖检，关节囊内有黄色胶脓样液体或纤维素性脓性物质。

 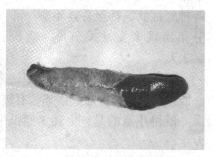

图4-7 肠系膜淋巴结肿大　　　图4-8 脾脏被纤维素性渗出物包裹

（二）防治

1. 预防

① 加强饲养管理，降低饲养密度，圈舍中可设置铁链，让仔猪玩耍，以减少咬伤。如有咬伤或其他外伤，要及时消毒处理伤口，防止病原菌感染。

② 保持猪舍清洁卫生、通风良好，圈舍及饲养用具应定期消毒，以减少病原菌的污染。

③ 仔猪在出生断脐和以后仔猪去势时，应用碘酊进行充分消毒，以防止链球菌经脐带和伤口感染。

④ 定期进行猪链球菌疫苗的免疫接种，可减少猪链球菌病的发

生。但由于猪链球菌的血清型较多，难以达到理想的预防效果，规模化猪场可制作自家疫苗进行免疫预防，可有效控制猪链球菌病的发生。

⑤ 做好免疫预防接种工作，妊娠母猪在产前 30 天左右、仔猪在断奶前后接种猪链球菌活疫苗具有较好的预防效果。

2. 治疗

按不同病型进行相应治疗。

对淋巴结脓肿，待脓肿成熟后，及时切开，排出脓汁，用 3% 双氧水或 0.1% 高锰酸钾液冲洗后，涂以碘酊。对败血症型及脑膜脑炎型，早期要大剂量使用抗生素或磺胺类药物。青霉素 40 万 ~100 万单位 /（头·次），每天肌注 2~4 次；庆大霉素 1~2 毫克 / 千克体重，每日肌注 2 次。环丙沙星 2.5~10.0 毫克 / 千克体重，每 12 小时注射 1 次，连用 3 天，疗效明显。

中药菊花 100 克，忍冬藤 100 克，夏枯草 100 克，紫地丁 50 克，七叶一枝花 25 克。水煎服。每天 1 剂，连用 3 天。或用金银花 15 克，麦冬 15 克，连翘 10 克，蒲公英 10 克，紫地丁 10 克，大黄 10 克，射干 10 克，甘草 10 克。水煎服。每天 1 剂，连用 3 天。

三、猪附红细胞体病

猪附红细胞体病是由附红细胞体寄生于猪的红细胞表面或游离于血浆、组织液及脑脊液中引起的一种人畜共患病，会造成病畜黄疸、贫血等症状。

（一）诊断要点

1. 流行特点

猪附红细胞体只感染家养猪，不感染野猪。各种品种、性别、年龄的猪均易感，但以仔猪和母猪多见，其中哺乳仔猪的发病率和死亡率较高，被阉割后几周的仔猪尤其容易感染发病。猪附红细胞体在猪群中的感染率很高，可达 90% 以上。

病猪和隐性感染带菌猪是主要传染源。隐性感染带菌猪在有应激因素存在时，如饲养管理不良、营养不良、温度突变、并发其他疾病等，可引起血液中附红细胞体数量增加，出现明显临诊症状而发病。

耐过猪可长期携带该病原，成为传染源。猪附红细胞体可通过接触、血源、交配、垂直及媒介昆虫（如蚊子）叮咬等多种途径传播。动物之间可通过舔伤口、互相斗咬或喝血液污染的尿液以及被污染的注射器、手术器械等媒介物而传播；交配或人工授精时，可经污染的精液传播；感染母猪能通过子宫、胎盘使仔猪受到感染。

猪附红细胞体病一年四季都可发生，但多发生于夏、秋和雨水较多的季节，以及气候易变的冬、春季节。气候恶劣、饲养管理不善、疾病等应激因素均能导致病情加重，疫情传播面积扩大，经济损失增加。猪附红细胞体病可继发于其他疾病，也可与一些疾病合并发生。

2. 临床症状

猪附红细胞体病因畜种和个体体况的不同，临床症状差别很大。主要引起：仔猪体质变差，贫血，肠道及呼吸道感染增加；育肥猪日增重下降，急性溶血性贫血；母猪生产性能下降等。

哺乳仔猪：5 日内发病症状明显，新生仔猪出现身体皮肤潮红，精神沉郁，哺乳减少或废绝，急性死亡，一般 7~10 日龄多发，体温升高，眼结膜、皮肤苍白或黄染，贫血症状，四肢抽搐、发抖，腹泻，粪便深黄色或黄色黏稠，有腥臭味，死亡率在 20%~90%，部分很快死亡。大部分仔猪临死前四肢抽搐或划地，有的角弓反张。部分治愈的仔猪会变成僵猪。

育肥猪：根据病程长短不同可分为三种类型，急性型病例较少见，病程 1~3 天。亚急性型病猪体温升高，达 39.5~42℃。病初精神委顿，食欲减退，颤抖转圈或不愿站立，离群卧地。出现便秘或拉稀，有时便秘和拉稀交替出现。病猪耳朵、颈下、胸前、腹下、四肢内侧等部位皮肤红紫，指压不褪色，成为"红皮猪"，是本病的特征之一。有的病猪两后肢发生麻痹，不能站立，卧地不起。部分病畜可见耳廓、尾、四肢末端坏死。有的病猪流涎，心悸，呼吸加快，咳嗽，眼结膜发炎，病程 3~7 天，或死亡或转为慢性经过。慢性型患猪体温在 39.5℃左右，主要表现贫血和黄疸。患猪尿呈黄色，大便干如栗状，表面带有黑褐色或鲜红色的血液。生长缓慢，出栏延迟。

母猪：症状分为急性和慢性两种。急性感染的症状为持续高热（体温可高达 42℃），厌食，偶有乳房和阴唇水肿，产仔后奶量少，缺乏母性。慢性感染猪呈现衰弱，黏膜苍白及黄疸，不发情或屡配不孕，如有其他疾病或营养不良，可使症状加重，甚至死亡。

图 4-9 皮肤苍白黄疸，
腿部皮肤有出血斑

剖检病变有黄疸和贫血，全身皮肤黏膜、脂肪和脏器显著黄染，常呈泛发性黄疸（图 4-9）。全身肌肉色泽变淡，血液稀薄呈水样，凝固不良。全身淋巴结肿大（图 4-10），潮红、黄染、切面外翻，有液体渗出。胸腹腔及心包积液。肝脏肿大、质脆，细胞呈脂肪变性，呈土黄色或黄棕色。胆囊肿大，含有浓稠的胶冻样胆汁。脾肿大，质软而脆。肾肿大、苍白或呈土黄色，包膜下有出血斑。膀胱黏膜有少量出血点。肺肿胀，瘀血水肿（图 4-11）。心外膜和心冠脂肪出血黄染，有少量针尖大出血点，心肌苍白松软。软脑膜充血，脑实质松软，上有针尖大的细小出血点，脑室积液。

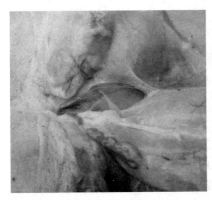

图 4-10 腹股沟淋巴结肿大

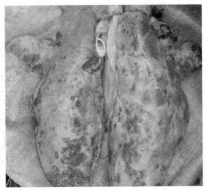

图 4-11 肺瘀血出血斑

可能是附红细胞体破坏血液中的红细胞，使红细胞变形，表面内陷溶血，使其携氧功能丧失而引起猪抵抗力下降，易并发感染其他疾病。也有人认为变形的红细胞经过脾脏时溶血，也可能导致全身免疫性溶血，使血凝系统发生改变。

（二）防治

1. 预防

（1）加强猪群的日常饲养管理　饲喂高营养的全价料，保持猪群的健康；保持猪舍良好的温度、湿度和通风；消除应激因素，特别是在本病的高发季节，应扑灭蜱、虱子、蚤、螫蝇等吸血昆虫，断绝其与动物接触。

（2）对注射针头、注射器应严格进行消毒　无论疫苗接种，还是治疗注射，应保证每猪一个针头。母猪接产时应严格消毒。

（3）加强环境卫生消毒，保持猪舍的清洁卫生　粪便及时清扫，定期消毒，定期驱虫，减少猪群的感染机会和降低猪群的感染率。

（4）药物预防　可定期在饲料中添加预防量的土霉素、四环素、强力霉素、金霉素、阿散酸，对本病有很好的预防效果。每吨饲料中添加金霉素48克或每升水中添加50毫克，连续7天，可预防大猪群发生本病；分娩前给母猪注射土霉素（11毫克/千克体重），可防止母猪发病；对1日龄仔猪注射土霉素50毫克/头，可防止仔猪发生附红细胞体病。

2. 治疗

四环素、卡那霉素、强力霉素、土霉素、黄色素、血虫净（贝尼尔）、氯苯胍、砷制剂（阿散酸）等可用于治疗本病，一般认为四环素和砷制剂效果较好。对猪附红细胞体病进行早期及时治疗可收到很好的效果。

① 新胂凡纳明（九一四），每千克体重10~15毫克，静脉滴注，同时静注维生素C、葡萄糖，连用3天。

② 土霉素，每吨饲料600~800克，治疗2~3个疗程。或按每千克体重3毫克肌内注射四环素或土霉素。

③ 发病小猪用磺胺-5-甲氧嘧啶注射液进行肌内注射，每天一次，连用3天，同时注射1次铁制剂。

④ 贝尼尔，每千克体重5~7毫克，深部肌内注射，间隔48小时再注射1次。病重猪对贝尼尔无效，发病初期效果好。

⑤ 阿散酸，每吨饲料180克，连喂1周，然后改为每吨饲料90

克，连用 1 个月。

中药可用当归、柴胡、黄芩各 20 克，赤芍 15 克，茵陈 30 克，板蓝根 50 克，龙胆草 30 克，炒三仙各 20 克，甘草 10 克。煎服，每天 1 剂，连用 5 天。便秘加大黄 30 克、芒硝 80 克。

也可用柴胡、半夏、黄芩、丹皮、茵陈、枳壳各 10 克，鱼腥草 8 克，竹叶、槟榔、常山各 6 克。水煎服，每天 1 剂，连用 5 天。

第二节　呼吸道感染性细菌病

一、猪肺疫

猪肺疫又称猪巴氏杆菌病、锁喉风，是猪的一种急性传染病，主要特征为败血症，咽喉及其周围组织急性炎性肿胀或表现为肺、胸膜的纤维蛋白渗出性炎症。本病分布很广，发病率不高，常继发于其他传染病。

（一）诊断要点
1.流行特点

大小猪均有易感性，小猪和中猪的发病率较高。病猪和健康带菌猪是传染源，病原体主要存在于病猪的肺脏病灶及各器官，存在于健康猪的呼吸道及肠管中，随分泌物及排泄物排出体外，经呼吸道、消化道及损伤的皮肤而传染。带菌猪受寒、感冒、过劳、饲养管理不当，使抵抗力降低时，可发生自体内源性传染。猪肺疫常为散发，一年四季均可发生，多继发于其他传染病之后。有时也可呈地方性流行。

2.临床症状

潜伏期 1~14 天，临床上分 3 个型。

（1）最急性型　又称锁喉风，呈现败血症症状，突然发病死亡。病程稍长的，体温升高到 41℃以上，呼吸高度困难，食欲废绝，黏膜蓝紫色，咽喉部肿胀，有热痛，重者可延至耳根及颈部，口鼻流出泡沫，呈犬坐姿势。后期耳根、颈部及下腹部皮肤变成蓝紫色，有时见出血斑点。最后窒息死亡，病程 1~2 天。

（2）急性型　主要呈现纤维素性胸膜肺炎症状，败血症症状较轻。病初体温升高，发生痉挛性干咳，呼吸困难，有鼻液和脓性眼屎。先便秘后腹泻。后期皮肤有紫斑，最后衰竭而死，病程 4~6 天。如果不死则转成慢性。

（3）慢性型　多见于流行后期，主要表现为慢性肺炎或慢性胃肠炎症状。持续性的咳嗽，呼吸困难，体温时高时低，精神不振，食欲减退，逐渐消瘦，有时关节肿胀，皮肤湿疹。最后发生腹泻。如果治疗不及时，多经 2 周以上因衰弱而死亡。

3. 病理变化

主要病变在肺脏。

图 4-12　肺充血水肿

（1）最急性型　全身浆膜、黏膜及皮下组织大量出血，咽喉部及周围组织呈出血性浆液性炎症，喉头气管内充满白色或淡黄色胶冻样分泌物。皮下组织可见大量胶冻样淡黄色的水肿液。全身淋巴结肿大，切面呈一致红色。肺充血水肿（图 4-12），可见红色肝变区（质硬如蜡样）。

各实质器官变性。

（2）急性型　败血症变化较轻，以胸腔内病变为主。肺有大小不等的肝变区，切开肝变区，有的呈暗红色，有的呈灰红色，肝变区中央常有干酪样坏死灶，胸腔积有含纤维蛋白凝块的混浊液体。胸膜附有黄白色纤维素，病程较长的，胸膜发生粘连。

（3）慢性型　高度消瘦，肺组织大部分发生肝变，并有大块坏死灶或化脓灶，有的坏死灶周围有结缔组织包裹，胸膜粘连。

（二）防治

1. 预防

预防本病的根本办法是改善饲养管理和生活条件，以消除减弱猪抵抗力的一切外界因素。同时，猪群要按免疫程序注射菌苗。死猪要深埋或烧毁。慢性病猪难以治愈,应立即淘汰。未发病的猪可用药物预防,待疫情稳定后,再用菌苗免疫1次。

2. 治疗

发现病猪及可疑病猪立即隔离治疗。效果最好的抗生素是庆大霉素,其次是氨苄青霉素、青霉素等。但巴氏杆菌易产生耐药性,因此,抗生素要交叉使用。庆大霉素1~2毫克/千克,氨苄青霉素4~11毫克/千克,均为每日2次肌内注射,直到体温下降,食欲恢复为止。另外,磺胺嘧啶1 000毫克,黄素碱400毫克,复方甘草合剂600毫克,大黄末2 000毫克,调匀为一包,体重10~25千克的猪服1~2包,25~50千克的猪服2~4包,50千克以上4~6包,每4~6小时服1次。均有一定效果。

中药可用白芍、黄芩、大青叶各9克,知母、连翘、桔梗各6克,炒牵牛子9克,炒葶苈子9克,炙枇杷叶9克。水煎加鸡蛋清两个为引,一次喂服,每日2次,连用3天。或用金银花30克,连翘24克,丹皮15克,紫草30克,射干12克,山豆根20克,黄芩9克,麦冬15克,大黄20克,元明粉15克。水煎分2次喂服,每日1剂,连用2天。

二、猪传染性萎缩性鼻炎

猪传染性萎缩性鼻炎又称慢性萎缩性鼻炎或萎缩性鼻炎,是由支气管败血波氏杆菌和产毒素多杀性巴氏杆菌引起的猪的一种慢性接触性呼吸道传染病。它以鼻炎、鼻中隔扭曲、鼻甲骨萎缩和病猪生长迟缓为特征,临诊表现为打喷嚏、鼻塞、流鼻涕、鼻出血颜面部变形或歪斜,常见于2~5月龄猪。目前已将这种疾病归类于两种表现形式:非进行性萎缩性鼻炎(NPAR)和进行性萎缩性鼻炎(PAR)。

(一)诊断要点

1. 流行特点

各种年龄的猪均易感,但以仔猪最为易感,主要是带菌母猪通过飞沫,经呼吸道传播给仔猪。不同品种的猪,易感性有差异,外种猪易感性高,而国内土种猪发病较少。本病在猪群中流行缓慢,多为散发或呈地方流行性。饲养管理不当和环境卫生较差等,常使发病率升高。本病无季节性，任何年龄的猪都可以感染，仔猪症状明显，大猪较轻，成年猪基本不表现临床症状。病猪和带菌猪是本病的主要传染源，病原体随飞沫，通过接触经呼吸道传播。

2. 临床症状

猪传染性萎缩性鼻炎早期临诊症状，多见于 6~8 周龄仔猪。表现鼻炎、打喷嚏、流涕和吸气困难。流涕为浆液、黏液脓性渗出物，个别猪因强烈喷嚏而发生鼻衄。病猪常因鼻炎刺激黏膜而表现不安，如摇头、拱地、搔抓或摩擦鼻部直至摩擦出血。发病严重猪群可见患猪两鼻孔出血不止，形成两条血线。圈栏、地面和墙壁上布满血迹。吸气时鼻孔开张，发出鼾声，严重的张口呼吸。由于鼻泪管阻塞，泪液增多，在眼内眦下皮肤上形成弯月形的湿润区，被尘土沾污后黏结成黑色痕迹，称为"泪斑"（图 4-13）。

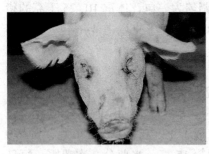
图 4-13　泪斑

继鼻炎后常出现鼻甲骨萎缩，致使鼻梁和面部变形，此为猪传染性萎缩性鼻炎特征性临诊症状。如两侧鼻甲骨病理损伤相同时，外观可见鼻短缩，此时因皮肤和皮下组织正常发育，使鼻盘正后部皮肤形成较深的皱褶；若一侧鼻甲骨萎缩严重，则使鼻弯向同一侧；鼻甲骨萎缩，额窦不能正常发育，使两眼间宽度变小和头部轮廓变形。病猪体温、精神、食欲及粪便等一般正常，但生长停滞，有的成为僵猪。

鼻甲骨萎缩与猪感染时的周龄、是否发生重复感染以及其他应激因素有非常密切的关系。如周龄越小，感染后出现鼻甲骨萎缩的可能性就越大越严重。一次感染后，若无发生新的重复或混合感染，萎缩的鼻甲骨可以再生。有的鼻炎延及筛骨板，则感染可经此而扩散至大脑，发生脑炎。此外，病猪常有肺炎发生，可能是因鼻甲骨结构和功能遭到损坏，异物或继发性细菌侵入肺部造成，也可能是主要病原（Bb 或 T+Pm）直接引发肺炎的结果。因此，鼻甲骨的萎缩促进肺炎的发生，而肺炎又反过来加重鼻甲骨萎缩，使嘴角明显向一侧歪斜

（图 4-14）。

3.病理变化

病理变化一般局限于鼻腔和
邻近组织，最特征的病理变化是
鼻腔的软骨和鼻甲骨的软化和萎
缩，特别是下鼻甲骨的下卷曲最
为常见。另外也有萎缩限于筛骨
和上鼻甲骨的。有的萎缩严重，
甚至鼻甲骨消失，而只留下小块
黏膜皱褶附在鼻腔的外侧壁上。

图 4-14 嘴角向一侧歪斜

鼻腔常有大量的黏液脓性甚至干酪性渗出物，随病程长短和继发
性感染的性质而异。急性时（早期）渗出物含有脱落的上皮碎屑。慢
性时（后期），鼻黏膜一般苍白，轻度水肿。鼻窦黏膜中度充血，有
时窦内充满黏液性分泌物。病理变化转移到筛骨时，当除去筛骨前面
的骨性障碍后，可见大量黏液或脓性渗出物的积聚。

病理解剖学诊断是目前最实用的方法。一般在鼻黏膜、鼻甲骨等
处可以发现典型的病理变化。沿两侧第一、二对前臼齿间的连线锯成
横断面，观察鼻甲骨的形状和变化。正常的鼻甲骨明显地分为上下两
个卷曲。上卷曲呈现两个完全的弯转，而下卷曲的弯转则较少，仅有
一个或 1/4 弯转，有点像钝的鱼钩，鼻中隔正直。当鼻甲骨萎缩时，
卷曲变小而钝直，甚至消失。但应注意，如果横切面锯得太前，因下
鼻甲骨卷曲的形状不同，可能导致误诊。也可以沿头部正中线纵锯，
再用剪刀把下鼻甲骨的侧连接剪断，取下鼻甲骨，从不同的水平做横
断面，依据鼻甲骨变化进行观察和比较做出诊断。这种方法较为费
时，但采集病料时不易污染。

（二）防治

1.预防

（1）加强管理 引进猪时做好检疫、隔离工作，本场发现后立
即淘汰阳性猪。同时改善环境卫生，降低饲养密度，保持猪舍清洁、
通风、干燥、卫生，定期消毒，严格建立卫生防疫制度，消除应激因
素，定期对猪舍进行消毒。

（2）**免疫接种**　支气管败血波氏杆菌和产毒素多杀巴氏杆菌二联灭活苗，后备母猪配种前免疫 2 次，间隔 21 天；没有免疫过的初产母猪，妊娠第 80 天、100 天各免疫一次；经产母猪妊娠 80 天左右免疫；种公猪每年注射 2 次；仔猪于 4 周龄及 8 周龄各免疫一次。

2. 治疗

① 青霉素，肌注，每千克体重 2 万 ~3 万单位，每日 2 次。

② 链霉素，肌注，每千克体重 10 毫克，每日 2 次。

③ 盐酸土霉素，肌注，每千克体重 5~10 毫克，每日 2 次，连用 2~3 日。长效盐酸土霉素，肌注，一次量，每千克体重 10~20 毫克，每日 1 次，连用 2~3 次。

④ 泰乐菌素，肌注，每千克体重 5~13 毫克，每日 2 次，连用 7 日。

⑤ 硫酸卡那霉素注射液，肌内注射，一次量，每千克体重 10~15 毫克，一日 2 次，连用 3~5 日。

还可用磺胺类药物等治疗。

三、猪支原体肺炎

猪气喘病又称猪支原体肺炎，又名猪地方流行性肺炎，是猪的一种慢性肺病。主要临床症状是咳嗽和气喘。本病分布很广，我国许多地区都有发生。

（一）诊断要点

1. 流行特点

大小猪均有易感性。其中哺乳仔猪及幼猪最易发病，其次是妊娠后期及哺乳母猪。成年猪多呈隐性感染。主要传染源是病猪和隐性感染猪，病原体长期存在于病猪的呼吸道及其分泌物中，随咳嗽和喘气排出体外后，通过接触经呼吸道而使易感猪感染。因此，猪舍潮湿，通风不良，猪群拥挤，最易感染发病。

本病的发生没有明显的季节性，但以冬春季节较多见。新疫区常呈暴发性流行，症状重，发病率和病死率均较高，多呈急性经过。老疫区多呈慢性经过，症状不明显，病死率很低，当气候骤变、阴湿寒冷、饲养管理和卫生条件不良时，可使病情加重，病死率增高。如有巴氏杆菌、肺炎双球菌、支气管败血波氏杆菌等继发感染，可造成较大的损失。

2.临床症状

潜伏期 10~16 天。主要症状为咳嗽和气喘。病初为短声连咳，在早晨出圈后受到冷空气的刺激，或经驱赶运动和喂料的前后最容易听到，同时流少量清鼻液，病重时流灰白色黏性或脓性鼻液。在病的中期出现气喘症状，呼吸每分钟达 60~80 次，呈明显的腹式呼吸，此时咳嗽少而低沉。体温一般正常，食欲无明显变化。后期则气喘加重，甚至张口喘气（图4-15），同时精神不振，猪体消瘦，不愿走动。这些症状可随饲养管理和生活条件的变化而减轻或加重，病程可拖延数月，病死率一般不高。

图 4-15　咳喘，张口喘气

隐性型病猪没有明显症状，有时发生轻咳，全身状况良好，生长发育几乎正常，但 X 线检查或剖检时，可见到气喘病病灶。

3.病理变化

病变局限于肺和胸腔内的淋巴结。病变由肺的心叶开始，逐渐扩展到尖叶、中间叶及膈叶的前下部。病变部与健康组织的界限明显，两侧肺叶病变分布对称，呈灰红色或灰黄色、灰白色，硬度增加，外观似肉样，俗称"胰样"或"虾肉样"变（图4-16）。切面组织致密，可从小支气管挤出灰白色、混浊、黏稠的液体，支气管淋巴结和纵膈淋巴结肿大，切面黄白色，淋巴组织呈弥漫性增生。急性病例有明显的肺气肿病变。

图 4-16　肺"虾肉样"变

（二）防治

1. 预防

应采取综合性防疫措施，以控制本病发生和流行。从外地购入种猪时，应作 1~2 次 X 线透视检查，或做血清学试验，并经隔离观察 3 个月，确认健康时，方能并入健康猪群。关过病猪的猪圈，应空圈 7 天，进行严格消毒后，才可放进健康猪。

发生本病后，应对猪群进行 X 线透视检查或血清学试验。病猪隔离治疗，就地淘汰。未发病猪可用药物预防，同时要加强消毒和防疫接种工作。

目前，有两种弱毒菌苗：一种是猪气喘病冻干兔化弱毒菌苗，攻毒保护率 79%，免疫期 8 个月；另一种是猪气喘病 168 株弱毒菌苗，攻毒保护率 84%，免疫期 6 个月。两种菌苗只适于疫场（区）使用，都必须注入肺内才能产生免疫效果，但是免疫力产生的时间缓慢，约在 60 天以后产生较强的免疫力。

2. 治疗

治疗方法很多，多数只有临床治愈，不易根除病原。而且疗效与病情轻重、猪的抵抗力、饲养管理条件、气候等因素有密切关系。

（1）盐酸土霉素　每日 30~40 毫克 / 千克体重，用灭菌蒸馏水或 0.25% 普鲁卡因或 4% 硼砂溶液稀释后肌注，每天 1 次，连用 5~7 天为一疗程。重症可延长 1 个疗程。

（2）硫酸卡那霉素　用量 20~30 毫克 / 千克体重，每天肌内注射 1 次，5 天为 1 疗程。也可气管内注射。与土霉素碱油剂交替使用，可以提高疗效。

（3）泰乐菌素　用量 10 毫克 / 千克体重，肌内注射，每天 1 次，连用 3 天为 1 疗程。

对于重病猪因呼吸困难而停食时，在使用上述药物的同时，还可配合对症治疗，如适当补液（可以皮下或腹腔注射），使用尼可刹米注射液 2~4 毫升，以缓解呼吸困难。配合良好的护理，以利于病猪的康复。

中药治疗可用葶苈子、瓜蒌、麻黄各 25 克，金银花 50 克，桑叶、白芷各 15 克，白芍、茯苓各 10 克，甘草 25 克。水煎一次喂服，每日 1 剂，连用 2~3 剂。也可用麻黄、杏仁、桂枝、芍药、五味子、干姜各 9 克，细辛 6 克，半夏 19 克，甘草 9 克。共研末，每头每日 30~45 克拌料喂服，连用 3~5 天。

四、副猪嗜血杆菌病

副猪嗜血杆菌病是由副猪嗜血杆菌引起的主要危害断奶仔猪和保育猪的一种多发性浆膜炎和关节炎性传染病，又称多发性纤维素性浆膜炎和关节炎。

（一）诊断要点

1. 流行特点

一般在早春和深秋天气变化较大的时候，2 周至 4 月龄断奶前后的仔猪和保育初期的架子猪多发生本病，5~8 周龄的猪最为多发。还可继发一些呼吸道及胃肠道疾病。发病率一般在 10%~25%，严重时可达 60%，病死率可达 50%。

本病主要通过呼吸道和消化道传播。本病常是在受到以下应激因素刺激时而发生和流行：①饲料营养失调、日粮不够、饮水少或吃霉变饲料等；②栏舍环境卫生差、猪只密度大、通风不好、氨气含量高、高温高湿或阴冷潮湿等；③断奶、转群、突然变换环境、频密调栏、不当的阉割注射和引种长途运输等；④天气突然变化等；⑤疾病诱发，特别是在猪群发生了呼吸道疾病，如猪喘气病、流感、蓝耳病、伪狂犬病和呼吸道冠状病毒感染的猪场。

2. 临床症状

副猪嗜血杆菌病可分为急性和慢性两种临床类型。急性型临床症状包括发热、食欲不振、厌食、反应迟钝、呼吸困难、关节肿胀（图 4-17）、跛行、颤抖、共济失调、眼睑肿大（图 4-18）、可视黏膜发绀、侧卧、随后可能死亡。母猪急性感染后，能够引起流产，或者母性行为弱化。

保育后期或者生长早期，猪群表现中枢神经症状，疾病通常是由 HPS 感染脑膜，引起脑膜炎所致。发病猪尖叫，一侧躺卧或表现"划水"症状，或急性死亡。慢性经过多表现胸膜炎、腹膜炎及心包炎。病变导致猪不适，疼痛，不愿移动，采食减少或者拒食。

图4-17　关节肿大，站立困难

图4-18　眼睑肿大

急性感染通常伴随发高烧。应尽早选择敏感抗生素进行肌内注射。如果治疗不及时，死亡率高。

副猪嗜血杆菌持续感染的长期影响可能比急性死亡引起的损失更大，细菌感染发生胸膜炎、腹膜炎后，食欲降低，生长缓慢，表现被毛粗糙，皮肤苍白，关节肿大甚或耳朵发绀。饲料消耗增加，上市时间延长。在炎热的夏天或者在应激条件下，心包炎容易导致急性死亡。

3. 病理变化

一般有明显胸膜炎（包括心包炎和肺炎），关节炎次之，腹膜炎和脑膜炎相对少一些。以浆液性、纤维素性渗出为炎症特征。肺可有间质水肿、粘连，肺表面和切面大理石样病变。心包积液、粗糙、增厚，心脏表面有大量纤维素渗出。胸腔积液（图4-19），肝、脾肿大，与腹腔粘连。前、后肢关节切开有胶冻样物（图4-20）。发病时

图4-19　胸腔积液

图4-20　关节腔内胶冻样物

因个体差异和病程长短不同，上述病变不一定同时全部表现出来，其中以心包炎和胸膜肺炎发生率最高。

（二）防治

1. 预防

（1）尽量避免和消除各种应激诱因　加强饲养管理与环境消毒，特别是在冬、春季节，尤其冬、春之交，在猪群断奶、转群、混群或运输前后可在饮水中加一些抗应激的药物，如维生素 C 等。对混群的一定要严格把关，对断奶后保育猪"分级饲养"。注意猪舍的清洁卫生和保暖及温差的变化，适当加强通风换气，保持猪舍小气候的舒适稳定。尤其还要做好猪瘟、伪狂犬病、蓝耳病等各种诱发和并发病的预防免疫。

（2）免疫接种　通常情况下，母猪是该病菌的携带者，在做好卫生消毒的基础上，更重要的是对种母猪进行免疫，以保护仔猪。具体程序：后备母猪配种前 6 周和 3 周各接种 1 次；对初免母猪产前 40 天和 20 天分别免疫副猪嗜血杆菌多价灭活苗；对经免母猪产前 30 天免疫 1 次即可。在仔猪 1~2 周和 3~4 周各接种 1 次。尚没有任何一种灭活苗同时对副猪嗜血杆菌的所有致病菌株产生交叉保护，可采用本场制作自家苗进行免疫，以提高免疫效果：15 日龄乳猪每头接种 1 毫升；35 日龄接种 2 毫升；母猪配种前 15 天每头颈部肌内注射 3 毫升。

2. 治疗

（1）隔离消毒　将猪舍内所有病猪隔离，淘汰无饲养价值的僵猪或严重病猪；彻底清理猪舍，用 2% 氢氧化钠水溶液喷洒猪圈地面和墙壁，2 小时后用清水冲净，再用科星复合碘等喷雾消毒，连续喷雾消毒 4~5 天。

（2）加强管理　改善猪舍通风保暖设施条件，疏散猪群，降低密度，不要混养。

（3）及时用药　对全群猪用电解质加维生素 C 粉饮水 5~7 天，以增强机体抵抗力，减少应激反应；对猪场全群投药，阿莫西林 400 克，金霉素 2 000 克／吨饲料，连喂 7 天，停 3 天，再加喂 3 天；或任选泰妙菌素（50~100）×10^{-6}、氟甲砜霉素（50~100）×10^{-6}、泰乐菌素和磺胺二甲嘧啶各 100×10^{-6} 等 1~2 种抗生素拌料饲喂。对隔离的病猪或疑似病猪，能吃食的按上述方法给药；不吃食或食欲下降的重症病猪，可改在饮水中加阿莫西林 200 克 / 吨水，并颈部肌内注射环丙沙星等药物，连用 5~7 天；或肌内注射硫酸卡那霉素，每次 20 毫克 / 千克，每晚肌注 1 次，连用 5~7 天。

五、猪传染性胸膜肺炎

猪传染性胸膜肺炎是由胸膜肺炎放线杆菌所致的一种高度接触传染性呼吸道疾病。主要发生于育肥猪，临床上急性以突然发病、肺部纤维性出血为特征，慢性以肺部局部坏死和肺炎为特征。所有年龄的猪均易感染，断奶猪与架子猪发病率最高。本病主要由空气传播和与猪接触而传播。应激因素，如拥挤、不良气候、气温突变、相对湿度增高和通风不良、猪的转栏和并群等有助于疾病的发生和传播，并影响发病率和死亡率。本病的发生具有明显的季节性，多发生于 4—5 月和 9—11 月。本病已成为规模化猪场最常见的传染病之一。

（一）诊断要点

1. 流行病学

各种年龄的猪对本病均易感，但由于初乳中母源抗体的存在，本病最常发生于育成猪和成年猪（出栏猪）。急性期死亡率很高，与毒力及环境因素有关，其发病率和死亡率还与其他疾病的存在有关，如伪狂犬病及蓝耳病。另外，转群频繁的大猪群比单独饲养的小猪群更易发病。

主要传播途径是空气、猪与猪之间的接触、污染排泄物或人员传播。猪群的转移或混养，拥挤和恶劣的气候条件（如气温突然改变、潮湿以及通风不畅）均会加速该病的传播和增加发病的危险。

2. 临床症状

人工感染猪的潜伏期为 1~7 天或更长。由于动物的年龄、免疫状态、环境因素以及病原的感染数量的差异，临诊上发病猪的病程可分为最急性型、急性型、亚急性型和慢性型。

（1）最急性型 突然发病，病猪体温升高至 41~42℃，心率增加，精神沉郁，废食，出现短期的腹泻和呕吐症状，早期病猪无明显的呼吸道症状。后期心衰，鼻、耳、眼及后躯皮肤发绀，晚期呼吸极度困难（图4-21），常呆立或呈犬坐式，张口伸舌，咳喘，并有腹式呼吸。临死前体温下降，严重者从口鼻流出泡沫血性分泌物。病猪于出现临诊症状后24~36小时内死亡。有的病例见不到任何临诊症状而突然死亡。此型的病死率高达80%~100%。

图4-21　呼吸困难

（2）急性型　病猪体温升高达40.5~41℃，严重的呼吸困难，咳嗽，心衰。皮肤发红，精神沉郁。由于饲养管理及其他应激条件的差异，病程长短不定，所以在同一猪群中可能会出现病程不同的病猪，如亚急性或慢性型。

（3）亚急性型和慢性型　多于急性期后期出现。病猪轻度发热或不发热，体温在39.5~40℃，精神不振，食欲减退。不同程度的自发性或间歇性咳嗽，呼吸异常，生长迟缓。病程几天至1周不等，或治愈或当有应激条件出现时症状加重，猪全身肌肉苍白，心跳加快而突然死亡。

4.病理变化

主要病变存在于肺和呼吸道内，肺呈紫红色，肺炎多是双侧性的，并多在肺的心叶、尖叶和膈叶出现病灶，其与正常组织界线分明。最急性死亡的病猪气管、支气管中充满泡沫状、血性黏液及黏膜渗出物，无纤维素性胸膜炎出现。发病24小时以上的病猪，肺炎区出现纤维素性物质附于表面，肺出血、间质增宽、有肝变。气管、支气管中充满泡沫状、血性黏液及黏膜渗出物，喉头充满血性液体，肺门淋巴结显著肿大。随着病程的发展，纤维素性胸膜炎蔓延至整个肺脏，使肺和胸膜粘连。常伴发心包炎，肝、脾肿大，色变暗。病程较长的慢性病例可见硬实肺炎区，病灶硬化或坏死。发病的后期，病猪的鼻、耳、眼及后躯皮肤出现发绀，呈紫斑。

（1）最急性型　病死猪剖检可见气管和支气管内充满泡沫状带

图 4-22　最急型肺肿、
胸腔积有血色液体

血的分泌物。肺充血、出血和血管内有纤维素性血栓形成。肺泡与间质水肿。最急型肺肿、充出血，病变区界限清晰，胸腔积有血色液体（图 4-22）。

（2）急性型　急性期死亡的猪可见到明显的剖检病变。喉头充满血样液体，双侧性肺炎，常在心叶、尖叶和膈叶出现病灶，病灶区呈紫红色，坚实，轮廓清晰，肺间质积留血色胶样液体。随着病程的发展，纤维素性胸膜肺炎蔓延至整个肺脏，心包炎（图 4-23）。

（3）亚急性型　肺脏可能出现大的干酪样病灶或空洞，空洞内可见坏死碎屑。如继发细菌感染，则肺炎病灶转变为脓肿，致使肺脏与胸膜发生纤维素性粘连。肺门淋巴结肿大，其他部位淋巴结也会肿大与出血（图 4-24）。

图 4-23　纤维素性胸膜肺炎和心包炎

图 4-24　肺门淋巴结肿大

（4）慢性型　肺脏上可见大小不等的结节（结节常发生于膈叶），结节周围包裹有较厚的结缔组织，结节有的在肺内部，有的突出于肺表面，并在其上有纤维素附着而与胸壁或心包粘连，或与肺之间粘连。心包内可见到出血点。

　　在发病早期可见肺脏坏死、出血，中性粒细胞浸润，巨噬细胞和血小板激活，血管内有血栓形成等组织病理学变化。肺脏大面积水肿并有纤维素性渗出物。急性期后则主要以巨噬细胞浸润、坏死灶周围有大量纤维素性渗出物及纤维素性胸膜炎为特征。

（二）防治

1. 预防

　　（1）加强饲养管理，定期消毒　冬春季节要注意保温，保持圈舍通风，尽量降低饲养密度。建立起严格的检验制度，防止隐性感染和带菌猪进入养猪场，最好为自繁自养，减少引种次数，培育健康猪群，从源头上防御疾病。引种猪必须进行隔离并进行血清血检查，确定为阴性猪才可引进。圈舍消毒频率一般为 2~3 次 / 周，消毒液要定期更换，以防效果减弱。

　　（2）接种疫苗　疫苗是控制猪胸膜肺炎放线杆菌感染的有效手段。当前，多使用的疫苗是亚单位苗和灭活苗，使用方法是注射 2 毫升 / 头，注射 1 次后，间隔 14~20 天再加强免疫 1 次，免疫期为 6 个月。但灭活苗免疫效果不理想，仅能减轻临床症状和肺部感染程度，不能刺激动物机体产生高效价抗体，也不能对其他血清型的感染提供有效的交叉保护。

2. 治疗

　　要早发现早治疗，可收到较好的效果。用中草药来预防本病可减少猪的应激反应，是广大养殖户的首选。在治疗由猪胸膜肺炎放线杆菌引起的猪传染性肺炎时，可选择体外药敏试验作为参考依据，经试验证明猪胸膜肺炎放线杆菌对氟苯尼考、环丙沙星、庆大霉素和卡那霉素等均较为敏感。可以选择 2% 氟苯尼考饮水，配合强力霉素，再加电解多维，连喂 7 天，无论从预防和治疗角度来讲，均有较好效果。用药 7 天后停药 7 天，以免产生耐药性，然后再循环使用，效果最佳。

　　中药治疗可用当归、木通、马兜铃各 20 克，冬花、桑皮、陈皮、紫菀、天冬、百合、黄芩、桔梗、赤芍、知母各 30 克，贝母 25 克，大黄 40 克，苏子 15 克，瓜蒌 50 克，生甘草 15 克。共研细末，开水冲服。根据病猪的不同体质、不同的发病时期、出现的不同症状而对方剂中的药物进行调整。病初，可加杏仁 15 克、苏叶 10 克、防风 20 克和荆芥 20 克等。中期，病猪发热时，加栀子、丹皮、杷叶；热盛气喘者，加生地、黄柏，重用桑皮、苏子、赤芍；流脓性鼻涕时，减大冬、百合，加金银花、连翘、栀子，重用桔梗、贝母、瓜蒌等；粪便干燥时，加蜂蜜 100 克；口内流涎时，加枯矾 15 克；胸内积水时，重用木通、桑皮，加滑石、车前、旋覆花、猪苓、泽泻等；对老龄体弱的病猪，应酌减寒性药物，重用百合、天冬、贝母，加秦艽和鳖甲等。后期，肺胃虚弱的病猪，减寒性药物，重用当归、百合、天冬，加苍术、厚朴、枳壳、榔片、半夏等；血气虚弱者，减寒性药物，重用当归、百合、天冬，加白术、党参、山药、五味子、白芍、熟地、秦艽、黄芪和首乌等。

第三节　消化道感染性细菌病

一、仔猪副伤寒

仔猪副伤寒又称猪沙门氏菌病，由于它主要侵害 2~4 月龄仔猪，是一种较常见的传染病。临床上分为急性和慢性两型。急性型呈败血症变化，慢性型在大肠发生弥漫性纤维素性坏死性肠炎变化，表现慢性下痢，有时发生卡他性或干酪性肺炎。

（一）诊断要点

1. 流行特点

本病主要发生于密集饲养的断奶后的仔猪，成年猪及哺乳仔猪很少发生。其传染方式有两种：一种是由于病猪及带菌猪排出的病原体污染了饲料、饮水及土壤等，健康猪吃了这些污染的食物而感染发病；另一种是病原体存在于健康猪体内，但不表现症状，当饲养管理不当，寒冷潮湿，气候突变，断乳过早，有其他传染病或寄生虫病侵袭，使猪的体质减弱，抵抗力降低时，病原体即乘机繁殖，毒力增强而致病。本病呈散发，若有恶劣因素的严重刺激，也可呈地方流行。

2. 临床症状

潜伏期 3~30 天。临床上分为急性型和慢性型。

（1）急性型（败血型） 多见于断奶后不久的仔猪。病猪体温升高（41~42℃）、食欲不振、精神沉郁、病初便秘、以后下痢，粪便恶臭，有时带血，常有腹部疼痛症状，弓背尖叫。耳部、腹部及四肢皮肤呈深红色，后期呈青紫色。最后病猪呼吸困难、体温下降、偶尔咳嗽、痉挛，一般经 4~10 天死亡。

（2）慢性型（结肠炎型） 此型最为常见，多发生于 3 月龄左右猪，临床表现与肠型猪瘟相似。体温稍高、精神不振、食欲减退、反复下痢，粪便呈灰白色、淡黄色或暗绿色，形同粥状，有恶臭，有时带血和坏死组织碎片，以后逐渐脱水消瘦，皮肤上出现弥漫性湿疹。有些病猪发生咳嗽，病程 2~3 周或更长，最后衰竭死亡。

3. 病理变化

（1）急性型 主要是败血症变化。耳及腹部皮肤有紫斑。淋巴结出现浆液性和充血出血性肿胀；心内膜、膀胱、咽喉及胃黏膜出血；脾肿大，呈橡皮样暗紫色；肝肿大，有针尖大至粟粒大灰白色坏死灶；胆囊黏膜坏死；盲肠、结肠黏膜充血、肿胀，肠壁淋巴小结肿大；肺水肿，充血。

（2）慢性型 主要病变在盲肠和大结肠。肠壁淋巴小结先肿胀隆起，以后发生坏死和溃疡，表面被覆有灰黄色或淡绿色麸皮样物质，以后许多小病灶逐渐扩大融合在一起，形成弥漫性坏死，肠壁增厚（图 4-25）。肝、脾及肠系膜淋巴结肿大（图 4-26），常见到针尖大至粟粒大的灰白色坏死灶，这是猪副伤寒的特征性病变。肺偶尔可

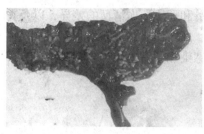

图 4-25 大肠黏膜表面有糠麸样伪膜

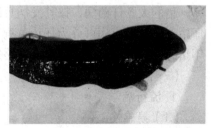

图 4-26 脾脏肿大

见卡他性或干酪样肺炎病变。

（二）防治

1. 预防

加强饲养管理，初生仔猪应争取早吃初乳。断奶分群时，不要突然改变环境，猪群尽量分小一些，在断奶前后（1月龄以上），应口服或肌内注射仔猪副伤寒弱毒冻干菌苗等预防。

发病后，将病猪隔离治疗，被污染的猪舍应彻底消毒。病愈猪多数带菌，应予以淘汰。病死的猪不能食用，以防食物中毒。未发病的猪可用药物预防，在每吨饲料中加入金霉素0.1千克，有一定的预防作用。

2. 治疗

（1）抗生素疗法　常用的是盐酸蒽诺沙星、卡那霉素等抗生素，用量按说明。

（2）磺胺类疗法　磺胺增效合剂疗效较好。磺胺甲基异噁唑20~40毫克/千克体重，加甲氧苄氨嘧啶，用量4~8毫克/千克体重，混合后分2次内服，连用1周。或用复方新诺明，用量70毫克/千克体重，首次加倍，每日内服2次，连用3~7天。

（3）大蒜疗法　将大蒜5~25克捣成蒜泥，或制成大蒜酊内服，1日3次，连服3~4天。

（4）中药治疗　在使用以上方法治疗的同时，可用黄连、木香各15克，白芍、茯苓各20克，槟榔10克，滑石25克，甘草10克。加水适量，共煎2次，混合后候温，每日分3次服用，连用3剂。

二、猪大肠杆菌病

猪的大肠杆菌病，按其发病日龄和病原菌血清型的差异，以及在仔猪群引起的疾病可分为仔猪黄痢、仔猪白痢和仔猪水肿病三种。成年猪感染后主要表现乳房炎、尿路感染和子宫内膜炎。

（一）诊断要点

1. 流行病学

（1）易感性

① 仔猪黄痢。常发生于出生后1周龄以内，以1~3日龄最常见，

随日龄增加而减少，7日龄以上很少发生，同窝仔猪发病率90%以上，死亡率很高，甚至全窝死亡。

② 仔猪白痢。多发于10~30日龄，以10~20日龄多发，1月龄以上的猪很少发生，其发病率约50%，而病死率低。一窝仔猪中发病常有先后，此愈彼发，拖延时间较长，有的猪场发病率高，有的猪场发病率低或不发病，症状也轻重不一。

③ 猪水肿病。主要见于断乳后1~2周的仔猪，以体况健壮、生长快的肥胖仔猪最易发病，育肥猪和10日龄以下的猪很少见。在某些猪群中有时散发，有时呈地方流行性，发病率一般在30%以下，但病死率很高，约90%。

（2）传染源　主要是带菌母猪。无病猪场从有病猪场引进种猪或断奶仔猪，如不注意卫生防疫工作，使猪群受感染，易引起仔猪大批发病和死亡。

（3）传播途径　主要经消化道传播。带菌母猪由粪便排出病原菌，污染母猪皮肤和乳头，仔猪吮乳或舔母猪皮肤时，被感染。

（4）流行特点　仔猪出生后，猪舍保温条件差而受寒，是新生仔猪发生黄痢的主要诱因。初产母猪和经产母猪相比，所产仔猪黄痢发病严重。高蛋白饲养及肥胖的猪容易发生水肿病，去势和转群应激也容易诱发水肿病。

2.临床症状

（1）仔猪黄痢　仔猪出生时体况正常，12小时后突然有1~2头全身衰弱，迅速消瘦、脱水，很快死亡，其他仔猪相继发生腹泻，粪便呈黄色糨糊状（图4-27），并迅速消瘦，脱水，昏迷而死亡。同窝仔猪几乎全部发病，死亡率高，母猪健康无异常。

图4-27　仔猪黄痢：黄色糨糊状稀粪

（2）仔猪白痢　病猪突然发生腹泻，排出糨糊状稀粪，灰白或黄白色（图4-28），气味腥

图 4-28　仔猪白痢：白色糨糊状稀粪

图 4-29　仔猪黄痢：肠管扩张，
血管充血

图 4-30　仔猪水肿病：眼睑水肿内
有黄色液体

臭，体温和食欲无明显改变，病猪逐渐消瘦，弓背，皮毛粗糙不洁，发育迟缓，病程 3~9 天，多数能自行康复。

（3）仔猪水肿病　突然发病，表现精神沉郁，食欲下降至废绝，心跳加快，呼吸浅表，病猪四肢无力，共济失调，静卧时肌肉震颤，不时抽搐，四肢划动如游泳状，触摸敏感，发出呻吟或鸣叫，后期麻痹而死亡。体温不升高，部分猪表现出特征症状，眼睑和脸部水肿，有时波及颈部、腹部皮下，而有些猪体表没有水肿变化。病程 1~2 天，个别达 7 天以上，病死率 90%。

3. 病理变化

（1）仔猪黄痢　最急性剖检无明显病变，有的表现为败血症。一般可见尸体脱水严重，肠道膨胀，有多量黄色液体内容物和气体（图 4-29），肠黏膜呈急性卡他性炎症变化，以十二指肠最严重，空肠、回肠次之，肝、肾有时有小的坏死灶。

（2）仔猪白痢　剖检尸体外表苍白消瘦，肠黏膜有卡他性炎症变化，有多量黏液性分泌液，胃食滞。

（3）仔猪水肿病　最明显的是胃大弯部黏膜下组织高度水

肿，其他部位如眼睑（图4-30）、脸部、肠系膜及肠系膜淋巴结、胆囊、喉头、脑及其他组织也可见水肿。水肿范围大小不一，有时还可见全身性瘀血。

（二）防制

1. 预防

（1）落实免疫接种工作　在母猪产前的40天与15天接种K99、K88两类大肠杆菌，在产前的25天要注射适量流行性的腹泻二联苗与传染性的胃肠炎疫苗，通过免疫保护仔猪，在仔猪30日龄与70日龄，需要注射猪副伤寒的疫苗。

（2）做好产前产后母猪饲养管理　在母猪产前产后两天要适当地限食，母猪要喂养全价的饲料，而蛋白质的水平不宜过高。同时还要保证饲料相对的稳定性，不能喂糟渣饲料与发霉饲料，适当加喂一些青饲料。此外，应强化饲养管理，确保母猪产房清洁性，重视消毒，可以使用0.1%的高锰酸钾对母猪乳房与乳头进行擦拭，确保母乳喂养的安全性。

（3）确保仔猪能够吃好　由于初乳中维生素、蛋白质与脂肪等营养的成分含量比较高，属于仔猪出生后全价天然的食品，并且生长因子与免疫球蛋白含量比较多，有强化免疫力、缓泻与促进消化等作用。此外，在仔猪出生以后，需要仔猪食用初乳，如果仔猪数量比较大或者是体弱，需要在相关人员的协助下喂初乳，加强仔猪免疫力。

（4）强化仔猪的消化器官锻炼　理论上，由于初生仔猪的消化系统尚不发达，且机能不够完善，初生仔猪3周龄前母乳尚可满足仔猪营养的需要，不需要喂食饲料。但是，为了满足乳猪快速生长的需要，需要饲养人员对仔猪提前进行开食训练，从7日龄开始，以炒熟的混合料进行诱食，保证在3周龄前能正式进行补饲。

（5）强化断奶仔猪的饲养管理　在仔猪断奶以后，失去母仔共居温暖的环境，且营养来源逐渐从母乳、母乳＋饲料，变成独立摄食全部饲料，因为肠胃功能有一个适应的过程，所以在仔猪断奶以后，需要留在原圈进行饲养，在1周以内再喂哺乳期饲料，喂养方式一致。

2. 治疗

（1）仔猪黄痢　丁胺卡那霉素注射液 20 万单位，一次肌内注射或灌服，每日 2 次，连用 3 天；磺胺嘧啶 20 毫克 / 千克体重，三甲氧苄氨嘧啶 6 毫克 / 千克体重，活性炭 1 克 / 头，混匀，一次喂服，每日 2 次；土霉素 0.2 克，口服，每日 3 次，连用 3 天；0.5% 恩诺沙星液 2 毫升，口服，每日 1 次，连用 3 天。应用上述药物的同时，可补充口服补液盐。

中药可用黄连 5 克，黄柏、黄芩、金银花、诃子、乌梅、草豆蔻各 20 克，泽泻、茯苓、神曲各 15 克，山楂 10 克，甘草 5 克。共研细末，分 2 次喂给母猪，早晚各 1 次，连用 2 天。

（2）仔猪白痢　硫酸庆大小诺霉素注射液 24 万单位，5% 维生素 B_1 注射液 2 毫升，肌内注射，每日 2 次，连用 3 天；黄连素片 2 克，矽炭银 2 克，一次喂服，每日 2 次，连用 3 天。

也可用磺胺脒 0.5 克，苏打 0.5 克，乳酸钙 0.5 克，加淀粉和水适量，调匀，一次口服；土霉素 0.2 克，口服，每日 3 次，连用 3 天；0.2% 亚硒酸钠溶液，体重 2.5 千克以下的乳猪 1 毫升，2.5~5 千克乳猪 1.5 毫升，7.5 千克以上的乳猪 2 毫升，肌内注射，对缺硒地区发病仔猪有较好疗效。

中药白头翁、黄连、生地、黄柏各 50 克，青皮、地榆炭、青木香、山楂、当归各 25 克，赤芍 20 克，加水适量，煎熬 2 次，混合后候温，可供 10 头病猪喂服。每日 1 剂，连用 2~3 天。

（3）仔猪水肿病　20% 葡萄糖注射液 20 毫升，硫酸卡那霉素注射液 30 万单位，地塞米松磷酸钠注射液 1 毫克，10% 维生素 C 注射液 10 毫升，一次静脉注射，每天 1 次，连用 1~2 次；安钠咖注射液 1~2 毫升，一次皮下注射，视情况可第 2 日再注射 1 次；呋喃苯胺酸注射液 1~2 毫升，一次肌内注射，可于第 2 日酌情再注射 1 次；大蒜泥 10 克，分 2 次喂服，每日 2 次，连用 3 天。

也可用抗血清 5~10 毫升，硫酸庆大霉素 8 万 ~16 万单位，一次肌内注射，视情况可于第 2 日再注射 1 次；20% 磺胺嘧啶钠注射液 20~40 毫升，维生素 B_1 注射液 2~4 毫升，20% 葡萄糖注射液 40~60 毫升，一次静脉或腹腔注射，每日 1 次，连用 2~3 天；10% 葡萄糖酸钙注射液 5~10 毫升，40% 乌洛托品注射液 10 毫升，一次静脉注射，每日 1 次，连用 2~3 天。

中药白术 9 克，木通 6 克，茯苓 9 克，陈皮 6 克，石斛 6 克，冬瓜皮 9 克，猪苓 6 克，泽泻 6 克。水煎，分 2 次喂服，每日 1 剂，连用 2 天。

三、仔猪红痢

仔猪红痢又叫猪梭菌性肠炎、仔猪传染性坏死性肠炎、仔猪肠毒血症。主要发生于 1 周龄以内的新生仔猪，以泻出红色带血的稀粪为特征。本病发生快，病程短，病死率高，损失较大。世界上许多国家和地区都有本病的报道，我国各地都有发生，个别猪场危害较重。

（一）诊断要点

1. 流行特点

本病多发生于 1~3 日龄的新生仔猪，4~7 日龄的仔猪即使发病，症状也较轻微。1 周龄以上的仔猪很少发病。本病一旦侵入种猪场后，如果扑灭措施不力，可顽固地在猪场内扎根，不断流行，使一部分母猪所产的全部仔猪发病死亡。在同一猪群内，各窝仔猪的发病率高低不等。

2. 临床症状

（1）最急性型　常发生在新疫区，新生仔猪突然排出血便，后躯沾满血样稀粪，病猪精神沉郁，行走摇晃，很快呈现濒死状态，少数病猪未见血痢，却已昏迷倒地，在出生的当天或次日死亡。

（2）急性型　病程在 1 天以上，病猪排出含有灰色坏死组织碎片的红褐色液状粪便，迅速消瘦和虚弱，一般在 2~3 天内死亡。

（3）亚急性或慢性型　主要见于 1 周龄左右的仔猪，病猪呈现持续的非出血性腹泻，粪便呈黄灰色糊状，内含有坏死组织碎片，病猪极度消瘦、脱水而死亡，或因无饲养价值被淘汰。

3. 病理变化

本病的特征性病理变化主要在空肠，外表呈暗红色，肠腔内充满含血的液体，肠系膜淋巴结呈鲜红色，空肠病变部分的绒毛坏死。有时病变可扩展到回肠，但十二指肠一般不受损害。

（二）防治

1. 预防

（1）**免疫母猪**　在常发本病的猪场，给生产母猪接种 C 型魏氏梭菌类毒素，使母猪产生免疫力，并从初乳中排出母源抗体，这样仔猪在易感期内可获得被动免疫。其免疫程序是在母猪分娩前 30 天进行首免，于产前 15 天作二免。以后在每次产前 15 天加强免疫 1 次。

（2）**药物预防**　在本病常发地区，对母猪于产前注射长效特米先或饲料中加抗厌氧菌药物，对新生仔猪于接产的同时，口服抗厌氧菌药物（可将药物稀释于婴儿用的带嘴奶瓶内让仔猪吮吸），如喹诺酮类药物，连服 3 天。

（3）**卫生消毒**　产仔房和笼舍应彻底清洗消毒，母猪在分娩时，应用消毒药液（TH4，拜洁等）擦洗母猪乳房，并挤出乳头内的少许乳汁（以防污染）后才能让仔猪吃奶。

2. 治疗

由于本病发生急，死亡快，几乎来不及治疗就已死亡，因此药物治疗的意义不大。但若有抗猪梭菌性肠炎高免血清，及时进行治疗或作紧急预防，可获得满意的效果。

四、猪痢疾

猪痢疾是由密螺旋体引起的猪的一种肠道传染病，临床表现为黏液性或黏液出血性下痢，主要病变为大肠黏膜发生卡他性出血性炎症，进而发展为纤维素性坏死性肠炎。

本病自 1921 年美国首先报道以来，目前已遍及世界各主要养猪国家。近年来，我国一些地区种猪场已证实有本病的流行。本病一旦侵入猪场，则不易根除，幼猪的发病率和病死率较高，生长率下降，饲料利用率降低，加上药物治疗的耗费，给养猪业带来一定的经济损失。

（一）诊断要点

1. 流行特点

在自然情况下，只有猪发病，各种年龄、品种的猪都可感染，但主要侵害的是 2~3 月龄的仔猪；小猪的发病率和死亡率都比大猪高；病猪及带菌者是主要的传染来源，康复猪还能带菌 2 个多月，这些猪通过粪便排出病原体，污染周围环境、饲料、饮水和用具，经消化道传播。此外，鼠类、鸟类和蝇类等经口感染后均可从粪便中排菌，也不能忽视这些传播媒介。

本病的发生无明显季节性；由于带菌猪的存在，经常通过猪群调动和买卖猪只将病散开。带菌猪，在正常的饲养管理条件下常不发病，当有降低猪体抵抗力的不利因素、饲养不足、缺乏维生素和应激因素时，便可促进引起发病。本病一旦传入猪群，很难根除，用药可暂时好转，停药后往往又会复发。

2.临床症状

急性型病例较为常见。病初体温升高至 40℃以上，精神沉郁，食欲减退，排出黄色或灰色的稀粪，持续腹泻，不久粪便中混有黏液、血液及纤维碎片，呈棕色、红色或黑红色。病猪弓背吊腹，脱水消瘦，共济失调，虚弱而死，或转为慢性型，病程 1~2 周。

慢性型病例突出的症状是腹泻，但表现时轻时重，甚至粪便呈黑色。生长发育受阻，病程 2 周以上。保育猪感染后则成为僵猪；哺乳仔猪通常不发病，或仅有卡他性肠炎症状，并无出血；成年猪感染后病情轻微。

3.病理变化

本病的主要病变在大肠（结肠和盲肠），回盲瓣分界明显。病变肠段肿胀，黏膜充血和出血，肠腔充满黏液和血液。病程稍长者，出现坏死性炎症，但坏死仅限于黏膜表面，不像猪瘟、猪副伤寒那样深层坏死。组织学检查，在肠腔表面和腺窝内可见到数量不一的猪痢疾密螺旋体，但以急性期较多，有时密集呈网状。

（二）防制

1.预防

对无本病的猪场，禁止从疫区引进种猪，必须引进时至少要隔离检疫 30 天。平时应搞好饲养管理和清洁卫生工作，实行全进全出的育肥制度。一旦发现 1~2 例可疑病情，应立即淘汰，并彻底消毒。

坚持药物、管理和卫生相结合的净化措施，可收到较好的净化效果。有本病的猪场，可采用药物净化办法来控制和消灭此病。可使用的药物种类很多，一般抗菌药物都行。

2. 治疗

病猪及时治疗，药物治疗常有一定效果，如痢菌净 5 毫克 / 千克体重，内服，每天 2 次，连服 3 天为一疗程，或按 0.5% 痢菌净溶液 0.5 毫升 / 千克体重，肌内注射；硫酸新霉素、四环素类抗生素等多种抗菌药物都有一定疗效。

在使用西药治疗的同时，可同时使用黄柏 15 克，黄连 10 克，黄芩 10 克，白头翁 20 克。加水适量，煎熬 2 次，混合后候温一次灌服。连用 3 天。

需要指出的是，该病治后易复发，须坚持疗程和改善饲养管理相结合，方能收到好的效果。

第四节　其他细菌病

一、仔猪渗出性皮炎

渗出性皮炎是以葡萄球菌感染为主的一种破坏哺乳仔猪、断奶仔猪真皮层的疾病。本病无季节差异性，也叫油皮病，常常发生在 5~30 日龄较小的猪群中。卫生消毒不完善、饲养管理较差的猪场极易诱发本病，疾病发生后，猪群的生长速度几乎停滞并且常常继发绿脓杆菌、链球菌等疾病，给猪群的治疗大大提高了难度。

（一）诊断要点

1. 临床症状

病猪初期体表发红，随后一段时间开始分泌出油脂样黏液，呈现黄脂色或棕红色，尤其以腋下、肋部、脸颊较为严重，3~5 天后蔓延到全身的各个部位。患猪背毛粗乱、精神沉郁、堆压在一起，发病严重或者继发某些其他疾病的仔猪，表现脱水、败血症，常常在短时间内死去，轻度感染的仔猪，皮肤分泌物与空气的粉尘和表皮脱落的坏死组织形成了黑色的结痂，覆盖在患猪的口、鼻梁、脸颊、腋下、后背、四肢等全身各个部位。个别猪只出现四肢关节肿大、跛行、中枢神经系统症状、空嚼、磨牙、口吐白沫、角弓反张等症状。

2. 病理变化

尸体消瘦、脱水、外周淋巴结水肿，有的病猪出现心包炎、胸膜炎和腹膜炎，肝脏土黄色，质地易碎，肠道空虚，脾脏和肾脏轻微肿大，个别猪只出现化脓性肾炎的病理变化，关节液混浊，带有纤维素性渗出物。

（二）防治

1. 预防

① 建立完善的管理体系，对猪群的驱虫做详细记录，种猪每年驱虫3次，每4个月1次，商品猪在保育阶段驱虫一次，可以使用伊维菌素每吨饲料添加500克，连续投喂7天。不但可以驱除体内外部分寄生虫，还可以间接提高猪群免疫力。

② 搞好母猪全程的卫生工作，尤其以产房阶段尤为主要，清水洗澡、常规消毒是不可缺少的工作，使母猪干干净净进入产仔舍，不但可以有效预防疾病的传播，还可以降低母猪子宫炎、乳房炎的发生率。

③ 临产母猪用0.1%高锰酸钾擦洗外阴部及乳房，仔猪出生后断牙、断尾的工具一定要用消毒水浸泡，牙、尾、脐带部位可以涂抹密斯陀帮助仔猪加速干燥以及杀菌。保健使用的针头必须做到每头猪一个针头的制度。

④ 仔猪在转群过程中，为了避免互相撕咬而造成疾病的感染和传播，建议在猪舍内添加适当玩物，对仔猪有一定分神作用，从而达到预防某些疾病的目的。

⑤ 进行有效消毒。

2. 治疗

由于体表葡萄球菌容易耐药，所以要轮换使用抗生素，最好做药敏试验。本次对发病猪群使用阿莫西林、恩诺沙星投水饮用，同时配合磺胺类药物、维生素C注射治疗，脱水猪只给予口服补液盐。体表使用0.1%的高锰酸钾清洗，每天1~2次。环境使用常规消毒药物戊二醛按 1:（500~800）的浓度稀释，每 2 天消毒一次。

二、破伤风

破伤风是由破伤风梭菌引起人、畜的一种经创伤感染的急性、中毒性传染病，又名强直症、锁口风。本病的特征是病猪全身骨骼肌或某些肌群呈现持续的强直性痉挛和对外界刺激的兴奋性增高。本病分布于世界各地，我国各地呈零星散发。猪只发病主要是阉割时消毒不严或不消毒引起的。病死率很高，造成一定的损失。

（一）诊断要点

1. 流行病学

本菌广泛存在于自然界，人和动物的粪便中有本菌存在，施肥的土壤、尘土、腐烂淤泥等处也存有本菌。各种家养的动物和人均有易感性。实验动物中，豚鼠、小鼠易感，家兔有抵抗力。在自然情况下，感染途径主要是通过各种创伤感染，如猪的去势、手术、断尾、断脐带、口腔伤口、分娩创伤等，我国猪破伤风以去势创伤感染最为常见。

必须说明，并非一切创伤都可以引起发病，而是必须具备一定条件。由于破伤风梭菌是一种严格的厌氧菌，所以，伤口狭小而深、伤口内发生坏死，或伤口被泥土、粪污、痂皮封盖，或创伤内组织损伤严重、出血、有异物，或与需氧菌混合感染等情况时，才是本菌最适合的生长繁殖场所。临诊上多数见不到伤口，可能是潜伏期创伤已愈合，或是由子宫、胃肠道黏膜损伤感染。本病无季节性，通常是零星发生。一般来说，幼龄猪比成年猪发病多，仔猪常因阉割引起。

2. 临床症状

潜伏期最短的 1 天，最长的可达数月，一般是 1~2 周。潜伏期长短与动物种类、创伤部位有关，如创伤距头部较近，组织创伤口深而小，创伤深部损伤严重，发生坏死或创口被粪土、痂皮覆盖等，潜伏期缩短，反之则长。一般来说，幼畜感染的潜伏期较短，如脐带感染。猪常发生本病，头部肌肉痉挛，牙关紧闭，口流液体，常有"吱吱"的尖细叫声，眼神发直，瞬膜外露，两耳直立，腹部向上蜷缩，尾不摇动，僵直，腰背弓起，触摸时坚实如木板，四肢强硬，行走僵直，难于行走和站立。轻微刺激（光、声响、触摸）可使病猪兴奋增强，痉挛加重。重者发生全身肌肉痉挛和角弓反张。死亡率高。

（二）防治

1.预防

防止和减少伤口感染是预防本病十分重要的办法。在猪只饲养过程中，要注意管理，消除可能引起创伤的因素；在去势、断脐带、断尾、接产及外科手术时，工作人员应遵守各项操作规程，注意术部和器械的消毒。对猪进行剖腹手术时，还要注意无菌操作。在饲养过程中，如果发现猪只有伤口时，应及时进行处治。我国猪只发生破伤风，大多数是因民间的阉割方法，常不进行消毒或消毒不严引起的，特别是在公猪去势时，忽视消毒工作而多发。

此外，对猪进行外科手术、接产或阉割时，可同时注射破伤风抗血清 3 000~5 000 单位预防，会收到好的预防效果。

2.治疗

（1）及时发现伤口和处理伤口　这是特别重要的环节之一。彻底清除伤口处的痂盖、脓汁、异物和坏死组织，然后用3%过氧化氢或1%高锰酸钾或5%~10%碘酊冲洗、消毒，必要时可进行扩创。冲洗消毒后，撒入碘仿硼酸合剂。也可用青霉素20万单位，在伤口周围注射。全身治疗用青霉素或青霉素、链霉素肌内注射，早晚各1次，连用3天。以消除破伤风梭菌继续繁殖和产生毒素。

（2）中和毒素　早期及时用破伤风抗血清治疗，常可收到较好疗效。根据猪只体重大小，用10万~20万单位，分2~3次，静脉、皮下或肌内注射，每天1次。

（3）对症疗法　如果病猪强烈兴奋和痉挛时，可用有镇静解痉作用的氯丙嗪肌内注射，用量100~150毫克；或用25%硫酸镁溶液50~100毫升，肌内或静脉注射；用1%普鲁卡因溶液或加0.1%肾上腺素注射于咬肌或腰背部肌肉，以缓解肌肉僵硬和痉挛。为维持病猪体况，可根据病猪具体病情注射葡萄糖盐水、维生素制剂、强心剂和防止酸中毒的5%碳酸氢钠溶液等多种综合对症疗法。

（4）中药　全蝎、蜈蚣各5克，蝉蜕10个，麻黄50克，桂枝 5 克，当归 50 克，细辛 2.5 克，葱 2 支，姜 10 克。水煎分 2 次喂服，隔日 1 剂，连用 2~3 剂。或用天麻 35 克，炮南星 30 克，防风 30 克，荆芥穗 40 克，葱白 1 支。水煎喂服，每日 1 剂，连用 3~4 剂。

猪常见寄生虫病的防制

第一节　原虫病

一、猪弓形体病

弓形虫病是一种世界性分布的人、畜共患的血液原虫病，在人、畜及野生动物中广泛传播，有时感染率很高。猪暴发弓形虫病时，常可引起整个猪场发病，仔猪死亡率可高达80%以上。因此，目前猪弓形虫病在世界各地已成为重要的猪病之一而受到重视。

（一）诊断要点

1.流行特点

本病自20世纪60年代传入我国，经50多年，其流行特点不断发生变化，由以往的暴发性流行到近年来以隐性感染和散发为主。当然也有局部的小范围流行，但已很少见。①暴发性是突然发生，症状明显而重，传播迅速，病死率高。②急性型是同舍各圈猪相继发病，一次可病10~20头。③零星散发是某圈发病1~2头，过几天另圈又发1~2头，在2~3周内零星散发，可持续一个多月后逐渐平息。④隐性型，即临床不显症状。目前大多数猪场已转入此型。

2.临床症状

据报道，在我国各地发生的弓形虫病，其症状基本相同；而自然和人工感染的症状也基本相同。本病的潜伏期为3~7天，病程多10~15天。

① 呼吸困难，呈腹式呼吸，育肥猪有咳嗽、流鼻液，乳猪偶有咳嗽和流鼻液。

② 耳尖、阴户、包皮尖端、腹底的皮肤上出现出血性紫斑。乳猪明显，往往有从耳尖向耳根推进或减退的情况，作为疾病轻重的标志。育肥猪偶尔有此现象。

③ 体温 40.5~42℃以上，呈稽留热型。

④ 乳猪可出现神经症状，如转圈、共济失调等。

⑤ 伏卧难起，迫起后步态不稳，个别关节肿大。

⑥ 腹股沟淋巴结肿大明显。

⑦ 少吃或不食，精神沉郁。

⑧ 育肥猪和后备母猪大便可呈煤焦油状血痢或呈无血的腹泻。

⑨ 怀孕母猪可引起流产、死胎、畸形胎、弱仔，弱仔产下数天内死亡，母猪流产后很快自愈，一般不留后遗症。

3. 剖检变化

① 仔猪发病后 2~3 天，生长育肥猪发病 5~7 天，其体表毛根处有出血性紫红色斑点。

② 腹股沟、肠系膜淋巴结肿大，外观呈淡红色，切面呈酱红色花斑状。

③ 肝大小正常或稍肿大，质地较硬实，表面散在灰红色和灰白色坏死灶（图 5-1），切面有芝麻至黄豆大小的灰白色和灰黄色斑点。

④ 脾肿大明显，边缘有出血性梗死。

⑤ 肾外膜有少数出血点，表面有灰白色坏死小点及出血小点

图 5-1　肝脏有坏死灶　　　　　图 5-2　肾脏有坏死灶

（图 5-2）。

⑥ 肺间质增宽，小叶明显，切面流出多量带泡沫的液体，有的可夹有血液。肺表面颜色呈暗红色，有的苍白，有的布满灰白色粟粒大坏死灶。

⑦ 心耳和心外膜有的有出血小点。

⑧ 胸、腹腔液增多，呈透明黄色。

（二）防制

1. 预防

已知弓形虫病是由于摄入猫粪便中的卵囊而遭受感染的，因此，猪舍内应严禁养猫并防止猫进入圈舍；严防饮水及饲料被猫粪直接或间接污染。控制或消灭鼠类。大部分消毒药对卵囊无效，但可用蒸汽或加热等方法杀灭卵囊。

2. 治疗

对于急性病例主要采用磺胺类药物治疗。磺胺药与三甲氧苄氨嘧啶（TMP）或乙胺嘧啶合用有协同作用。常用的磺胺药有下列几种。

① 磺胺嘧啶　每千克体重 70 毫克内服，或用增效磺胺嘧啶钠注射液，每千克体重 20 毫克肌注，每日 1~2 次，连用 2~3 天。

② 磺胺对甲氧嘧啶　每千克体重 20 毫克肌注，每日 1~2 次，连用 2~3 天。

③ 磺胺间甲氧嘧啶　每千克体重 50~100 毫克内服，连用 3~5 天；或用磺胺间甲氧嘧啶注射液，每千克体重 50 毫克，每日 1~2 次，连用 2~3 天。

应当特别注意在发病初期及时用药，如用药较晚，虽可使患猪的临诊症状消失，但不能抑制虫体进入组织形成包囊，结果使病畜成为带虫者。

④ 中药可选槟榔 7 克，常山 10 克，桔梗 6 克，柴胡 6 克，麻黄 6 克。水煎服，每天 1 剂，连用 5 天。

或用鲜鱼腥草 500 克，鲜韭菜 1 000 克，绿豆 500 克，大米 500 克。先将绿豆、大米用水浸泡，与鲜鱼腥草、韭菜捣烂，加食盐、葡萄糖各 200 克，水 3 000 毫升冲服（10 头仔猪用量）。

也可用蟾蜍 3 只，苦参、大青叶、连翘各 20 克，蒲公英 40 克，金银花 40 克，甘草 15 克。水煎服，每天 1 剂，连用 5 天。常山 20 克，槟榔 12 克，柴胡 8 克，桔梗 8 克，麻黄（后下）8 克，甘草 8 克，水煎服，每天 1 剂，连用 4 天。

二、猪球虫病

球虫寄生于猪肠道的上皮细胞内引起的寄生虫病。猪等孢球虫是其中一个重要的致病种，引起仔猪下痢和增重降低。成年猪常为隐性感染或带虫者。

（一）诊断要点

1. 流行特点

各品种的猪都有易感性，哺乳仔猪发病率高，容易继发其他疾病，死亡率高，成年猪多为带虫感染。

感染性卵囊（孢子化卵囊）被猪吞食后，孢子在消化道释出，侵入肠上皮细胞，经裂殖生殖和配子生殖后，形成新的卵囊，脱离肠上皮细胞，随猪粪便排出体外，在外界经孢子生殖阶段，发育为感染性卵囊。饲料、垫草和母猪乳房被粪便污染时常引起仔猪感染。饲料的突然变换、营养缺乏、饲料单一及患某种传染病时，机体抵抗力降低，容易诱发本病。

潮湿有利于球虫的发育和生存，故多发于潮湿多雨的季节，特别是在潮湿、多沼泽的牧场最易发病，冬季舍饲期也可能发生。

潜伏期 2~3 周，有时达 1 个月。

2. 临床诊断

猪等孢球虫的感染以水样或脂样的腹泻为特征，多发生于 7~10 日龄哺乳仔猪，有报道说猪等孢球虫引起了 5~6 周龄断奶仔猪的腹泻，腹泻出现在断奶后 4~7 天时，发病率很高（80%~90%），但死亡率都极低。开始时粪便松软或呈糊状，随着病情加重粪便呈水样。仔猪身上粘满液状粪便，使其看起来很潮湿，并且会发出腐败乳汁样的酸臭味。病猪表现衰弱、脱水，发育迟缓，时有死亡。不同窝的仔猪症状的严重程度往往不同，即使同窝仔猪不同个体受影响的程度也不尽相同。组织学检查，病灶局限在空肠和回肠，以绒毛萎缩与变钝、局灶性溃疡、纤维素坏死性肠炎为特征，并在上皮细胞内见有发育阶段的虫体。

艾美耳属球虫通常很少有临床表现，但可发现于 1~3 月龄腹泻的仔猪。该病可在弱猪中持续 7~10 天。主要症状有食欲不振，腹泻，有时下痢与便秘交替。一般能自行耐过，逐渐恢复。

3.粪便检查

猪球虫卵囊的粪便检查方法很多，以饱和盐水（比重 =1.20 克 / 毫升）漂浮法较多用，但仅从粪检中查获卵囊或进行粪便卵囊计数是不够的，必须辅以剖检，在小肠上皮细胞中查见艾美耳球虫或等孢球虫的内生性阶段虫体及相应的病理变化才可进行确诊。

本病的剖检特征是中后段空肠有卡他性或局灶性、伪膜性炎症，空肠和回肠黏膜表面有斑点状出血和纤维素性坏死斑块，肠系膜淋巴结水肿性增大。显微镜下观察可见肠绒毛的萎缩、融合，肠隐窝增生、滤泡增生和坏死性肠炎，肠上皮细胞灶性坏死，在绒毛顶端有纤维素性坏死物，并可在上皮细胞内见到大量成熟的裂殖体、裂殖子等内生性阶段虫体。对于最急性感染，诊断必须依据小肠涂片和组织切片发现发育阶段虫体，因为猪可能死在卵囊形成之前。组织学检查，病灶局限在空肠和回肠，以绒毛萎缩与变钝、局灶性溃疡、纤维素坏死性肠炎为特征，并在上皮细胞内见有发育阶段的虫体。

（二）防制

1.预防

预防基于控制幼龄动物食入孢子化卵囊的数量，使建立的感染能产生免疫力而又不致引起临床症状。好的饲养方法和管理措施（包括卫生条件）有助于实现这一目标。

要将产房彻底清除干净，用 50% 以上的漂白粉或氨水复合物消毒几小时或过夜和熏蒸；要尽量减少人员进入产房，以免由鞋子或衣服携带卵囊在产房中传播；要防止宠物进入产房，以免其爪子携带卵囊在产房中传播。

新生仔猪应喂给初乳，年轻的易感猪应保持在清洁而干燥的场地，饲槽和饮水器应保持干净，防止粪便污染，尽量减少断奶、突然改变饲料和运输产生的应激因素。

在采取各种管理措施的情况下，动物还有可能发生球虫病时，就应使用抗球虫药进行预防。磺胺类药物和氨丙啉对猪球虫有效。在母猪产前 2 周和整个哺乳期，往饲料内添加 250 毫克 / 千克的氨丙啉，对等孢球虫病可达到良好的预防效果。

2. 治疗

将药物添加在饲料中预防哺乳仔猪球虫病，效果不理想；把药物加入饮水中或将药物混于铁剂中可能有比较好的效果；个别给药可获得治疗本病的最佳效果。

① 磺胺类（磺胺二甲基嘧啶、磺胺间甲氧嘧啶、磺胺间二甲氧嘧啶等）连用 7~10 天。

② 抗硫胺素类（氨丙啉、复方氨丙啉、强效氨丙啉、特强氨丙啉、SQ 氨丙啉）剂量为 20 毫克 / 千克体重，口服。

③ 均三嗪类（杀球灵、百球清）。3~6 周龄的仔猪口服，剂量为 20~30 毫克 / 千克体重。

④ 莫能霉素，每 1 000 千克饲料加 60~100 克。

⑤ 拉沙霉素，每 1 000 千克饲料加 150 毫克，喂 4 周。

⑥ 病奶猪可用 2 毫升 9.6% 氨丙啉口服，每天 1 次，一般第 2 天停止腹泻。

⑦ 用氯苯胍治疗猪艾美耳球虫，剂量为 20 毫克 / 千克体重，混于饲料喂给，服药后第 4 天停止排出卵囊，病猪拉稀停止。

⑧ 据报道，5% 的三嗪酮悬液对仔猪球虫病有较好的防治效果。按 20 毫克 / 千克体重（相当于 0.4 毫升 / 千克）或 1 毫升 / 头仔猪剂量，于 3~5 日龄，一次口服，可完全预防球虫病的发生。该药安全性好，5 倍剂量仔猪也能完全耐受，且与补铁剂（口服或非肠道给药）、恩诺沙星、庆大霉素、增效磺胺等无任何相互干扰，也不影响仔猪免疫力的产生，在生产中已得到广泛应用。

中药旱莲草、地锦草、鸭跖草、败酱草、翻白草各等份，混合。每头猪 50 克煎服。每天 1 剂，连用 4 天。效果也好。

三、猪结肠小袋纤毛虫病

猪结肠小袋虫病是由纤毛虫纲毛口目小袋虫科的结肠小袋虫寄生于猪的大肠引起的一种常在性的寄生虫，可感染任何年龄的猪。结肠小袋虫除感染猪外，还可感染人、大鼠、小鼠、豚鼠、狗及灵长类动物，是一种人兽共患寄生虫病。只有在猪体内环境发生改变时才会引起暴发。如不及时控制，可引起大量的死亡，造成严重的经济损失。

（一）诊断要点

1.流行病学

结肠小袋纤毛虫是猪体内的常见寄生虫，猪是本病的重要传染源。我国许多省、自治区都发现本虫，在西南、中南和华南地区，猪的感染较普遍。一般认为人体的大肠环境对结肠小袋纤毛虫不甚适合，因此人体的感染较少见。

2.临床症状

有下列 3 种类型。

（1）潜在型　感染猪无症状，但成为带虫传播者，主要发现在成年猪。

（2）急性型　多发生在幼猪，特别是断奶后的保育小猪。主要表现为水样腹泻（图 5-3），混有血液。粪便中有滋养体和包囊两种虫体存在。病猪表现为食欲不振，渴欲增加，喜欢饮水，消瘦，粪稀如水、带有组织碎片、恶臭。被毛粗乱无光，严重者 1~3 周死亡。

图 5-3　感染猪结肠小袋纤毛虫的水样粪便

（3）慢性型　常由急性病猪转为慢性，表现出消化机能障碍、贫血、消瘦、脱水的症状，发育障碍，陷于恶病质，常常死亡。

3.粪便检查

自小肠、结肠和盲肠分别取少量稀便和肠黏膜刮取物，滴于载玻片上，加适量生理盐水，盖上盖玻片，于低倍镜暗视野观察，仅在结肠和盲肠内容物及肠黏膜刮取物中发现结肠小袋虫滋养体和包囊，而小肠内容物及其黏膜刮取物中未见到。滋养体呈卵圆形或梨形囊状，大小为（30~150）微米 ×（25~120）微米，身体前端有一略为倾斜的沟，沟的底部有胞口，由于胞口的吸附作用，引起其周围液体的流动。囊内有一个主核，呈腊肠样。滋养体的外部有纤毛，通过纤毛有规律地摆动，虫体旋转并向前快速移动。包囊壁光滑，呈球形或卵圆形，大小为 40~60 微米，囊内有 1 个虫体。包囊不能自主运动，但可随粪液的流动而移动，其壁易变形。

另外，死后剖检可在肠黏膜涂片上查找虫体，观察直肠和结肠黏膜上有无溃疡。

4. 病理剖检

病猪严重脱水，后躯被粪水污染；剖检可见结肠和盲肠壁变薄（图 5-4），黏膜上瘀血斑和少量溃疡灶（图 5-5）；肠内容物稀薄如水，含有组织碎片，恶臭；肠系膜淋巴结肿大、出血。其他组织和器官未见异常。

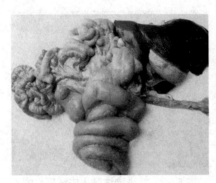
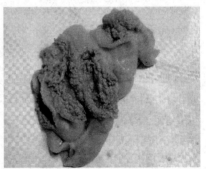

图 5-4　肠壁变薄　　　　　图 5-5　肠黏膜溃疡灶

（二）防制

1. 预防

① 凡有此病的猪场应及时清粪，并将粪便进行生物热发酵或在阳光下暴晒，以杀灭虫体。

② 为避免将病原传给健康猪群，病猪应由专人管理，并避免卫生工具的交叉使用。

③ 本病诊断并不困难，但往往被忽视或被诊断为细菌性肠炎而耽误用药治疗时机。实验室诊断必须采结肠和盲肠内容物或刮取肠黏

膜进行检查，小肠内容物及其黏膜刮取物则见不到病原体。

④ 同时，为控制疾病的蔓延，应对未出现症状的猪全面用药预防。

⑤ 猪场饲养管理人员应注意个人卫生，防止经口感染而造成严重后果。

2. 治疗

二甲硝咪唑（迪美唑），按每千克体重 20 毫克肌内注射，1 日 2 次，连用 5 天，或按每千克饲料 500 毫克拌料混饲，连用 2 周。

结合用中药进行治疗，方剂为常山、诃子、大黄、木香各 10 克，干姜、附子各 5 克（体重 20~30 千克仔猪的用量），共研细末，加蜂蜜 100 克，用开水冲调，空腹灌服，每天 1 剂，连服 3~5 剂即可。也可用白头翁散：白头翁 60 克，黄连 30 克，黄柏 45 克，秦皮 60 克，地榆炭 45 克，马齿苋 60 克，研末，按每千克体重 2 克，水冲调灌服，一日 2 次，连用 3 天以上。

第二节　吸虫病

一、姜片吸虫病

由姜片吸虫寄生于猪和人的小肠所引起的一种吸虫病，偶见于犬。病猪有消瘦、发育不良和肠炎等症状，严重时可能引起死亡。

（一）诊断要点

1. 流行病学

本病往往呈地方性流行，其主要流行因素有以下几个方面。

（1）6—9 月是感染的最高峰　人、畜粪便是主要的肥料。在姜片吸虫病流行地区，患者（人和畜）的粪内常含有大量的虫卵，粪便未经生物热处理即用为肥料，常能造成本病的流行。28~32℃温度最适宜虫卵的发育，仅 9~11 天毛蚴即孵化；在 32~35℃下则需要 22 天。天气越冷发育越慢，在 18~20℃下需 37 天，15℃下需 49 天，在 3~9℃的温度下，虫卵停止发育，但不死亡。在南方，每年 5—7 月本病开始流行，6—9月是感染的最高峰，5—10月是姜片形吸虫病的流行季节。猪只一般在秋季发病较多，也有延至冬季。

（2）我国南方以水浮莲和假水仙等水草为养猪的主要青饲料 猪喜欢生吃新鲜水草，因此有些猪场在附近筑塘种植水生植物，让猪自由采食，或捞取水草生喂猪只；猪舍内的粪尿，又常从水沟直接流入塘内，或生粪直接追肥。故一般肥分好，水生植物长得茂盛的池塘，也适于扁卷螺的生长发育。由于猪粪中大量虫卵带入池塘，从而造成了猪姜片吸虫完成发育史的有利条件。

（3）扁卷螺多滋生在枝叶茂盛、阳光隐蔽和肥料充足的塘内 水浮莲、假水仙等水生植物生长茂密的池塘是扁卷螺生长的最好环境；扁卷螺也就在这种塘内感染姜片吸虫幼虫。在南方，半球多脉扁螺和尖口圆扁螺的感染率最高，每年除2、3两个月份外，其他各月份均有感染，其中以6、7、8三个月为最高峰。尾蚴逸出与季节有很大关系，春季尾蚴大量逸出，到夏季数量减少，秋季更少，初冬尾蚴停止出现。因此南方姜片吸虫的感染多在春夏两季，动物开始发病。冬季青料较少，饲养条件差，天气寒凉，病情更为严重，死亡率也高。

（4）姜片吸虫病和猪的品种、年龄与体重的关系 姜片吸虫病与宿主品种有关，据资料统计，纯种猪较本地种和杂种猪的感染率要高，南方以白种约克夏猪的感染率高，发病率也高；本病的发生与猪的年龄关系也很大，主要危害幼猪，以5~8月龄感染率最高，过了9月龄以后，随年龄之增长感染率下降。幼猪感染姜片吸虫病以后，发育受阻。在流行地区，饲养5~6个月的小猪，有的体重才10~18千克，而正常猪的体重可达50千克以上。

2. 临床症状

幼猪断奶后1~2个月就会受到感染。一般对人危害严重，对猪危害较轻。寄生少量时一般不显症状。虫体大多数寄生于小肠上段。吸盘吸着之处由于机械刺激和毒素的作用而引起肠黏膜发炎。腹胀、腹痛、下痢，或腹泻与便秘交替发生。虫体寄生过多时，往往发生肠堵塞（可多至数百条），如不及时治疗，可能发生死亡。对儿童可引起营养不良，发育障碍，病人有面部和下肢浮肿等症状。

姜片吸虫多侵害幼猪，导致幼猪发育不良，被毛稀疏无光泽，精神沉郁，低头，流涎，眼黏膜苍白，呆滞。食欲减退，消化不良，但有时有饥饿感。有下痢症状，粪便稀薄，混有黏液。严重时表现为腹痛，水泻，浮肿，腹水等症状。患病母猪泌乳量减少，影响仔猪生长。

3. 病理变化

姜片吸虫吸附在十二指肠及空肠上段黏膜上，肠黏膜有炎症、水肿、点状出血及溃疡。大量寄生时可引起肠管阻塞。

（二）防制

1. 预防

（1）加强猪粪管理　病猪的粪便是姜片虫散播的主要来源，应尽可能把粪便堆积发酵后再作肥料。

（2）定期驱虫　这是最主要的预防措施。因为每年在当地的气温达到29~32℃以上之后两个月左右为感染季节，所以从那以后，需再过两个多月，病猪体内的童虫开始发育为成虫产卵，此时为秋末，驱虫最为适宜。一般依感染情况而定，驱虫1或2次，最好选两三种药交替使用。

（3）灭螺　扁卷螺是姜片虫的中间宿主，在习惯用水生植物喂猪的地方，灭螺具有十分重要的预防作用。

2. 治疗

治疗可用敌百虫、硫双二氯酚、硝硫氰胺、吡喹酮等。敌百虫，按100毫克/千克体重，内服，或拌入饲料中喂服（大猪总量不超过8克）。硫双二氯酚，剂量为100毫克/千克体重，用于体重50~150千克以下的猪；体重50~150千克以上的猪，剂量为50~60毫克/千克体重。硝硫氰胺，剂量为3~6毫克/千克体重，一次拌入饲料喂服。吡喹酮，剂量为50毫克/千克体重，内服。

二、华枝睾吸虫病

华枝睾吸虫寄生于人、猪、狗、猫等动物的胆囊和胆管内所引起的一种寄生虫病，称为华枝睾吸虫病。

（一）诊断要点

1.流行病学

华枝睾吸虫病主要分布于东南亚诸国，如日本、朝鲜、越南、老挝和中国等，在我国的分布是极其广泛的，除青海、西藏、甘肃和宁夏外，其余27个省市自治区均有报道。宿主有人、猫、犬、猪、鼠类以及野生的哺乳动物，食鱼的动物如鼬、獾、貂、野猫、狐狸等均可感染。华枝睾吸虫病是具有自然疫源性的疾病，是重要的人兽共患病。

猪华枝睾吸虫病的发生和流行取决于以下几个因素。

（1）有适宜中间宿主　淡水螺和淡水鱼、虾生存的水环境和中间宿主的广泛存在是华枝睾吸虫病发生和流行的重要因素。此外，囊蚴对淡水鱼、虾的选择并不严格，除上述鱼、虾外，水沟或稻田的各种小鱼虾均可作为第二中间宿主。

（2）人和猪的粪便管理不严　由于人或猪、狗、猫等都是华枝睾吸虫的终末宿主，人和猪的粪便管理不严而随便倒入河沟和池塘内；有的地区在河沟、鱼塘、小池边上建筑厕所或猪舍，含有大量虫卵的人、猪粪便直接进入河沟、池塘内；特别是狗、猫及其他野生动物的粪便更难控制，从而促进本病的发生和流行。

（3）猪的感染　也有因用小鱼虾作为猪饲料，或是用死鱼鳞、肚肠、带鱼肉的骨头、鱼头、碎肉渣、洗鱼水喂饮猪，以及放牧或散放的猪在河沟、池塘边吃了死鱼虾等都可引起感染。

2.临床症状

严重感染时表现消化不良，食欲减退和下痢等症状，最后出现贫血消瘦，病程较长，多并发其他疾病而死亡。

3.病理变化

猪和狗的主要病变在肝和胆。虫体在胆管内寄生吸血，破坏胆管上皮，引起卡他性胆管炎及胆囊炎，可使肝组织脂变、增生和肝硬变。临床表现为胆囊肿大，胆管变粗，胆汁浓稠，呈草绿色。胆管和胆囊内有许多虫体和虫卵。肝表面结缔组织增生，有时引起肝硬化或脂肪变性。

4.粪便检查

若在流行区，有以生鱼虾喂猪的习惯时，如临床上出现消化不良和下痢等症状，即可怀疑为本病，如粪便中查到虫卵即可确诊。

粪检可用沉淀法。虫卵为黄褐色，平均大小 29 毫米 × 17 毫米，内含毛蚴，顶端有盖，卵孔的周缘突起；后端有一个小结，卵壳较厚，不易变形。近年来发展了 IHA（间接血凝试验）、Dot-ELISA 等免疫学方法。现国内已有 PVC-Fast-Dot-ELISA（白色 PVC 薄膜快速斑点酶联免疫吸附试验）试剂盒出售。

（二）防制

1. 预防

不要生吃或半生吃淡水鱼、虾。对疫区人、犬、猫要定期检查和驱虫。勿以生的鱼、虾或鱼的内脏喂犬、猫。对人、犬、猫的粪便进行堆积发酵，防止其污染水塘。消灭第一中间宿主淡水螺。

2. 治疗

六氯酚，剂量为 20 毫克/千克体重，口服，每日 1 次，连用 23 天。海涛林，剂量为 50~60 毫克/千克体重，混入饲料中喂服，每日 1 次，5 天为一个疗程。吡喹酮，剂量为 20~50 毫克/千克体重，口服。

第三节　绦虫（蚴）病

一、猪棘球蚴病

棘球蚴病是由寄生于狗、猫、狼、狐狸等肉食动物小肠内的带科棘球属的细粒棘球绦虫的幼虫棘球蚴寄生于猪，也寄生于牛羊和人等肝、肺及其他脏器而引起的一种绦虫蚴病。

本病对人畜危害极大，可严重影响患畜的生长发育，甚至造成死亡。而且寄生有棘球蚴的肝、肺及其他脏器按卫生检疫规定，均被废弃，加以销毁，从而造成很大的经济损失。

（一）诊断要点

1. 流行病学

本病流行广泛，呈全球性分布，世界上许多国家，国内很多省、市和地区都有本病的流行，其中绵羊的感染率最高，猪也常有发生。

细粒棘球绦虫卵在外界环境中可以长期生存，在0℃时能生存116天之久，高温50℃时1小时死亡，对化学物质也有相当的抵抗力，直射阳光易使之致死。

猪感染棘球蚴病主要是吞食狗和猫粪便中的细粒棘球绦虫卵而感染棘球蚴病。人们有时用寄生有棘球蚴的牛、羊、猪的肝、肺等组织器官的肉喂狗、喂猫或处理不当被狗、猫食入，而感染细粒棘球绦虫病。反过来寄生有细粒棘球绦虫的狗、猫，到处活动而把虫卵散布到各处，特别是在猪的圈舍内养狗和猫，或是饲养人员把狗、猫带到猪舍，从而大大增加了虫卵污染环境、饲料、饮水及牧场的机会，加之有的猪放牧或散放，自然也就增加了猪与虫卵接触和食入虫卵的机会而感染棘球蚴病。

2. 临床症状

轻微感染和感染初期不出现临床症状。严重感染，如寄生于肺，可表现慢性呼吸困难和咳嗽。如肝脏感染严重，叩诊时浊音区扩大，触诊病畜浊音区表现疼痛，当肝脏容积增大时，腹右侧膨大，由于肝脏受害，患畜营养失调，表现消瘦，营养不良等。

猪感染棘球蚴病时，不如绵羊和牛敏感，表现体温升高，下痢，明显咳嗽，呼吸困难，甚至死亡。猪在临床上常无明显的症状，有时在肝区及腹部有疼痛表现，患猪有不安痛苦的鸣叫声。

3. 病理变化

猪的棘球蚴主要见于肝，其次见于肺，少见于其他脏器。肝表面凸凹不平，有时可明显看到棘球蚴显露表面，切开液体流出，将液体沉淀后在显微镜下可见到许多生发囊和原头蚴（不育囊例外），有时肉眼也能见到液体中的子囊，甚至孙囊。另外也可见到已钙化的棘球蚴或化脓灶。

（二）防制

1. 预防

① 禁止狗、猫进入猪圈舍和到处活动　管好狗、猫粪便，防止污染牧草、饲料和饮水。

② 对狗、猫要定期驱虫，每年至少4次，驱虫药物有以下两种。

氢溴槟榔碱：狗 1.5~2 毫克 / 千克体重，猫 2.5~4 毫克 / 千克体重，口服。

氯硝柳胺（灭绦灵）：狗 400~600 毫克 / 千克体重，口服。

③ 屠宰牛、羊、猪，发现肝、肺及其他组织器官有棘球蚴寄生时，要进行销毁处理，严禁喂狗、喂猫。

④ 要圈养，不放牧，不散放。

2. 治疗

目前尚无有效药物，人患棘球蚴病时可进行手术摘除。

二、猪囊虫病

猪囊尾蚴病是由钩绦虫（猪带绦虫）的幼虫猪囊尾蚴寄生于猪的肌肉和其他器官中所引起的一种寄生虫病，又称猪囊虫病。所以，猪囊尾蚴病是在中间宿主体内的存在形式，猪和野猪是最主要的中间宿主，犬、骆驼、猫及人也可作为中间宿主；而人则是猪带绦虫的终末宿主。在世界各国均有发生。

本病危害人畜，所以成为肉品卫生检验的重要项目之一；而且有猪囊尾蚴的猪肉不能作鲜肉出售，严重的完全不能供食用，常造成巨大的经济损失，因此也是我国农业发展纲要中限期消灭的疾病之一。

（一）诊断要点

1. 流行特点

猪囊尾蚴病呈全球性分布，但主要流行于亚、非、拉的一些国家和地区。在我国有 26 个省、市、自治区曾有报道，除东北、华北和西北地区及云南与广西部分地区常发生外，其余省、区均为散发，长江以南地区较少，东北地区感染率较高。

猪囊尾蚴主要是猪与人之间循环感染的一种人兽共患病，其唯一感染来源是猪带绦虫的患者，猪囊尾蚴的发生和流行与人的粪便管理和猪的饲养管理方式密切相关。人感染猪带绦虫病主要取决于饮食卫生习惯和烹调以及吃肉方法。人感染猪带绦虫病必须吃进活的猪囊尾蚴才有可能。我国除少数地区外，均无吃生猪肉的习惯，所以猪带绦虫病人多为散发。如华北和东北喜食饺子，做肉馅时先尝味道，偶然会吃入囊尾蚴。有时做凉拌菜时用切过肉的同一菜刀或砧板，在切完生的带有囊虫的猪肉后又切凉拌菜，使粘附在菜刀或砧板上的囊尾蚴混于凉菜中。此外，烹调时间过短，快锅爆炒肉片，火锅烫生嫩肉片均有可能获得感染。而云南西部与南部地区呈地方性流行，则是该地区有吃生猪肉的习惯。

至于猪感染囊虫病则主要取决于环境卫生及对猪的饲养管理方法。猪感染囊虫病必须是吃了猪带绦虫的孕节或虫卵，也就是吃了患猪带绦虫病人排出的粪便污染过的饲料、牧草或饮水。因此传播本病可以说完全是人为的。例如我国北方以及云南、贵州、广西等部分地区，人无厕所，随地大便；养猪无圈，放跑猪；还有采用连茅圈；有的楼上住人，楼下养牲畜，可在楼上便溺，所以，这些地方猪患囊虫病的可能性就大。

2.临床症状

猪感染少量的猪囊尾蚴时，不呈明显的变化。成熟的猪囊尾蚴的致病作用，很大程度上取决于寄生部位，寄生在脑时可能引起神经机能的某种障碍；寄生在猪肉中时，一般不表现明显的致病作用。

大量寄生的初期，常在一个短时期内引起寄生部位的肌肉发生疼痛、跛行和食欲不振等，但不久即消失。在肉品检验过程中，常在外观体满膘肥的猪只发现严重感染的病例。幼猪被大量寄生时，可能造成生长迟缓，发育不良。寄生于眼结膜下组织或舌部表层时，可见寄生处呈现豆状肿胀。

3.病理变化

在严重感染猪囊尾蚴的猪肉，呈苍白色而湿润。严重感染时，除寄生于各部分肌肉外，也可寄生在脑、眼、肝、脾、肺等部位，甚至淋巴结与脂肪内也可找到囊尾蚴；在初期囊尾蚴外部被有细胞浸润，继而发生纤维性变，约半年后囊虫死亡逐渐钙化。

猪囊尾蚴病的生前诊断比较困难，至今仍无一个理想特异性的诊断方法，当前多采用"一看、二摸、三检"的办法进行综合诊断。

一看：轻度感染时，病猪生前无任何表现，只有在重度感染的情况下，由于肩部和臀部肌肉水肿而增宽，身体前后比例失调，外观似哑铃形。走路时前肢僵硬，步态不稳，行动迟缓，多喜趴卧，声音嘶哑，采食、咀嚼和吞咽缓慢，睡觉时喜打呼噜，生长发育迟缓，个别出现停滞。视力减退或失明的情况下，翻开眼睑，可见到豆粒大小半透明的包囊突起。

二摸：即采用"撸"舌头验"豆"的办法进行检验，看是否有猪囊虫寄生。首先将猪保定好，用开口器或其他工具将口扩开，手持一块布料防滑，将舌头拉出仔细观察，用手指反复触膜舌面、舌下、舌根部有无囊虫结节寄生，当摸到感觉有弹性、软骨状感、无痛感、似黄豆大小的结节存在时，即可确认是囊尾蚴病猪。在舌检的同时可用手触摸股内侧肌或其他部位，如有弹性结节存在，可进一步提高诊断的准确性。

三检：应用血清免疫学方法诊断猪囊尾蚴病。近年来我国有许多单位对猪囊尾蚴病的血清学免疫诊断方法进行广泛的试验研究。采用的方法有：间接血球凝集法（IHA）、炭凝抗原诊断法、皮肤变态反应、环状沉淀反应、SPA 酶标免疫吸附试验等，均取得一定的成果。

（二）防制

防治猪囊尾蚴病是一项非常重要的工作，因为有钩绦虫和猪囊尾蚴病对人的危害性很大，是人的一种相当严重的绦虫病。另外，有囊尾蚴的猪肉，常不能供食用，造成很大的经济损失。对于这类病应着重预防，而不是治疗。

1.预防

本病的防治原则是预防为主，把住病从口入关，实行以驱为主，驱、检、管、治、免综合防治。

① 建立健全各级驱绦灭囊组织机构，加强组织领导，积极开展驱绦灭囊工作。

② 大力宣传两种病的关系，使广大人民群众真正认识两种病的巨大危害。

③ 切实开展以驱为主，驱、检、管、治、免的综合防治措施。

驱：搞好普查工作，应用有效驱绦虫药驱除人体有钩绦虫。人患绦虫病时，必须驱虫。驱虫后排出的虫体和粪便必须严格处理。

检：认真贯彻国家食品卫生检疫法，确实做到杀猪必检，按规定处理病猪肉，人不吃生的或半生不熟的猪肉，严格把住病从口入关。

管：修好厕所，管好人粪便，建好猪舍，实行圈养猪。确实做到人有厕所猪有圈，人便入厕猪圈养。对人粪便要实行科学的高温发酵无害化处理，杀死虫卵，使猪没有机会吃到人粪便，从根本上防止猪囊虫病的发生。

治：应用有效药物，治疗猪的囊虫病。

免：应用猪囊尾蚴虫苗，进行免疫接种，从根本上预防猪囊尾蚴病。目前我国已经研究出猪囊虫的虫苗，应用于实践已为期不远。

肉品卫生检疫规定：猪肌肉的40厘米^{2}面积上，检出3个（含3个）以下囊尾蚴或钙化虫体时，经冷冻或盐腌等无害化处理后出厂；4~5个虫体经高温处理后出厂；6个以上者，炼工业油或销毁；胃、肠、皮张不受限制出厂；其他内脏和体内脂肪经检验无囊尾蚴方准出厂。

无害化处理方法：①冷冻。-13℃ 4昼夜以上；②盐腌。2千克以下肉块，用不低于肉重15%的浓盐水腌渍3个星期以上；③高温。虽然从肌肉中摘出的虫体，加热至48~49℃可被杀死，但肉中的虫体要在煮沸到深部肌肉完全变白时，才能杀死全部虫体。

2. 治疗

虽然尚无治疗猪囊尾蚴病的好方法，但驱除人的猪带绦虫则有良好的药物。治疗人体绦虫对防止猪囊尾蚴病的传播有着重要的意义，人如果没有绦虫，猪就不会感染囊尾蚴病。近年来由于科学技术的不断发展，新的药物不断出现，为治疗人绦虫病，猪囊尾蚴病闯出一条新路，并获得可喜成果。

现将驱除绦虫和治疗猪囊尾蚴病的药物和用法介绍如下。

（1）驱除人体有钩绦虫的药物和用法

① 槟榔、南瓜子仁合剂（成人剂量）。南瓜子仁粉200克，槟榔50~100克，硫酸镁30克。将槟榔（用新鲜者最佳）切片，用400~500毫升水浸泡数小时，再煎至200~250毫升。早晨空腹时，先将南瓜子仁粉吃下，0.5小时后再服槟榔煎剂，再隔2小时吃泻剂（30克硫酸镁溶于200毫升水内）。

② 仙鹤草根芽及其制剂。仙鹤草又称龙芽草、根芽草，为蔷薇科龙芽草属植物，是一种多年生的草本植物，药用部分是带有短小根基的芽，称为仙鹤草根芽，有效成分为鹤草酚。根芽应在深秋至早春

采集，晾干粉碎成细粉即可用于驱虫。成人用量 20~25 克，儿童酌减，早晨空腹一次服下，因根芽有导泻作用，故勿另服泻剂，用药后要大量饮用温开水，以加速导泻排出虫体。其制剂有以下几种。

鹤草芽浸膏：含鹤草酚不低于 30%，成人 1.5 克（含鹤草酚 450 毫克），酚酞 2 片，温开水一次口服。儿童口服 40 毫克 / 千克体重，酚酞酌减。服药 1~1.5 小时后温开水 1.5~2.5 千克待泻。也可服用浸膏后，不用酚酞片，1~1.5 小时后服用硫酸镁 20~25 克，之后大量饮温开水待泻。

鹤草酚粗晶片：本品有片剂、胶囊两种。成人早晨空腹 1 次口服 0.8 克（含鹤草酚 480~560 毫克），儿童 25 毫克 / 千克体重，服药 1~1.5 小时后再服硫酸镁 25~30 克，之后大量饮温开水。片剂每片含 0.25 克。

鹤草酚片：本品为浅黄色片剂，每片 0.1 克。成人早晨空腹一次口服 0.5 克（含鹤草酚 450~550 毫克）。服药后 1~1.5 小时服硫酸镁 25~30 克，之后大量饮温水待泻。

驱绦胶丸（仙鹤草根芽石灰乳浸出物）：本品是用仙鹤草根芽，经石灰乳浸泡后提纯而制成的细粉，为土黄色或褚黄色，味微苦，装入胶囊，每囊 0.4 克。成人早晨空腹一次口服 3.2~4.0 克（含鹤草酚 825.86~1 032.20 毫克），即 8~10 囊，儿童酌减。本药有自然导泻作用，勿另服泻药，为加速导泻排出虫体和有毒性的鹤草酚，可在服药 1 小时后大量饮温开水（1.5~2.5 千克），以防鹤草酚被吸收后出现中毒反应。该药近些年应用面广，原料来源丰富，药效确实，成本低，无副作用。

③ 阿地平。成人 0.8~1.0 克，儿童酌减。此药服后因能被虫体吸收，所以不易中毒。早晨空腹口服，2 小时后服泻剂，如服一次虫体还没打下，24 小时后再服一次。

④ 灭绦灵。用量 3 克，早晨空腹一次口服（药片应嚼碎咽下，否则无效）0.2 小时后服硫酸镁导泻。本药口服不易吸收，副作用小，故对孕妇和有心、肾、肝病患者，均可考虑应用。

⑤ 硫双二氯酚。早晨空腹 4~5 克分 2 次口服（第 1 次 2.5 克，间隔 30 分钟再服 2.0 克），服药 1 小时后再服硫酸镁 25~30 克，然后

大量饮温开水。本药有一定副作用，部分患者可出现恶心、呕吐、轻度腹泻以及荨麻疹等，但停药后即消失。

（2）治疗人囊尾蚴药物及用法

吡喹酮：20毫克/千克体重，分2次口服，连服6天。

（3）治疗猪囊尾蚴药物及用法

① 吡喹酮。60~120毫克/千克体重，以1∶5（即1份吡喹酮5份植物油）的植物油加工灭菌制成的混悬液，或以1∶9（1份吡喹酮9份有机溶剂）的聚乙二醇–400、二甲基乙酰胺等制成针剂，经灭菌后颈部或臀部一次深部一点或多点注射，注射后舍饲4~5个月即可获得满意疗效。本药也可用于口服，但药量需加倍，效果不如注射疗效好。

用药治疗病猪时，如血检强阳性或舌检寄生囊尾蚴8~10个以上者，体形呈囊尾蚴病明显改变者和发育严重受阻的僵猪不宜治疗，否则易引起神经症状，导致癫痫甚至引起死亡。

在用药3~4天后可出现体温升高、沉郁、食欲减退、呕吐；重者卧地不起，肌肉震颤，呼吸困难等。主要是由于囊虫的囊液被机体吸收所致。为减轻不良反应，可静脉注射高渗葡萄糖等。

② 丙硫咪唑（丙硫苯咪唑）。注射用量和使用方法与吡喹酮相同，优点是成本低，用药后不表现神经症状，安全可靠。该药也可混入饲料喂饲（饲料温度需维持常温），用药量应高于注射用量的1.5倍以上方可收效。用药后应舍饲4~5个月方可痊愈。

（4）推荐抗虫治疗方案

① 基本用药（选用其中一种）。阿苯达唑：20毫克/（千克·天），分3次服用，10天为一疗程；吡喹酮：总量180毫克/千克，每天分3次服用，7~10天为一疗程。

② 疗程与疗程间隔期。多数病人采用1~3个疗程，疗程间歇期2~3个月。如病情需要，可延长1~3个疗程或换用另种抗虫药物。

三、猪细颈囊尾蚴病

猪细颈囊尾蚴病是由带科泡状带绦虫的幼虫阶段细颈囊尾蚴所引起的。幼虫虫体俗称"水铃铛"，呈囊泡状，大小如黄豆至鸡蛋大不等，囊壁乳白色，囊内含透明液体和1个乳白色头节。寄生数量少时可不显症状，如被大量寄生，则可引起猪生长缓慢、毛粗乱、消瘦、贫血，严重的表现为体温升高、咳嗽、下痢等症状。

细颈囊尾蚴病在畜牧业养殖中是一种常见的传染病，近几年来，猪细颈囊尾蚴病发病率呈上升趋势，特别是在农村散养生猪。此病如不及时排查处理，可能会导致猪循环感染或死亡等严重后果，给养猪场户带来沉重的经济损失。

（一）诊断要点

1.流行特点

猪细颈囊尾蚴成虫寄生在犬、猫等肉食兽的小肠里，幼虫寄生在猪等的肝脏、肠系膜、网膜等处，严重感染时还可进入胸腔，寄生于肺部。现在农村养犬、猫等很普遍，且管理不严，任其游走，不定期驱虫造成犬、猫等到处散布虫卵，污染草地和水源。

养猪户缺乏对本病的认识，猪宰后将感染内脏喂狗，形成感染循环。猪感染细颈囊尾蚴，是由于感染有泡状带绦虫的犬、猫等动物的粪便中排出有绦虫的节片或虫卵，它们随着终末宿主的活动污染了牧场、饲料和饮水。且每逢农村宰猪时，犬多守立于旁，凡不宜食用的废弃内脏便会丢弃在地，任犬吞食，这是犬易于感染泡状带绦虫的重要原因；犬的这种感染方式和这种形式的循环，在过去我国农村是很常见的。随着生猪集中屠宰政策的落实，目前这种状况已经得到了很大改观。

2.临床症状

本病多呈慢性经过。轻度感染不呈现症状，但有时严重感染对牲畜可发生致病的影响。当猪吞食一个或更多的孕卵节片时，引起大量的幼虫在肝脏移行。最严重的影响与肝片吸虫的严重感染所产生的影响相似。包括急性出血性肝炎，伴发局限性或弥漫性腹膜炎，而大血管被这些幼虫钻入时可发生致死性出血。感染早期，成年猪一般无明显症状，幼猪可能出现急性出血性肝炎和腹膜炎症状。患猪表现为咳嗽、贫血、消瘦、虚弱，可视黏膜黄疸，生长发育停滞，严重病例可因腹水或腹腔内出血而发生急性死亡。肺部的蚴虫可引起支气管炎、肺炎。

3. 病理变化

剖检时可见肝脏肿大，表面有很多小结节和小出血点，肝脏呈灰褐色和黑红色。慢性病例，肝脏及肠系膜寄生有大量大小不等的卵泡状细颈囊尾蚴。

细颈囊尾蚴病生前诊断非常困难，可用血清学方法，诊断时须参照其临床症状，并在尸体剖检时发现虫体及相应病变才能确诊。

（二）防制

1. 预防

含有细颈囊尾蚴的脏器应进行无害化处理，未经高温处理严禁喂其他动物。在该病的流行地区应及时给犬进行驱虫，驱虫可用吡喹酮5~10毫克/千克体重或丙硫咪唑5~20毫克/千克体重，一次口服。做好猪饲料、饮水及圈舍的清洁卫生工作，防止被犬粪污染。

2. 治疗

目前尚无有效治疗方法。

用吡喹酮，剂量按50毫克/千克体重。每天1次，口服，连服2次。或可用丙硫咪唑或甲苯咪唑治疗。

第四节　线虫病

一、猪蛔虫病

猪蛔虫病是由猪蛔虫寄生在猪的小肠中而引起的一种常见寄生虫病，主要危害3~5月龄的猪，造成生长发育停滞，形成"僵猪"，甚至造成死亡。因此，猪蛔虫病是造成养猪业损失最大的寄生虫病之一。

（一）诊断要点

1. 流行特点

感染普遍，分布广泛，世界性流行，集约化饲养的猪和散养猪均广泛发生，危害养猪业极为严重。由多重原因引起，特别是在不卫生的猪场和营养不良的猪群中，感染率很高，一般都在50%以上。

　　猪蛔虫病流行甚广，成年猪抵抗力较强，一般无明显症状，对仔猪危害严重。主要原因是：第一，蛔虫生活史简单；第二，猪蛔虫繁殖能力强，一条蛔虫可于一昼夜排出 11 万 ~28 万个虫卵；第三，蛔虫卵对各种外界因素的抵抗力强，可在土壤中存活几个月至几年。蛔虫卵有四层卵膜，它们保护胚胎不受外界各种化学物质的侵蚀。虫卵的全部发育过程都是在卵壳内进行的，使胚胎或幼虫得到了庇护。

　　猪蛔虫病一年四季均可发生，其流行与饲养管理、环境卫生密切相关。饲养管理不良、卫生条件恶劣和猪只过于拥挤的猪场，在营养缺乏，特别是饲料中缺乏维生素和必需矿物质的情况下，3~5 月龄的仔猪最容易大批地感染蛔虫，病症也较严重，且常发生死亡。

　　猪感染蛔虫主要是由于采食了被感染性虫卵污染的饮水和饲料，经口感染。母猪的乳房容易沾染虫卵，使仔猪在吸奶时受到感染。

2. 临床症状

　　临床表现为咳嗽、呼吸增快、体温升高、食欲减退和精神沉郁。病猪俯卧在地，不愿走动。幼虫移行时还引起嗜酸性白细胞增多，出现荨麻疹和某些神经症状之类的反应。成虫寄生在小肠时可机械性地刺激肠黏膜，引起腹痛。蛔虫数量多时常聚集成团，堵塞肠道，导致肠破裂。有时蛔虫可进入胆管，造成胆管堵塞，引起黄疸等症状。成虫夺取宿主大量的营养，影响猪的发育和饲料转化。大量寄生时，猪被毛粗乱，常是形成"僵猪"的一个重要原因，但规模化猪场较少见。

3. 粪便检查

　　多采用漂浮集卵法。可用饱和盐水漂浮法检查虫卵。正常的猪蛔虫受精卵为短椭圆形，黄褐色，卵壳内有一个受精卵细胞，两端有半月形空隙，卵壳表面有起伏不平的蛋白质膜，通常比较整齐。有时粪便中可见到未受精卵，偏长，蛋白质膜常不整齐，卵壳内充满颗粒，两端无空隙。1 克粪便中，虫卵数达 1 000 个时，可以诊断为蛔虫病。

　　哺乳仔猪（2 月龄内）患蛔虫病时，其小肠内通常没有发育至性成熟的蛔虫，故不能用粪便检查法做生前诊断，而应仔细观察其呼吸系统的症状和病变。剖检时，在肺部见有大量出血点；将肺组织剪碎，用幼虫分离法处理时，可以发现大量的蛔虫幼虫。如寄生的虫体不多，死后剖检时，须在小肠中发现虫体和相应的病变，但蛔虫是否为直接的致死原因，又必须根据虫体的数量、病变程度、生前症状和流行病学资料以及有否其他原发或继发的疾病作综合判断。

正确的诊断，必须根据流行病学调查、粪便检查、临床症状和病理变化等多方面因素加以综合判断。幼虫在肝脏移行时，可造成局灶性损伤和间质性肝炎。严重感染的陈旧病灶，由于结缔组织大量增生而发生肝硬变，形成"乳斑肝"；幼虫在肝内死亡或肝细胞凝固性坏死后，则见有周围环绕上皮样细胞、淋巴细胞和嗜中性白细胞浸润的肉芽肿结节。大量幼虫在肺内移行和发育时，可引起急性肺出血或弥漫性点状出血，进而导致蛔蚴性肺炎；康复后的肺内也常可检出蛔虫性肉芽肿。

（二）防制

1.预防

（1）规模化猪场的综合预防

① 保持猪舍和运动场的清洁。猪舍内要通风良好，阳光充足，避免潮湿和拥挤。猪舍内要勤打扫，勤冲洗，勤换垫草。运动场和圈舍周围，应于每年春末和秋初翻土 2 次，或铲除一层表土，换上新土，并用生石灰消毒。对圈舍，饲槽及用具要定期（每月 1 次）用 3%~5% 热碱水或 20%~30% 热草木灰水进行消毒。

② 保持饲料和饮水的卫生。饲料、饮水要新鲜清洁，避免粪便污染。

③ 饲料中要富含蛋白质、维生素和矿物质。保证仔猪全营养，体质健壮，增强机体抗病能力。

④ 猪的粪便和垫草清除出圈后，要运到离猪舍较远的场所堆积发酵或挖坑沤肥，进行生物热处理，以杀死虫卵。

⑤ 规模化猪场建议执行"四加一"驱虫模式　即种猪群每年驱虫 4 次（定期 3 个月驱虫 1 次）；仔猪 60 日龄驱虫 1 次。可在饲料中添加复方伊维菌素（虫螨净），连用 7 天，是简单易行的方法。不同生理阶段的猪，添加量不同。空怀、怀孕、泌乳母猪，每吨饲料添加 1.5~3.0 千克，怀孕母猪最好在分娩前 10~15 天使用；仔猪，每吨饲料添加 1 千克，在转群前使用；公猪，每吨饲料添加 4 千克。

（2）散养猪药物预防　农村散养猪采用蛔虫成熟前连续驱虫方法，一般仔猪 42~56 日龄开始用药，每隔 6 周用药 1 次，连用 3 次。

2. 治疗

几乎所有杀线虫的药都有效。常用药物及用量：左咪唑、丙硫咪唑、噻苯唑或伊维菌素等药驱虫。左咪唑，剂量为 10 毫克 / 千克体重，喂服或肌注。甲苯咪唑，剂量为 10~20 毫克 / 千克体重，混在饲料内喂服。氟苯咪唑，剂量为 30 毫克 / 千克体重，混饲，连用 5 天；或剂量为 5 毫克 / 千克体重，一次口服。丙硫苯咪唑，剂量为 10 毫克 / 千克体重，口服。伊维菌素，针剂剂量为 0.3 毫克 / 千克体重，一次皮下注射；饲料预混剂剂量为每天 0.1 毫克 / 千克体重，连用 7 天。

二、猪旋毛虫病

旋毛虫寄生于猪、犬、猫、鼠和人引起的一种人畜共患寄生虫病。成虫寄生于肠管，幼虫寄生于横纹肌。人、猪、犬、猫、鼠类、狐狸、狼、野猪等均可感染。人旋毛虫病可致人死亡，感染来源于摄食了生的或未煮熟的含旋毛虫包囊的猪肉，故肉品卫生检验中将旋毛虫列为首选项目。本病分布于世界各地，几乎所有的哺乳动物甚至某些昆虫均能感染旋毛虫。

（一）诊断要点

1. 流行特点

旋毛虫病分布于世界各地，宿主包括人、猪、鼠、犬、猫等 49 种动物。人感染旋毛虫多与生吃猪肉，或食用腌制与烧烤不当的猪肉制品有关。欧美，特别是北美，因食用生香肠和以废肉作为猪的饲料，故造成本病流行。我国人的旋毛虫病，也是和生吃猪肉的习惯有关的，故常呈区域性分布。

2. 临床症状

人的旋毛虫病可分为由成虫引起的肠型和由幼虫引起的肌型两种。肠型由旋毛虫成虫引起，成虫侵入肠黏膜时引起肠炎，严重时出现带血性腹泻；肌型由旋毛虫幼虫引起，常出现急性心肌炎、发热、肌肉疼痛等症状，严重时多因呼吸肌、心肌及其他脏器的病变而引起死亡。

旋毛虫对猪和其他野生动物的致病力轻微，肠型旋毛虫对其胃肠的影响极小，往往不表现临床症状。

3. 病理变化

肌旋毛虫的致病作用主要是肌肉的变化，如肌细胞横纹消失，萎缩，肌纤维膜增厚等。人感染旋毛虫则症状显著，但也与感染强度和人身体强弱不同有关。

成虫侵入黏膜时，引起肠炎，严重时有带血性腹泻，病变包括肠炎、黏膜增厚、水肿、黏液增多和瘀斑性出血。感染 15 天左右，幼虫进入肌肉，出现肌型症状，其特征为急性肌炎，发热和肌肉疼痛；同时出现吞咽、咀嚼、行走和呼吸困难；脸特别是眼睑水肿，食欲不振，显著消瘦。严重感染时多因呼吸肌麻痹，心肌及其他脏器的病变和毒素的刺激等而引起死亡。轻症者，肌肉中幼虫形成包囊，急性和全身症状消失，但肌肉疼痛可持续数月之久。

生前诊断困难，猪旋毛虫常在宰后可检出。方法为肉眼和镜检相结合检查膈肌。目前国内用 ELISA 方法作为猪的生前诊断手段之一。

（二）防制

1. 预防

流行地区，猪只不可放牧，不用生的废肉屑和泔水喂猪，猪舍内灭鼠；加强肉品卫生检验，发现病肉按肉品检验规程处理，加强宣传，改变不良饮食习惯，不食生肉。

2. 治疗

丙硫咪唑及碘苯咪唑，杀灭人畜体内旋毛虫幼虫的效力高达100%。其中丙硫咪唑已广泛用于我国人、兽医临床治疗旋毛虫病。

三、猪毛首线虫病（鞭虫病）

猪毛首线虫病是毛首科毛首线虫属的线虫寄生于猪的大肠（主要是盲肠）引起的一种感染性极强的寄生虫病。毛首线虫的整体外形比较像鞭子，前部细，像鞭梢，后部粗，像鞭杆，所以又被称作为鞭虫。该病常在仔猪中发生，严重时可引发仔猪死亡。

（一）诊断要点

1.流行特点

仔猪寄生较多，1个半月龄的猪即可检出虫卵，4个月龄的猪，虫卵数和感染率均急剧增高，以后减少。由于卵壳厚，抵抗力强，感染性虫卵可在土壤中存活5年。在清洁卫生的猪场，多为夏季放牧感染，秋、冬季出现临床症状。在饲养管理条件差的猪舍内，一年四季均可发生感染，但夏季感染率最高。近年来研究者多认为人鞭虫和猪鞭虫为同种，故有一定的公共卫生方面的重要性。

2.临床症状

本病幼猪感染较多。轻度感染时，有间歇性腹泻，轻度贫血，生长发育缓慢，严重感染时，食欲减退、消瘦、贫血、腹泻，排水样血色粪便，并有黏液。

3.病理变化

剖检病变局限于盲肠和结肠。虫体头部深入黏膜，引起盲肠和结肠的慢性炎症。严重感染时，盲肠和结肠黏膜有出血性坏死、水肿和溃疡，还有和结节虫病时相似的结节。

临床症状上诊断猪是否患鞭虫病时，应与猪痢疾相鉴别，若用抗生素治疗无效，并结合剖检病理变化则应考虑是鞭虫感染。粪检发现虫卵或剖检发现虫体，即可确诊。

（二）防制

建议执行"四加一"驱虫模式，即种猪群每年驱虫4次（定期3个月驱虫1次），仔猪60日龄驱虫1次。

一般来说，左旋咪唑、丙硫咪唑、伊维菌素、多拉菌素、羟嘧啶等均对鞭虫有一定效果，但驱虫效果有一定的局限性。建议选用虫力黑（阿苯达唑和伊维菌素的预混剂），具有广谱高效、适口性佳、安全长效、收敛止泻等优点。因此，若用虫力黑治疗猪鞭虫病，对猪鞭虫能起到双重杀灭作用，尤其是对鞭虫早期幼虫的杀灭作用更强。

四、猪胃线虫病

由红色猪圆线虫、圆形蛔状线虫和六翼泡首线虫寄生在猪胃内所引起的寄生虫病。多发生于散养猪。

（一）诊断要点

1.流行特点

各种年龄的猪都可以感染，但主要是仔猪、架子猪。饲料蛋白不足容易感染此病。哺乳母猪较不哺乳母猪受感染的为多。停止哺乳的母猪有自愈现象，但此现象可因体质较差而延缓或受抑制。公猪感染和非哺乳母猪相似。乳猪由于接触感染性幼虫的机会不多，故受感染的也较少。感染主要发生于受污染的潮湿的牧场、饮水处、运动场和圈舍。果园、林地、低湿地区都可以成为感染源。猪饲养在干燥环境里，不易发生感染。

2.临床症状

轻度感染时不显症状，严重感染时，虫体侵入胃黏膜吸血，刺激胃黏膜而造成胃炎；成虫钻入胃黏膜时，可引起溃疡和结节。感染猪表现为精神不振，贫血，营养状况衰退，发育不良，排混血黑便。食欲不减而增加，有时下痢。感染病猪，尤其是幼猪，多数表现为胃黏膜发炎，食欲减少，饮欲增加，腹疼、呕吐、消瘦、贫血，有急、慢性胃炎症状，精神不振，营养障碍，发育生长受阻，排粪发黑或混有血色。

3.粪便检查

采用粪便沉淀法收集虫卵。虫体细小，红色，雄虫长 4~7 毫米，雌虫长 5~10 毫米。虫卵呈灰白色，长椭圆形，卵壳薄。虫卵形态与食道口线虫卵相似，培养到第 3 期幼虫后方可鉴别。不过虫卵数量一般不多，不易在粪中发现，故生前较难确诊。

幼虫侵入胃腺窝时，引起胃底部点状出血，胃腺肥大。成虫可引起慢性胃炎，黏膜显著增厚，并形成不规划的皱褶。胃内容物少，有大量黏液，胃黏膜尤其胃底部黏膜红肿、有小出血点，黏膜上可见扁豆大小的圆形结节，上有黄色伪膜，黏膜增厚并形成不规则皱褶，虫体上被有黏液。严重感染时，多在胃底部发生广泛性溃疡，溃疡向深部发展形成胃穿孔。在成年母猪，胃溃疡可向深部发展，引起胃穿孔而死亡。

结合临床症状和粪便检查的结果，再进行剖检检查。剖检时可见，胃内容物少，但有大量黏液，胃腺扩张肥大，形成扁豆大的扁平突起或圆形结节，胃底部黏膜红肿或覆以痂膜，虫体游离在胃内或部分钻入胃黏膜内。胃壁上有牢固地附着的虫体。

（二）防制

1.预防

改善饲养管理，给予全价饲料，清扫和消毒猪舍、运动场，妥善处理粪便，保持饮水清洁，进行预防性和治疗性驱虫。猪舍附近不要种植白杨，以免金龟子采食树叶时被猪吞食，或猪拱地吞食金龟子的幼虫蛴螬而发病，不让猪到有剑水蚤、甲虫等有中间宿主的地方以免感染。逐日清扫猪粪，运往贮粪场堆积发酵，有计划定期用药物预防性驱虫。

预防性驱虫可用敌百虫，剂量为 0.1 克 / 千克体重，口服或拌料喂服；伊维菌素，剂量为 0.3 毫克 / 千克体重，皮下注射；氟化钠，按 1% 比例混于饲料中喂服；盐酸左旋咪唑注射液，剂量为 7.5 毫克 / 千克体重，肌内或皮下注射；或磷酸左旋咪唑片，剂量为 8 毫克 / 千克体重，混饮或口服，经 2~4 周，再给药 1 次；噻苯咪唑片，剂量为 50 毫克 / 千克体重，每日 1 次，连用 3 次；丙硫咪唑（抗蠕敏），剂量为 10~20 毫克 / 千克体重，1 次口服。

2.治疗

驱虫可选用丙硫苯咪唑，剂量为 5~10 毫克 / 千克体重，内服；红色猪圆线虫可应用伊维菌素皮下注射，剂量为 300 微克 / 千克体重；噻苯唑，剂量为 50~100 毫克 / 千克体重，一次口服；左旋咪唑，剂量为 8 毫克 / 千克体重，一次口服；阿维菌素，剂量为 1 毫升 / 千克体重，一次颈部皮下注射。

五、猪后圆线虫病（猪肺线虫）

猪后圆线虫病是由后圆线虫（又称猪肺线虫）寄生于猪的支气管和细支气管而引起的一种呼吸系统线虫病。由于后圆线虫寄生于猪的肺脏，虫体呈丝状，故又称猪肺线虫病或猪肺丝虫病。本病呈全球性分布。我国也常发生此病，往往呈地方性流行，对幼猪的危害很大。严重感染时，可引起肺炎（尤以肺膈叶多见），而且能加重肺部细菌性和病毒性疾病的危害。

（一）诊断要点

1.流行特点

本病多发生于仔猪和育肥猪。感染来源主要是患病猪和带虫猪。雌虫在猪的支气管中产卵，卵随黏液到咽喉部，被猪咽入消化道，并随粪便排出体外。猪吞食带有感染性幼虫的蚯蚓或是吞食游离在土壤中的感染性幼虫而感染。

本病遍及全国各地，呈地方性流行。低洼、潮湿、疏松和富有腐殖质的土壤中蚯蚓最多，病猪和带虫猪到这样的地方放牧，其虫卵和第一期幼虫被蚯蚓吞食发育为感染性幼虫，健康猪再到这样的地方放牧，就极容易受到感染。国外报道，一条蚯蚓体内含感染性幼虫最多可达 4 000 条。而且感染性幼虫在蚯蚓体内保持感染时间可和蚯蚓的寿命一样长，蚯蚓的寿命随种类不同而不同，约为 1.5 年、3 年、4 年，甚至有的种类可活 8~10 年。

2.临床症状

在猪肺线虫病流行地区，于夏末秋初发现有很多的仔猪和幼猪有阵发性咳嗽，并日渐消瘦，又无明显的体温升高，可怀疑为肺线虫病。

轻度感染的猪症状不明显，但影响生长和发育。瘦弱的幼猪（2~4 月龄）感染虫体较多，而又有气喘病、病毒性肺炎等疾病合并感染时，则病情严重，具有较高死亡率。病猪的主要表现为食欲减少，消瘦，贫血，发育不良，被毛干燥无光；阵发性咳嗽，特别是早晚运动后或遇冷空气刺激时尤为剧烈，鼻孔流出脓性黏稠分泌物，严重病例呈现呼吸困难；有的病猪还发生呕吐和腹泻；在胸下、四肢和眼睑部出现浮肿。

因本病突然死亡，病猪尸体无明显所见，体表淋巴结肿胀。剖检应仔细检查才能在支气管内发现虫体。主要变化见于肺脏，可见膈叶腹面边缘有楔状肺气肿区。虫体在支气管多量寄生时，阻塞细支气管，可使该部发生小叶性肺泡气肿。如继发细菌感染，则发生化脓性肺炎。胃肠、心、肝、肾、脾等器官无明显与本病有关的变化。尸体剖检病变多位于膈叶下垂部，切开后如果能发现大量虫体，即可做出确诊。

（二）防制

1. 预防

（1）定期驱虫　在猪肺线虫病流行地区，应有计划地进行驱虫，每年春秋两季在粪检的基础上对仔猪和带虫成年猪进行定期驱虫。对3~6月龄的猪更需多加注意，遇可疑病例时应做粪便检查，确诊后驱虫。

（2）粪便处理　经常清扫粪便，运到离猪舍较远的地方堆积发酵，猪圈舍和运动场经常用1%热碱水或30%草木灰水消毒，以便杀死虫卵。

（3）防止猪吃到蚯蚓　猪场应建于高燥处，应铺水泥地面或木板猪床，注意排水，保持干燥，创造无蚯蚓滋生的条件。对放牧猪应严加注意，尽量避免去蚯蚓密集的潮湿地区放牧。

（4）加强饲养管理　注意全价营养，增强猪体抗病能力。

2. 治疗

左旋咪唑15毫克/千克体重，1次肌注，间隔4小时重用1次或10毫克/千克体重，混于饲料1次喂服，对15日龄幼虫和成虫均有100%的疗效；四咪唑20~25毫克/千克体重，口服或10~15毫克/千克体重，肌注；氰乙酰肼17.5毫克/千克体重，口服或15毫克/千克体重，皮注，但总量不超过1克，连用3天；海群生（乙胺嗪）100毫克/千克体重，溶于10毫升蒸馏水中，皮下注射，每天1次，连用3天。

第五节　体表寄生虫病

一、猪疥螨病

由猪疥螨所引起的一种以皮肤病变为主的寄生虫病，称为猪疥螨病。也称"疥螨"或"疥疮"，俗称癞。本病临床上以剧痒为主要特征。

5个月龄以下小猪最易发生，主要由病猪与健康猪的直接接触或通过被疥螨及其卵污染的圈舍、垫草和用具间接接触而感染。猪舍阴暗、潮湿、环境卫生差、营养不良，均可促进本病发生。幼猪相互挤压或躺卧的习惯是本病传播的重要因素。

（一）诊断要点

1. 流行特点

各种年龄、品种的猪均可感染该病。经产母猪过度角化（慢性螨病）的耳部是猪场螨虫的主要传染源。由于对公猪的防治强度弱于母猪，因而在种猪群公猪也是一个重要的传染源。大多数猪只疥螨主要集中于猪耳部，仔猪往往在哺乳时受到感染。主要是由于病猪与健康猪的直接接触，或通过被螨及其卵污染的圈舍、垫草和饲养管理用具间接接触等而引起感染。幼猪有挤压成堆躺卧的习惯，这是造成该病迅速传播的重要原因。此外，猪舍阴暗、潮湿、环境不卫生及营养不良等均可促进本病的发生和发展。秋冬季节，特别是阴雨天气，该病蔓延最快。

该病主要为直接接触传染，也有少数间接接触传染。直接接触传染，如患病母猪传染哺乳仔猪；病猪传染同圈健康猪；受污染的栏圈传染新转入的猪。猪舍阴暗潮湿，通风不良，卫生条件差，咬架殴斗及碰撞磨擦引起的皮肤损伤等都是诱发和传播该病的适宜条件。间接接触传染，如饲养人员的衣服和手、看守犬等。

2. 临床症状

猪疥螨感染通常起始于头部、眼下窝、面颊及耳部，以后蔓延到背部、躯干两侧及后肢内侧，尤以仔猪的发病最为严重。患猪局部发痒，常在墙角、饲槽、柱栏等处磨擦。可见皮肤增厚、粗糙和干燥，表面覆盖灰色痂皮，并形成皱褶。极少数病情严重者，皮肤的角化程度增强，皮肤干枯，有皱纹或龟裂，龟裂处有血水流出。病猪逐渐消瘦，生长缓慢，成为僵猪。

螨的体表有许多刚毛及鳞片，同时其口器可分泌毒素，患畜局部发痒，常以肢搔痒或在墙角、柱栏等处摩擦，不但造成局部炎症及损伤，且扩散了病原。

虫体机械刺激、毒素作用及猪体的摩擦，可引起患猪皮肤组织损伤，组织液渗出，数日后，患部皮肤上出现针尖大小的结节，随后形成水疱或脓疱。若继发细菌感染就会出现脓疱。当水疱及脓疱破溃后，流出的液体同被毛污垢及脱落的上皮，结成痂皮。痂皮被擦伤后，创面出血。有液体流出，又重新结痂。如此反复多次，使毛囊及汗腺受损而致皮肤干枯、龟裂。皮肤角质层角化过度而增厚，使局部脱毛。皮肤增厚形成皱褶。

病情严重时部分体毛脱落，食欲减退，生长停滞，逐渐消瘦，甚至死亡。由于虫体在皮肤内寄生，从而破坏皮肤的完整性，使猪瘙痒不安。病猪逐渐消瘦，生长缓慢，成为僵猪。同时免疫力降低，有时会因继发感染而死亡。

（二）防制

1. 预防

① 从产房抓起，对产房消毒的同时，也要用杀虫药物对产房进行处理。

② 保持猪清洁干燥，勤换垫草，圈内地面和墙壁用1%敌百虫溶液喷洒。

③ 待产母猪用药治疗后再移入分娩舍。

④ 对断奶仔猪必须进行预防性用药。

⑤ 新引进猪只必须经过用药治疗后进场。

⑥ 种猪群（种公猪、种母猪）一年两次防治。

2. 治疗

可用于治疗猪疥癣病药物有：敌百虫、蝇毒磷乳剂、溴氰菊酯、伊维菌素。应用敌百虫治疗时应非常小心，不可用碱性水洗刷，否则会引起中毒。应用外用药时一定要严格按说明使用，一般情况下需反复用药才能彻底治疗。

内服用药有伊维菌素，针剂：剂量为0.3毫克/千克体重，一次皮下注射；饲料预混剂：剂量为0.1毫克/千克体重，每天1次，连用7天。

此外，虫力黑是由伊维菌素、阿苯哒唑等药物组成的复方制剂，除了能对猪各种常见寄生虫起到双重杀灭作用外，还拓宽了驱虫谱（包括猪球虫在内的各种常见寄生虫）及抗寄生虫范围，尤其是提高了对猪蛔虫和毛首线虫早期幼虫的驱虫效果。因此，虫力黑能做到全面、彻底地驱除集约化猪场中的各种常见寄生虫。

应用虫力黑时要注意：虫力黑在规模化猪场中的配套使用技术是"四加一"驱虫模式，即种猪一年驱虫4次，肉猪在保育阶段（约60天龄）驱虫1次。虫力黑是一种黑色粉末状预混剂，通过拌料给药，空怀母猪、妊娠母猪、种公猪每隔3个月驱虫1次，新生仔猪在保育阶段后期或生长舍阶段驱虫1次，引进种猪并群前10天驱虫1次。此法不仅可有效净化猪场的疥螨病，同时对包括猪球虫病、鞭虫病在内的其他寄生虫病的净化效果也非常显著。该药的安全性好，适用于包括怀孕重胎母猪在内的任何阶段猪只使用，休药期不少于14天。

其添加剂量为：种猪（包括空怀母猪、怀孕母猪和公猪）：按每吨饲料添加1千克，连喂5天；中大肉猪、哺乳母猪：按每吨饲料添加0.75千克，连喂5天；保育仔猪（包括小猪）：按每吨饲料添加0.5千克，连喂5天。

二、猪虱虫病

猪虱虫病是因猪虱寄生于猪机体表面引起的寄生虫病，本病多在寒冷季节多发。猪虱多寄生于耳基部周围、颈部、腹下、四肢内侧。受害病猪表现为不安、瘙痒、食欲减退、营养不良，不能很好睡眠，导致机体消瘦，尤其仔猪症状表现明显。

（一）诊断要点

1. 流行特点

猪体表的各阶段虱均是传染源，通过直接接触传播。在场地狭窄、猪只密集、管理不良时最易感染。也可通过垫草、用具等引起间接感染。一年四季都可感染，但以寒冷季节多发。

2. 临床症状

猪血虱吸食血液，刺痒皮肤，致使患猪被毛脱落、皮肤损伤、猪体消瘦。猪血虱寄生于猪体所有部位，但以颈部、颊部、体侧及四肢内侧皮肤皱褶处为多。

3. 鉴别诊断

猪虱吸血时，分泌有毒唾液引起痒觉，病猪到处擦痒，造成皮肤损伤、脱毛。在寄生部位容易发现成虫和虱卵，故易于确诊。

（二）防制

1.预防

搞好猪舍卫生工作，经常保持清洁、干燥、通风。进猪时，应隔离观察，防止引进病猪。发现病猪应立即隔离治疗，以防止蔓延。以治疗病猪的同时，应用杀螨药彻底消毒猪舍和用具，将治疗后的病猪安置到已消毒过的猪舍内饲养。定期按计划驱虫。

此外，要经常检查猪只，发现猪虱，即行捕捉和药物治疗。用0.5%~1.0%的兽用精制敌百虫溶液喷射猪体患部，每天1次，连用2次即可杀灭。

2.治疗

① 皮下注射伊维菌素或阿维菌素注射液，给药剂量为0.3毫克/千克体重；或肌内注射多拉菌素注射液，给药剂量为0.3毫克/千克体重。

② 用0.5%~1.0%的兽用精制敌百虫溶液喷射猪体患部，每天1次，连用2次即可杀灭。

③ 用花生油擦洗生虱子的地方，短时间内，虱子便掉落下来。

④ 生猪油、生姜各100克，混合捣碎成泥状，均匀地涂在生长虱子的部位，1~2天，虱子就会被杀死。

⑤ 食盐1克、温水2毫升、煤油10毫升，按此比例配成混合液涂擦猪体，虱子立即死亡。

⑥ 百部250克、苍术200克、雄黄100克、菜油200克，先将百部加水2千克煮沸后去渣，然后加入细末苍术、雄黄拌匀后加入菜油充分搅拌均匀后涂擦猪的患部，每天1或2次，连用2~3天可全部除尽猪虱。

⑦ 烟叶30克，加水1千克，煎汁涂擦患部，每天1次。

猪常见普通病

第一节　营养与代谢疾病

一、仔猪低血糖症

仔猪低血糖症见于1周龄以内的新生仔猪，由于血糖含量低而出现神经症状，继而昏迷死亡。

（一）病因

本病的病因较为复杂，属于仔猪方面的是由于仔猪在胚胎期间吸收不好，产出即为弱仔，或患有肠道疾病、先天性震颤而造成无力吮奶。属于母猪方面的是由于母猪在怀孕后期饲养管理不当，产后感染而发生子宫炎等疾病，引起缺奶或无奶，也可能因母猪年老体弱，产仔过多，而造成供奶不足。

（二）诊断要点

仔猪多半在出生后第二天开始发病，也有的在第三或第四天出现症状，个别可延至1周龄。仔猪突然出现四肢绵软无力，步态不稳，卧地不起并呈现阵发性神经症状，头部后仰，四肢做游泳动作。有时四肢伸直，眼球不能活动，瞳孔散大，口角流出少量白沫。肢体瘫软，可以随意摆动，体表感觉迟钝或消失。

病猪的体温不高，甚至稍低。大部分病猪在出现症状2~3小时内即可死亡，少数拖延到1天以上，发病仔猪几乎100%致死，1窝仔猪中只要见到1头病猪，在1天内都可相继死亡。

本病的剖检病变以肝脏最为典型，呈橙黄色，若肝脏血量较多时则黄中带红色。切开肝脏，血液流出后肝呈淡黄色，质地极柔轻，稍碰即破，胆囊肿大，内充盈淡黄色半透明的胆汁。其次为肾，呈淡土黄色，表面常有散在针尖大的红色小点，髓质暗红，与皮质分界清楚。膀胱黏膜也可见到小点状出血。

（三）防治

加强怀孕后期母猪的饲养管理，确保在怀孕期内提供给胎儿足够的营养，产后有大量的奶水，满足仔猪营养的需要。尽快给仔猪补糖，每隔 5~6 小时腹腔注射 5% 葡萄糖液 15~20 毫升，也可口服 20% 葡萄糖或喂饮糖水，连用 2~3 天，效果良好。

二、仔猪贫血

仔猪贫血是指半月至 1 月龄哺乳仔猪所发生的一种营养性贫血。主要原因是缺铁，多发生于寒冷的冬末、春初季节的舍饲仔猪，特别是猪舍为木板或水泥地面而又不采取补铁措施的猪场内，常大批发生，造成严重的损失。

（一）病因

本病主要是由于铁的需要量供应不足所致。半个月至 1 个月的哺乳仔猪生长发育很快，随着体重增加，全血量也相应增加，如果铁供应不足，就要影响血红蛋白的合成而发生贫血，因此，本病又称为缺铁性贫血。正常情况下，仔猪也有一个生理性贫血期，若铁的供应及时而充足，则仔猪易于度过此期。放牧的母猪及仔猪，可以从青草及土壤中得到一定量的铁，而长期在水泥、木板地面的猪舍内饲养的仔猪，由于不能与土壤接触，失去了对铁的摄取来源，则难于度过生理性贫血期，因而发生重剧的缺铁性贫血。本病冬春季节发生于 2~4 周龄仔猪，且多群发。

（二）诊断要点

病猪精神沉郁、离群伏卧、食欲减退、营养不良、被毛逆立、体温不高。可视黏膜呈淡蔷薇色，轻度黄染。严重者黏膜苍白，光照耳壳呈灰白色，几乎见不到明显的血管，针刺也很少出血，呼吸、脉搏均增加，可听到心内杂音，稍加运动，则心悸亢进，喘息不止。有的仔猪，外观很肥胖，生长发育也较快，可在奔跑中突然死亡，剖检见典型贫血变化。

病理剖解，皮肤及黏膜显著苍白，有时轻度黄染，病程长的病猪多呈消瘦，胸腹腔积有浆液性及纤维蛋白性液体。实质脏器脂肪变性、血液稀薄，肌肉色淡，心脏扩张，胃肠和肺常有炎性病变。

（三）防制

1. 预防

主要加强哺乳母猪的饲养管理，多喂富含蛋白质、无机盐和维生素的饲料。最好让仔猪随同母猪到舍外活动或放牧，也可在猪舍内放置土盘，装添红土或深层干燥泥土，任仔猪自由拱食。

北方如无保温设备，应尽量避免母猪在寒冷季节产仔。在水泥地面的猪舍内长期舍饲仔猪时，必须从仔猪生后 3~5 日即开始补加铁剂。补铁方法是将铁铜合剂洒在粒料或土盘内，或涂于母猪乳头上，或逐头按量灌服。对育种用的仔猪，可于生后 8 日肌内注射右旋糖酐铁 2 毫升（每毫升含铁 50 毫克），或铁钴注射液 2 毫升，预防效果确实可靠。

2. 治疗

有效的方法是补铁，常用的处方有如下。

①硫酸亚铁 2.5 克，硫酸铜 1 克，水 1000 毫升。每千克体重 0.25 毫升，用汤匙灌服，每日 1 次，连服 7~10 日。②也可以用硫酸亚铁 0.1 千克、硫酸铜 2.11 千克，磨成细末后混于 5 千克细沙中，撒在猪舍内，任仔猪自由舔食。③焦磷酸铁，每日内服 30 毫克，连服 1~2 周。还原铁对胃肠几乎无刺激性，可一次内服 500~1000 毫克，1 周 1 次。如能结合补给氯化钴每次 50 毫克或维生素 B_{12}，每次 0.3~0.4 毫克，配合应用叶酸 5~10 毫克，则效果更好。④注射铁制剂，诸如：右旋糖酐铁钴注射液（葡聚糖铁钴注射液）、复方卡铁注射液和山梨醇铁等。实践证明，铁钴注射液或右旋糖酐铁 2 毫升肌肉深部注射，通常 1 次即愈。必要时隔 7 日再半量注射 1 次。

三、矿物元素代谢障碍

（一）钙、磷缺乏症

1.病因

钙、磷缺乏是由于饲料中钙、磷不足，或二者比例不当，或维生素D缺乏，或饲料中碱过多，或饲料中含过多的植酸、草酸、鞣酸、脂肪酸等使钙变为不溶性钙盐，或饲料中含过多的金属离子（如镁、铁、铜、锰、铝）与磷酸根形成不溶性的磷酸盐复合物等，均会影响钙、磷的吸收，或机体存在影响钙、磷吸收的疾病。临床上以消化紊乱、异食癖、骨骼弯曲为主要特征。

2.诊断要点

（1）小猪佝偻病　早期表现食欲不振、精神沉郁、消化紊乱、不愿站立，以后生长发育迟缓、异食癖、跛行及骨骼变形，面部、躯干和四肢骨骼变形，面骨肿胀，弓背，罗圈腿或八字腿。下颌骨增厚，齿形不规则、凹凸不平。肢关节增大，胸骨弯曲成S形。肋骨与肋软骨间及肋骨头与胸椎间有球形扩大，排列成串珠状。骨与软骨的分界线极不整齐，呈锯齿状。软骨骨钙化障碍时，骨骼软骨过度增生，该部体积增大，可形成"佝偻珠"。成骨的钙盐减少，可因钙盐脱出变为头骨组织或发生陷窝性吸收变化。

（2）成年猪的骨软症　多见于母猪，初表现异食为主的消化机能紊乱，后主要是表现运动障碍。眼观跛行，骨骼变形，表现上颌骨肿胀，脊柱拱起或下凹，骨盆骨变形，尾椎骨变形、萎缩或消失，肋骨与肋软骨结合部肿胀，易折断。骨干部质地柔软易折断，骨干部、头和骨盆扁骨增厚变形，牙齿松动、脱落。甲状旁腺常肿大，弥漫性增生。

根据发病动物的年龄、胎次，调查饲料种类和配方以及临床症状是否有骨骼、关节异常，异食癖等可做出诊断，另外还可结合补充钙、磷和维生素D制剂后的治疗效果帮助诊断。

3.防制

（1）佝偻病　加强护理，调整日粮组成，补充维生素D和钙、磷，适当运动，多晒太阳。有效的药物制剂：鱼肝油、浓缩鱼肝油。

维生素 D 胶性钙注射液、维生素 AD 注射液、维生素 D₃ 注射液。常用钙剂有蛋壳粉、牡蛎粉、骨粉、碳酸钙、乳酸钙、10% 葡萄糖酸钙溶液、10% 氯化钙注射液、鱼粉。

（2）骨软症　调整日粮组成。在骨软病流行地区，增喂麦麸、米糠、豆饼等富含磷的饲料。国外采用牧地施加磷肥或饮水中添加磷酸盐，防止群发性骨软病。补充磷制剂如骨粉，配合应用 20% 磷酸二氢钠溶液，或 3% 次磷酸钙溶液，或磷酸二氢钠粉。

（二）母猪生产瘫痪

母猪生产瘫痪又称母猪瘫痪、乳热症或低血钙症，中兽医称为产后风瘫。包括产前瘫痪和产后瘫痪，是母猪在产前产后，以四肢肌肉松弛、低血钙为特征的疾病。

1. 病因

主要原因是钙磷等营养性障碍。

引起血钙降低的原因可能与下面几种因素有关：分娩前后大量血钙进入初乳，血中流失的钙不能迅速得到补充，致使血钙急剧下降；怀孕后期，钙摄入严重不足；分娩应激和肠道吸收钙量减少；饲料钙磷比例不当或缺乏，维生素 D 缺乏，低镁日粮等可加速低血钙发生。此外，饲养管理不当，产后护理不好，母猪年老体弱，运动缺乏等，也可发病。

2. 诊断要点

产前瘫痪时母猪长期卧地，后肢起立困难，检查局部无任何病理变化，知觉反射、食欲、呼吸、体温等均无明显变化，强行起立后步态不稳，并且后躯摇摆，终至不能起立。

母猪产后瘫痪见于产后数小时至 2~5 日内，也有产后 15 天内发病者。病初表现为轻度不安，食欲减退，体温正常或偏低，随即发展为精神极度沉郁，食欲废绝，呈昏睡状态，长期卧地不能起立。反射减弱，奶少甚至完全无奶，有时病猪伏卧不让仔猪吃奶。

根据发病史及临诊症状，可做出诊断。

3. 防制

（1）预防　科学饲养，保持日粮钙、磷比例适当，增加光照，适当增加运动，均有一定的预防作用。

（2）治疗　本病的治疗方法是钙疗法和对症疗法。静脉注射10%葡萄糖酸钙溶液200毫升，有较好的疗效。静脉注射速度宜缓慢，同时注意心脏情况，注射后如效果不见好转，6小时后可重复注射，但最多不得超过3次，因用药过多，可能产生副作用。如已用过3次糖钙疗法病情不见好转，可能是钙的剂量不足，也可能是其他疾病。肌内注射维生素 D_3 5毫升，或维丁胶钙10毫升，每日1次，连用3~4天。在治疗的同时，病猪要喂适量的骨粉、蛋壳粉、碳酸钙、鱼粉。

中兽医认为，母猪产后风瘫治宜活血祛风，除湿散寒。可选用桂枝、桂皮、钩藤、防己各30克，细辛15克，麻黄、煨附子各6克，秦艽15克，苍术、赤芍、甘草各9克，姜黄、红藤各7克。共研为末，开水冲后放凉灌服，1次/日，连用2~3剂。对卧地不起的病猪使用活血化瘀，理气止痛，强壮筋骨的中药制剂，如牛膝散，赤芍15克，延胡索15克，没药12克，桃红15克，红花8克，牛膝7克，白术7克，丹皮7克，当归7克，川芎7克，粉碎，水煎后灌服，1次/天，连用5~7天。

（三）硒缺乏症

硒缺乏症是由于饲料中硒含量不足所引起的营养代谢障碍综合征，主要以骨骼肌、心肌及肝脏变质性病变为基本特征。猪主要病型有仔猪白肌病；仔猪肝坏死和桑葚心等。一年四季都可发生，以仔猪发病为主，多见于冬末春初。

1.病因

主要原因是饲料中硒的含量不足。我国由东北斜向西南走向的狭窄地带，包括黑龙江、河北、山东、山西、陕西、贵州等10多个省、自治区，普遍低硒，而以黑龙江省、四川省最严重。因土壤内硒含量低，直接影响农作物的硒含量。植物性饲料的适宜含硒量为0.1毫克/千克，当土壤含硒量低于0.5毫克/千克，植物性饲料含硒量低于0.05毫克/千克时，便可引起动物发病。此外，酸性土壤也可阻碍硒的利用，而使农作物含硒量减少。

2.诊断要点

（1）仔猪白肌病　一般多发生于生后20日左右的仔猪，成猪少发。患病仔猪一般营养良好，身体健壮而突然发病，体温一般无变化，食欲减退，精神不振，呼吸迫促，常突然死亡。病程稍长者，可见后肢强硬，弓背。行走摇晃，肌肉发抖，步幅短而呈痛苦状；有时两前肢脆地移动，后躯麻痹。部分仔猪出现转圈运动或头向侧转。最后呼吸困难，心脏衰弱而死亡。

死后剖检变化：骨骼肌和心肌有特征性变化，骨骼肌特别是后躯臀部和股部肌肉色淡，呈灰白色条纹，膈肌呈放射状条纹。切面粗糙不平，有坏死灶。心包积水，心肌色淡，尤以左心肌变性最为明显。

（2）仔猪肝坏死　急性病例多见于营养良好、生长迅速的仔猪，以3~15周龄猪多发，常突然发病死亡。慢性病例的病程3~7天或更长，出现水肿不食，呕吐，腹泻与便秘交替，运动障碍，抽搐，尖叫，呼吸困难，心跳加快。有的病猪呈现黄疸，个别病猪在耳、头、背部出现坏疽，体温一般不高。

死后剖检：皮下组织和内脏黄染，急性病例的肝脏呈紫黑色，肿大1~2倍，质脆易碎，呈豆腐渣样。慢性病例的肝脏表面凹凸不平，正常肝小叶和坏死肝小叶混合存在，体积缩小，质地变硬。

（3）猪桑葚心　病猪常无先兆病状而突然死亡。有的病猪精神沉郁，黏膜紫绀，躺卧，强迫运动常立即死亡。体温无变化，心跳加快，心律失常。粪便一般正常。有的病猪，两腿间的皮肤可出现形态和大小不一的紫色斑点，甚至全身出现斑点。

死后剖检变化：尸体营养良好，各体腔均充满大量液体，并含纤维蛋白块。肝脏增大呈斑驳状，切面呈槟榔样红黄相间。心外膜及心内膜常呈线状出血，沿肌纤维方向扩散。肺水肿，肺间质增宽，呈胶冻状。

3. 防制

（1）预防　猪对硒的需要量不能低于日粮的0.1毫克/千克，允许量为0.25毫克/千克，不得超过5~8毫克/千克。维生素E的需要量是：4.5~14.0千克的仔猪以及怀孕母猪和泌乳母猪为每千克饲料22国际单位；一般猪14~54千克体重时每千克饲料加维生素E 11国际单位。平时应注意饲料搭配和有关添加剂的应用，满足猪对硒和维生素E的需要。麸皮、豆类、苜蓿和青绿饲料含较多的硒和维生素

E，要适当选择饲喂。

缺硒地区的妊娠母猪，产前 15~25 天内及仔猪生后第 2 天起，每 30 天肌内注射 0.1% 亚硒酸钠液 1 次，母猪 3~5 毫升，仔猪 1 毫升；也可在母猪产前 10~15 天喂给适量的硒和维生素 E 制剂，均有一定的预防效果。

（2）治疗 患病仔猪，肌内注射亚硒酸钠维生素 E 注射液 1~3 毫升（每毫升含硒 1 毫克，维生素 E 50 单位）。也可用 0.1% 亚硒酸钠溶液皮下或肌内注射，每次 2~4 毫升，隔 20 日再注射 1 次。配合应用维生素 E50~100 毫克肌内注射，效果更佳。成年猪 10~15 毫升，肌内注射。

（四）锌缺乏症

猪的锌缺乏症也称角化不全症，是由于日粮中锌绝对或相对缺乏而引起的一种营养代谢病，以食欲不振、生长迟缓、脱毛、皮肤痂皮增生、龟裂为特征。本病在养猪业中危害甚大。

1. 病因

（1）原发性缺锌 主要原因是饲料中缺锌，中国约 30% 的地区属缺锌区，土壤、水中缺锌，造成植物饲料中锌的含量不足，或者是有效态锌含量少于正常。

（2）继发性缺锌 是因为饲料存在干扰锌吸收利用的因素，已发现如钙、碘、铜、铁、锰、钼等，均可干扰饲料锌的吸收和利用。高钙日粮，尤其是钙，通过吸收竞争而干扰锌的利用，诱发缺锌症。饲料中植酸、氨基酸、纤维素、糖的复合物、维生素 D 过多，不饱和脂肪酸缺乏，以及猪患有慢性消耗性疾病时，均可影响锌的吸收而造成锌的缺乏。

2. 诊断要点

（1）流行特点 猪场的种公猪、母猪、生产和后备母猪、仔猪等均可患病。种公猪、母猪发病率高，而仔猪发病率低，由此证明，该病随年龄增大发病率增高。经了解，农民散养猪和猪舍结构简单的猪只不发病，生活在水泥地砖圈舍的猪只发病。该病无季节性。

（2）临床症状 猪只生长发育缓慢乃至停滞，生产性能减退，繁殖机能异常，骨骼发育障碍，皮肤角化不全；被毛异常，创伤愈合缓慢，免疫功能缺陷以及胚胎畸形。病初便秘，以后呕吐腹泻，排出黄色水样液体，但无异常臭味，猪只腹下、背部、股内侧和四肢关节等部位的皮肤发生对称性红斑，继而发展为直径3~5毫米的丘疹，很快表皮变厚，有数厘米深的裂隙，增厚的表皮上覆盖容易剥离的鳞屑。临床上动物没有痒感，但常继发皮下脓肿。病猪生长缓慢，被毛粗糙无光泽，全身脱毛，个别变成无毛猪。脱毛区皮肤上常覆盖一层灰白色，严重缺锌病例，母猪出现假发情，屡配不孕，产仔数减少，新生仔猪成活率降低，弱胎和死胎增加。公猪睾丸发育及第二性征的形成缓慢，精子缺乏。遭受外伤的猪只，伤口愈合缓慢，而补锌则可迅速愈合。

3. 防制

（1）预防　按饲养标准的补锌量，每吨饲料内加硫酸锌或碳酸锌180克，也可饲喂葡萄糖酸锌，具有预防效果。

（2）治疗　每日一次肌内注射碳酸锌2~4毫克/千克体重，连续使用10日，一个疗程即可见效。内服硫酸锌0.2~0.5克/头，对皮肤角化不全和因锌缺乏引起的皮肤损伤数日后即可见效，经过数周治疗，损伤可完全恢复。饲料中加入0.02%的硫酸锌（或0.02%碳酸锌，或0.02%氧化锌）对本病兼有治疗和预防作用。但一定注意其含量不得超过0.1%，否则会引起锌中毒。

四、维生素缺乏症

维生素是保证猪只生长、发育和各种生理活动所必需的有特殊作用的一类有机化合物。它是维护猪体组织结构、维持正常生理机能、调节物质代谢，保证生长发育、增强抗病能力、获得健康的后代等不可缺少的物质。因为维生素大多参与组成生命代谢有重要关系的各种代谢酶，所以猪对维生素的需要量虽然不大，但缺乏时可引起各种代谢紊乱或疾病。特别是近年，我国的养猪正从个体、分散的散养猪，走向集约化、规模化、专业化甚至机械化养猪，而猪的饲料几乎都为配合饲料，即为精饲料，很少或完全不喂给青绿饲料，所以在饲料中缺乏维生素时，常可造成维生素缺乏症。

维生素种类很多，根据它们的溶解性不同，可分为两大类，一类为脂溶性维生素，如维生素 A、D、E、K 等；另一类为水溶性维生素，如维生素 B$_1$、B$_2$、B$_6$、B$_{12}$、C、PP、叶酸、泛酸、生物素等。

维生素广泛存在于绿色植物的茎叶、谷类胚芽、麦麸、米糠、鱼肝油等食物中，因此，喂猪的饲料应该多样化。常年保持喂给一定量的青绿饲料或青贮饲料，是预防维生素缺乏和营养不足的重要措施。在如今的精饲料中，合理使用多维是预防集约化、机械化、规模化养猪维生素缺乏症的最有效的方法。

（一）病因

引起维生素缺乏的原因，主要有内源性和外源性两种情况。

1. 内源性

是指虽然供给或采食了足够的维生素，但由于猪的各种胃肠道病或其他疾病，引起猪食欲减退、腹泻，胃肠功能紊乱，而影响对维生素的吸收和利用。如脂溶性维生素需要借助于胆汁分泌和脂肪的存在，方能良好地吸收；当猪患消化道疾病时，常可妨碍它们的吸收。

哺乳仔猪、断奶仔猪、妊娠母猪、带乳母猪及猪患高烧病等，都对维生素的需要量大为增加，此时如果还是按一般需要量或不能正常供给（缺乏），因不能满足机体的需要，也能引起维生素的缺乏。

2. 外源性

主要是指饲料内维生素供应不足，猪从外界得不到足够的维生素。尤其是饲养条件较好的猪场，完全喂给猪精料，这时如在配方中没有加维生素，或饲料保管不当，如过期，暴晒，潮湿变质等使其中维生素破坏而引起缺乏。加外目前一些多维产品的缺项，含量不足，或本身过期，失效等，也可导致维生素缺乏。

维生素 A 缺乏：缺乏粗饲料或长期缺乏青饲料的猪场，容易发生此病。饲料调制不当，遭受日光暴晒，酸败，氧化的破坏，易使胡萝卜素丧失。猪舍内阳光不足，空气不流通，猪只缺乏运动，以及慢性消化系统疾病等，都可能促使本病的发生。仔猪发病较多。即病因就是内源性和外源性两种原因。

维生素 D 缺乏：常发生佝偻病，其主要原因是由于饲料配合不当，长期喂给猪单一饲料，如酒糟、糖渣、豆腐渣、甜菜渣等，以致使钙、磷和维生素 D 不足或缺乏，或是钙、磷比例不合适，猪舍阴暗，缺乏阳光照射。怀孕母猪的维生素和矿物质供给不足时，所产仔猪可发生先天性佝偻病。此外，某些慢性胃肠病、寄生虫病及先天发育不良等因素，会影响猪对饲料中钙、磷及维生素 D 的吸收和利用，也可诱发本病。

维生素 E 缺乏：体内不饱和脂肪酸增多，长期饲喂含有大量不饱和脂肪酸（亚油酸、花生四烯酸）或酸败的脂肪类（陈旧、变质的动植物油或鱼肝油）以及霉变的饲料等；饲料中含大量维生素 E 的拮抗物质，可引起相对性缺乏症；日粮组成中，含硫氨基酸（蛋氨酸、胱氨酸、半胱氨酸）或微量元素硒缺乏，可促进发病；母乳量不足或乳中维生素 E 的含量低下，以及断奶过早是引起仔猪发病的主要原因。

维生素 B_1 缺乏：原发性维生素 B_1 缺乏多因饲料中硫胺素含量不足，动物体内不能贮存硫胺素，只能从饲料中供给。当动物长期缺乏青绿饲料而谷类饲料又不足时，则影响母猪泌乳、妊娠、仔猪生长发育，出现慢性消耗性疾病及发热过程；继发性维生素 B_1 缺乏是由于饲料中存在干扰硫胺素作用的物质，如患慢性腹泻等。

维生素 B_2 缺乏：饲料中维生素 B_2 含量不足，如长期单纯饲喂谷物及其副产品，而缺乏青草、苜蓿、番茄、甘蓝、酵母、动物肝脑肾等富含核黄素的饲料；动物对维生素 B_2 的需要增加，机体供应相对不足；饲料的加工调制、储存方法不当也可造成维生素 B_2 的破坏；动物患胃肠道疾病，影响了机体对维生素 B_2 的吸收，可继发本病。

维生素 K 缺乏：饲料中维生素 K 含量不足，吸收障碍。

（二）诊断要点

1. 维生素 A 缺乏

怀孕母猪患病时，易发生流产、早产或死胎或产畸形胎。所生仔猪体质衰弱，生命力不强，极易患病，如气管炎、肠炎和肺炎等，也可引起死亡。公猪患病后，性欲下降，精子活力下降，甚至排死精。

仔猪患病多表现皮肤粗糙，皮肤增多，耳尖干枯，背毛粗乱，无光泽，视力减弱或出现夜盲症的现象（猪不明显）。有的猪行走不便，盲目行动，碰墙和撞障碍物等。严重时出现干眼病，眼角膜及结膜干燥，发炎，甚至角膜软化、穿孔。仔猪还常出现神经症状，视力听觉障碍，走路摇摆不稳，共济失调，转圈，痉挛，后躯麻痹，甚至瘫痪。

2. 维生素 D 缺乏

病初食欲减退，消化不良，发育缓慢，不愿起立和跑动，经常躺卧。有啃咬食槽、墙壁、泥土、垫草、砖块、破布、瓦片、粪便等异食的表现，故容易出现消化不良症状。如果病情继续发展，可以看到病猪行走摇摆、强拘、起立、卧下均很吃力，常呈犬坐姿势。若强迫猪只走动时，常常发出痛苦的叫声，四肢发软，无力支撑身体，用前肢爬行，有时两前肢交叉站立。最严重时，骨骼发生变形，面骨肿胀，关节变形、粗大，肋骨有念珠状肿，并向内弯曲，胸廓扁平狭小，甚至脊背弯曲，或向上凸和下凹。此时病猪进食紊乱，消瘦，常并发其他疾病而死。有的仔猪有神经症状，表现为阵发性痉挛。母猪患本病时，易发生瘫痪，尤其在产后。

3. 维生素 E 缺乏

缺乏维生素 E 时仔猪成活率低，母猪不易受孕且易流产，公猪精液品质低、性欲不强、运动失调。

4. 维生素 B_1 缺乏

病猪消瘦，被毛粗乱，无光泽，皮肤干燥，食欲减退，有的呕吐，前期多见便秘，似羊粪蛋样小球，后期常变为腹泻。单肢或多肢跛行，步态僵硬，不灵活，站立困难，震颤发抖。触诊无刺痛，对刺激反应迟钝。精神不振，喜卧，呈疲劳状态。有的阵发性痉挛，有的倒地抽搐，四肢游泳样划动。体温变化不大。发病缓慢，病程长，多在 7 天以上。

5. 维生素 B_2 缺乏

病猪厌食，生长缓慢，经常腹泻，被毛粗乱无光，并有大量脂性渗出物，惊厥，眼周围有分泌物，运动失调，昏迷，死亡。鬃毛脱落，由于跛行不愿行走，眼结膜损伤，眼睑肿胀，卡他性炎症，甚至晶体混浊、失明。怀孕母猪缺乏维生素 B_2，仔猪出生后不久死亡。

6. 维生素 K 缺乏

临床表现感觉过敏、贫血、厌食、衰弱、轻度或中度出血倾向，鼻出血或创伤出血不止，凝血时间显著延长。

（三）防制

1. 预防

（1）维生素 A 缺乏　配合饲料中供给足够的维生素 A 或能全年保证猪吃到青绿饲料或青干草等。特别是冬春季节。

（2）维生素 D 缺乏　注意配合饲料中饲给足够的维生素 D，保证猪舍的干燥、通风、光照，特别是舍内养猪，要注意阳光照射。同时注意在饲料中配给合理的钙、磷。

（3）维生素 E 缺乏　妊娠母猪于分娩前 1 个月，仔猪出生后，可应用维生素 E 或亚硒酸钠进行预防注射。

（4）维生素 B_1 缺乏　加强饲养管理，饲喂符合其营养需要的全价配合日粮，并注意搭配细米糠、麸皮、豆类、青菜、青草等多含维生素 B_1 的饲料，可防止本病的发生，进而促进猪只健康快速生长发育。若猪只已发生本病，停喂原来饲料，改喂富含维生素 B_1 的全价配合饲料。

（5）维生素 B_2 缺乏　正常情况下猪每天每千克体重需要 60~80 微克维生素 B_2，每吨饲料中补充维生素 B_2 2~3 克，就可有效防止本病的发生。

（6）维生素 K 缺乏　首要的是要保证饲料中维生素 K 的足够含量，另外，消除影响维生素 K 吸收的因素，如肝胆疾病等。

2. 治疗

（1）维生素 A 缺乏　发病后，必须改善饲养条件，喂给青绿饲料，如菠菜、白菜、水生植物、胡萝卜、苜蓿等富含维生素 A 的饲料；鱼肝油每日 1~2 次，每次 2~3 毫升，滴于仔猪口中，或肌内注射 1~3 毫升；维生素 AD 注射液 2~5 毫升，肌内注射；维生素 A 注射液 2~5 毫升，肌内注射。

（2）维生素 D 缺乏　肌注维生素 AD 2~5 毫升，或维丁胶钙 2~4 毫升，或多维钙片内服；成年母猪静注 10% 葡萄糖酸钙 30~50 毫升，隔日 2 次，2~3 次；鱼肝油皮下注射 5 毫升，或伴食喂给仔猪；结合喂给贝壳粉、石粉、碳酸钙、鱼粉或肉骨粉等。

（3）维生素 E 缺乏　每千克饲料 10~15 毫克饲喂。亚硒酸钠可参考硒缺乏症。

（4）维生素 B_1 缺乏　按每千克体重 0.25~0.5 毫克，采取皮下、肌肉或静脉注射维生素 B_1，每日 1 次，连用 3 日。也可内服丙硫胺或维生素 B_1 片。

（5）维生素 B_2 缺乏　每吨饲料内补充核黄素 2~3 克，也可采用口服或肌内注射维生素 B_2，每头猪 0.02~0.04 克，每日 1 次，连用 3~5 日。

（6）维生素 K 缺乏　可应用维生素 K 注射液 10~30 毫克肌内注射，每天 1 次，连用 3~5 天。最好同时给予钙剂治疗。

五、黄脂病

猪黄脂病俗称"猪黄膘"，指猪体内脂肪组织为蜡样质的黄色颗粒沉着，呈现出黄色，并伴有特殊的鱼腥味或蛹臭味，影响肉质。饲料中不饱和脂肪酸甘油酯含量过多，或缺乏维生素 E 所致。长期饲喂变质的鱼粉、鱼肝油下脚料、鱼类加工时的废弃物、蚕蛹等，易发生黄脂。遗传因素以及饲喂含天然黄色素较丰富的饲料，也可能产生黄脂。

（一）病因

1.饲料霉变

食用了被黄曲霉毒素污染的饲料。

2.饲料中不饱和脂肪酸含量过高和维生素 E 的不足

若饲喂鱼或其副产品（鱼肝油下脚料，比目鱼和鲑鱼的副产品最危险）、鱼粉、蚕蛹粕和油渣、油糟类、米糠、玉米、豆饼、亚麻饼、蝇饲料等高脂肪、易酸败饲料过多，在饲喂量超过日粮的 20% 且饲料中不饱和脂肪酸含量高或者生育酚含量不足的情况下，使机体内维生素 E 的消耗量大增，引起机体内维生素 E 相对缺乏，加上其他抗氧化剂不足的共同作用，导致抗酸色素在脂肪组织中沉积，并使脂肪组织形成一种棕色或黄色无定性的非饱和叠合物小体，促使黄膘产生。

3.饲料中含有色素含量高的原料

如紫云英（草籽）、芜菁、胡萝卜和南瓜等，这些原料中胡萝卜素和叶红素含量较高，在体内代谢不全引起黄染。另外，如果原料商卖出的原料本身就是染色的，例如染色掺假棉粕、柠檬酸渣、假DDGS（豆粕替代品，用玉米皮、尿素和黄染料制成）等，猪吃这些原料作成的饲料，染料会沉积到脂肪上，变成黄膘。

4. 饲料中添加了导致产生猪黄脂病的药物

如磺胺类和某些有色中草药，在使用时间较长或没有经过足够长的休药期便屠宰，会造成猪胴体局部或全身脂肪发黄。

5. 饲料添加剂配方或生产工艺不合理

高铜的配方可使饲料中的油脂氧化酸败导致黄脂。发生黄脂的饲料几乎都在使用高铜！实际上高铜本身并不会导致黄脂，而在于高铜本身的催化氧化作用，铜的使用主要与类抗生素作用有关，在维生素E添加量可有可无处于临界状态时，高铜导致饲料氧化加快，加大了维生素E需要量，尤其在湿热的条件下更是如此。一般条件下，30℃维生素E与饲料硫酸铜混合存留时间约为3天，损失过半；而湿润条件下，这种损失更快、更明显，这是调质（对颗粒饲料制粒前的粉状物料进行水热处理的一道加工工序）制粒的饲料更容易导致黄脂的主要原因。

如果饲料生产线通风不良（尤其是玉米粉碎系统），在玉米粉碎过程中产生的大量热量和水蒸气，就会凝结在粉碎玉米的表面，导致玉米中不饱和脂肪酸过氧化，或者配合料从生产到使用时间间隔长，引起饲料中不饱和脂肪酸过氧化。全价料在高温、高湿的季节，饲料中的不饱和脂肪酸更容易发生酸败，而酸败的脂肪可以形成黄脂；另外，变质的淀粉导致胆汁外泄，形成黄脂，实际雷同于黄疸；调质制粒时遇到高温和高湿，并在铜的参与下，这种黄脂变化会更为迅速。

6. 遗传因素

有人曾对易发生黄脂病的地区做调查，发现凡是父本或母本屠宰时发现黄脂的猪，其所生后代黄脂病发生也多。

（二）诊断要点

1. 临床症状

该病的临床症状不够明显，生前很难判断。大多数病猪食欲不振、精神倦怠、衰弱，被毛粗糙，增重缓慢，结膜色淡，有时发生跛行，眼有分泌物，黄脂病严重的猪血红蛋白水平降低，有低色素性贫血的倾向，个别病猪突然死亡。剖检可见体脂呈柠檬黄色，骨骼肌和心肌呈灰白（与白肌病相似），变脆；肝呈黄褐色，脂肪变性明显；肾呈灰红色，横断面发现髓质呈浅绿色；淋巴结水肿，有出血点，胃肠黏膜充血。

2.感官鉴别

黄膘肉病猪猪肉胴体脂肪是棕色或黄色，在将其悬挂 24 小时后黄色变浅或消失，内脏正常无变化、无异味，一般认为是饲料引起，可以食用。

黄疸肉与黄膘肉不同。遇到黄染的肉，首先要看皮肤是否发黄（因黄疸皮肤都黄），其次是查看关节滑液囊液以及筋腱，如果也是黄色基本判定为黄疸。将有疑问的胴体放置一边，经几小时后再观察，若色度减轻或消失则为黄脂。反之，黄色不减而加重，必是黄疸无疑。观察肝脏和胆管的病理变化，也可确定是否是黄疸肉，绝大多数黄疸（90％以上）的肝和胆管都有病变，如肝的囊肿、硬化、变性、胆管阻塞等。黄疸肉不但脂肪发黄，皮肤、黏膜、关节囊液、组织液、血管内膜、浆膜、肌腱等都显黄色，内脏也出现病理变化，实质器官均呈现不同程度的黄色。由钩端螺旋体病引起的黄疸尤其在皮肤、关节滑液囊液、血管内膜和肌腱的黄染比较明显。

（三）防制

应做好品种的选育工作，即淘汰黄脂病的易发品种，选育抗该病的品种。合理调整日粮，增加维生素 E 供给，减少饲料中不饱和脂肪酸的高油脂成分，将日粮中不饱和脂肪酸甘油酯的饲料限制在 10％以内。禁喂鱼粉或蚕蛹。日粮中添加维生素 E，每头每日500~700 毫克，或加入 6％的干燥小麦芽、30％米糠，也有预防效果。禁止使用黄曲霉毒素严重污染的饲料。

六、异食癖

猪异食癖是一种由于饲养管理不当、环境不适、饲料营养供应不平衡、疾病及代谢机能紊乱等引起的一种应激综合征。在冬季、早春发病率较高，给养猪户造成不必要的经济损失。

（一）原因

1. 饲养管理不当

包括饲养密度过大、饲槽空间狭小、限饲与饮水不足、同一圈舍猪只大小强弱悬殊、猪只新并群造成打斗、争夺位次等原因均可诱发异食癖。

2. 环境因素

冬秋季猪发病率比较高的原因可能是干燥和多尘环境导致了猪更多的烦躁和攻击行为。猪舍环境条件差，如舍内温度过高或过低，通风不良及有害气体的蓄积，猪舍光照过强，猪处于兴奋状态而烦躁不安，猪生活环境单调，惊吓，猪乱串群；天气的异常变化，猪圈潮湿引起皮肤发痒等因素，使猪产生不适感或休息不好均能引发啃咬等异食癖的发生。

3. 品种和个体差异

同一猪圈内如果饲养不同品种或同一品种间体重差异过大的猪，因品种及生活特点差异，相互矛盾，相互争雄而发生撕咬。个体之间差异大，在占有睡觉面积和抢食中，常出现以大欺小现象。

4. 疾病

猪患有虱子、疥癣等体外寄生虫时，可引起猪体皮肤刺激而烦躁不安，在舍内摩擦而导致耳后、肋部等处出现渗出物，对其他猪产生吸引作用而诱发咬尾；猪体内寄生虫病，特别是猪蛔虫，刺激患猪攻击其他猪。猪只体内荷尔蒙的刺激导致情绪不稳定也可发生咬尾现象。

5. 营养供应不平衡

当饲料营养水平低于饲养标准，满足不了猪生长发育的营养需要时可导致咬尾症的发生。另外，日粮中的各种微量营养成分不平衡，如日粮中钾、钠、镁、铁、钙、磷、维生素等的缺乏或者不平衡也会造成此症。

6. 猪本身的天性

猪爱玩好动，处于环境舒适、安居乐业的小猪，咬其他猪的尾巴玩，猪的模仿性是一只猪发生异食癖而引发大群发生异食癖的原因之一。同时因互咬导致的破皮与流血等外伤，又诱发了猪相互撕咬的兴趣。

（二）诊断要点

常见的猪异食癖表现为咬尾、咬耳、咬肋、吸吮肚脐、食粪、饮尿、拱地、闹圈、跳栏、母猪食仔猪等现象。相互咬斗是异食癖中较为恶劣的一种，表现为猪对外部刺激敏感，举止不安，食欲减弱，目光凶狠。起初只有几头相互咬斗，逐渐有多头参与，主要是咬尾，少数也有咬耳。常见被咬尾脱毛出血，咬猪进而对血液产生贪嗜，引起咬尾癖，危害也逐渐扩大。被咬猪常出现尾部皮肤和被毛脱落，影响体增重，严重时可继发感染，引起骨髓炎和脓肿，若不及时处理，可并发败血症等导致死亡。

（三）防制

1. 加强饲养管理，营造良好的生活环境

（1）合理布控猪舍 同一圈舍猪只个体差异不宜太大，应尽量接近。饲养密度不宜过大，猪的饲养密度一般应根据圈舍大小而定，原则是以不拥挤、不影响生长和能正常采食饮水为宜。冬季密一些，夏季稀一些，保证每头肥育猪饲养面积 0.8~1 米^2、中猪 0.6~0.7 米^2、仔猪 0.3~0.5 米^2。

（2）单独饲养有恶癖的猪 咬尾症的发生常因个别好斗的猪引起，如在圈中发现有咬尾恶癖的猪，应及时挑出单独饲养。可在猪尾上涂焦油，还可用博克或 50° 以上白酒喷雾猪体全身和鼻端部位，每天 3~5 次，一般两天可控制咬尾症。同时隔离被咬的猪，对被咬伤的猪应及时用高锰酸钾液清洗伤口，并涂上碘酒以防止伤口感染，严重的可用抗生素治疗。

（3）避免应激 调控好舍内温度与湿度，加强猪舍通风，防止贼风侵袭、粪便污染、空气浑浊、潮湿等因素造成的应激。定时定量饲喂，不喂发霉变质饲料，饮水要清洁，饲槽及水槽设施充足，注意卫生，避免抢食争斗及饮食不均。

2. 仔猪及时断尾

对仔猪断尾是控制咬尾症的一种有效措施。

3. 分散猪只注意力

在猪圈中投放玩具，如链条、皮球、旧轮胎以及青绿饲料等，分散猪只关注的焦点，从而减少咬尾症的发生。

4. 使用营养平衡的配合饲料，满足猪的营养需要

选用优质饲料原料，适度增加食盐用量。对于吃胎衣和胎儿的母猪，除加强护理外，还可用河虾或小鱼 100~300 克煮汤饮服，每天 1 次，连服数日。还可在饲料中增加调味消食剂，添加大蒜、白糖、陈皮及一些调味剂来改善猪的异食癖。

5. 对症用药，控制异食癖

对患慢性胃肠疾病的猪，治疗主要以抑菌消炎、清除肠内有害物质为原则，并结合补液、强心措施。对于患寄生虫病的猪，应及时驱虫。对于被咬伤的猪外部消毒，并辅以抗生素治疗。

第二节　中毒性疾病

一、亚硝酸盐中毒

亚硝酸盐中毒是由于菜类等青绿饲料的贮存、调制方法不当时，在适宜的温度和酸碱度的条件下，在微生物的作用下，大量的硝酸盐可还原成剧毒的亚硝酸盐，猪采食这类饲料后而引起中毒，本病常于猪吃饱后不久发生，故有饱潲症之称。

（一）病因

因食用储存和加工不当，含有较多硝酸盐的白菜、菠菜、甜菜、野菜等青绿多汁饲料，而使猪群发生中毒。

亚硝酸盐毒性很大，主要是血液毒。当亚硝酸盐经过胃肠黏膜吸收进入血液后，能使血液中的氧化血红蛋白变为变性血红蛋白（高铁血红蛋白），使血液失去携氧的能力，而引起全身缺氧，导致呼吸中枢麻痹，严重者 30 分钟左右即可窒息而死。亚硝酸盐在体内可透过内屏障及胎盘组织，引起妊娠母猪发生早产、弱胎及死胎。

（二）诊断要点

病猪突然发病，一般在采食后 10~30 分钟，最迟 2 小时出现症状，病猪突然不安，呼吸困难，继而精神萎靡，呆立不动，四肢无

力，行走打晃，起卧不安，犬坐姿势，流涎、口吐白沫或呕吐，皮肤、耳尖、嘴唇及鼻盘等部开始苍白，以后呈青紫色，穿刺耳静脉或剪断尾尖流出酱油状血液，凝固不良。体温一般低于正常值（35~37℃），四肢和耳尖冰凉，脉搏细数，很快四肢麻痹，全身抽搐，嘶叫，伸舌，最后窒息而死。若病猪2小时内不死者，则可逐渐恢复。

剖解后病理变化为：因死亡快，内脏多无显著变化，主要特征是血液呈酱油状、紫黑色而凝固不良。胃底、幽门部和十二指肠黏膜充血、出血。病程稍长者，胃黏膜脱落或溃疡，气管及支气管有血样泡沫，肺有出血或气肿，心外膜常有点状出血。肝、肾呈蓝紫色，淋巴结轻度充血。

（三）防制

1.预防

改善饲养管理，不喂存放不当的青绿多汁饲料，防止亚硝酸盐中毒。

2.治疗

发现亚硝酸盐中毒，应迅速抢救。目前，特效解毒药为美蓝和甲苯胺蓝。同时配合应用维生素C和高渗葡萄糖溶液，效果较好。

对严重病例，要尽快剪耳、断尾放血；静脉或肌内注射1%美蓝溶液，用量为1毫升/千克体重，或注射甲苯胺蓝，用量为5毫克/千克体重。内服或注射大剂量维生素C，用量为10~20毫克/千克体重，以及静脉注射10%~25%葡萄糖液300~500毫升。

对症状较轻者，仅需安静休息，投服适量的糖水或牛奶等即可。

对症治疗：对呼吸困难、喘息不止的患畜，可注射山梗菜碱、尼可刹米等呼吸兴奋剂；对心脏衰弱者可注射安钠咖、强尔心等；对严重溶血者，放血后输液并口服或静脉滴注肾上腺皮质激素，同时内服碳酸氢钠等药物，使尿液碱化，以防血红蛋白在肾小管内凝集。

二、霉饲料中毒

霉饲料中毒就是猪采食了发霉的饲料而引起的中毒性疾病，以神经症状为特征。

（一）病因

自然环境中含有许多霉菌，常寄生于含淀粉的饲料上，如果温度（28℃左右）和湿度（80%~100%）适宜，就会大量生长繁殖，有些霉菌在生长繁殖过程中，能产生有毒物质。目前，已知的霉菌毒素有上百种，最常见的有黄曲霉毒素、镰刀菌毒素和赤霉菌毒素等。这些霉菌毒素都可引起猪中毒，仔猪及妊娠母猪尤为敏感。

发霉饲料中毒的病例，临床上常难以肯定为何种霉菌毒素中毒，往往是几种霉菌毒素协同作用的结果。

（二）诊断要点

仔猪和妊娠母猪对发霉饲料较为敏感。中毒仔猪常呈急性发作，出现中枢神经症状，头弯向一侧，头顶墙壁，数天内死亡。大猪病程较长，一般体温正常，初期食欲减退，后期废食，腹痛，下痢或便秘，粪便中混黏液或血液，被毛粗乱，迅速消瘦，生长迟缓。白猪的嘴、耳、四肢内侧和腹部皮肤出现红斑，妊娠母猪常引起流产及死胎等。

剖检的主要病理变化为：肝实质变性，颜色变淡黄，显著肿大，质地变脆；淋巴结水肿。病程较长者，皮下组织黄染，胸腹膜、肾、胃肠道出血。急性病例最突出的变化是胆囊黏膜下层严重水肿。

（三）防制

1. 预防

防止饲料发霉变质，严禁用发霉饲料喂猪。

2. 治疗

目前尚无特效药物。发病后应立即停喂发霉饲料，同时进行对症治疗。急性中毒，用0.1%高锰酸钾溶液、温生理盐水或2%碳酸氢钠液进行灌肠、洗胃后，内服盐类泻剂，如硫酸钠0.03~0.05千克，水1升，1次内服。静脉注射5%葡萄糖生理盐水300~500毫升，40%乌洛托品20毫升；同时皮下注射20%安钠咖5~10毫升。

三、酒糟中毒

酒糟中毒是由于酒糟贮存方法不当或放置过久发生腐败霉烂，产生大量有机酸（醋酸、乳酸、酪酸）、杂醇油（正丙醇、异丁醇、异戊醇）及酒精等有毒物质，易引起猪中毒。

（一）病因

突然给猪饲喂大量的酒糟，或对酒糟保管不当，被猪大量偷吃或长期单一饲喂酒糟，而缺乏其他饲料的适当搭配及饲喂严重霉败变质的酒糟，其有毒物质、霉菌、酒精可直接刺激胃肠并被吸收而发生中毒。

（二）诊断要点

患猪发病初期表现精神沉郁，食欲减退，粪便干燥，以后发生下痢，体温升高。严重时出现腹痛症状，呼吸迫促，心跳疾速。外表常有皮疹，卧地不起。

剖检，主要病理变化为：胃肠黏膜充血和出血，直肠出血、水肿；肠系膜淋巴结充血；肺充血和水肿；肝、肾肿胀，质地变脆，心脏有出血斑。

（三）防制

1.预防

必须以新鲜的酒糟喂猪，且酒糟的喂量不宜过多，一般应与其他饲料搭配饲喂，酒糟的比例以不超过日粮的1/3为宜，用不完的酒糟要妥善贮存，可将其紧压在饲料缸内，以隔绝空气；如堆放保存，则不宜过厚，并避免日晒，以防霉败变质。发霉酸败的酒糟严禁喂猪。

2.治疗

对中毒的猪应立即停喂酒糟，以1%碳酸氢钠液1 000~2 000毫升内服或灌肠。同时内服硫酸钠30克，植物油150毫升，加适量水混合后内服，并静脉注射5%葡萄糖生理盐水500毫升，加10%氯化钙液20~40毫升。严重病例应注意维护心、肺功能，可肌内注射10%~20%安钠咖5~10毫升。发生皮疹或皮炎的猪，用2%明矾水或1%高锰酸钾液冲洗，剧痒时用5%石灰水冲洗，或以3%石炭酸酒精涂擦。

四、菜籽饼中毒

猪长期或大量摄入不经适当处理的菜籽饼可引起中毒或死亡。临床上以急性胃肠炎、肺气肿和肾炎为特征。

（一）病因

油菜是我国主要油料作物之一，菜籽饼粕粗蛋白含量可达32%~39%，是重要的蛋白质饲料资源，但因其含有有毒物质（硫葡萄糖苷、硫葡萄糖苷降解物、芥子碱、缩合单宁等），如果在饲料中添加剂量过大，可造成猪只中毒。

菜籽饼粕中毒是菜籽饼粕中含有的硫葡萄糖苷在硫葡萄糖苷酶的作用下产生异硫氰酸盐、硫氰酸盐、噁唑烷硫酮等，被动物过量采食所发生的以胃肠炎、呼吸困难、血红蛋白尿及甲状腺肿大为特征的中毒性疾病。

（二）诊断要点

因毒物引起毛细血管扩张，血容量下降和心率减慢，可见心力衰竭或休克。有感光过敏现象，精神不振，呼吸困难，咳嗽。出现胃肠炎症状，如腹痛、腹泻、粪便带血；肾炎，排尿次数增多，有时有血尿；肺气肿和肺水肿。发病后期体温下降，死亡。

剖检可见胃肠道黏膜充血、肿胀、出血。肾出血，肝肿大、混浊、坏死，肺水肿。胸、腹腔有浆液性、出血性渗出物，肾有出血性炎症，有时膀胱积有血尿。肺气肿。甲状腺肿大。血液暗色，凝固不良。

（三）防制

1.预防

每日饲喂菜籽饼的量最好不超过日粮的10%，通过坑埋法、发酵中和法、加水浸泡法而使毒素减少。

2.治疗

无特效解毒药，中毒后立即停喂菜籽饼。内服淀粉浆、蛋清、牛奶等以保护黏膜，减少对毒素的吸收。

对症治疗：可适当静脉注射维生素 C、维生素 K、肾上腺皮质激素、利尿剂、止血药。

治宜除去毒物，对症处理。

处方 1：用 0.1%~1% 的单宁酸或 0.05% 高锰酸钾液洗胃；蛋清、牛奶或豆浆适量，一次内服。

处方 2：硫酸钠 35~50 克，小苏打 5~8 克，鱼石脂 1 克。加水

100 毫升，一次灌服。

处方 3：20% 樟脑油 3~6 毫升，一次皮下注射。

处方 4：甘草 60 克，绿豆 60 克。水煎去渣，一次灌服。

五、食盐中毒

猪食盐中毒后，可引起消化道、脑组织水肿、变性，乃至坏死，并伴有脑膜和脑实质的嗜酸性粒细胞浸润。以突出的神经症状和一定的消化紊乱为其临床特征。

（一）病因

采食了含食盐过高的饲料，都可引起猪的食盐中毒，特别是仔猪更为敏感，食盐中毒的实质是钠离子中毒。因此，给猪只投予过量的乳酸钠、碳酸钠、丙酸钠、硫酸钠等都可发生中毒。据报道：食盐中毒量为 1~2.2 毫克 / 千克体重，成年中等个体猪的致死量为 0.125~0.25 千克。这些数值的变动范围很大，主要受饲料中无机盐组成、饮水量等因素的左右。全价饲料，特别是日粮中钙、镁等无机盐充足时，可降低猪对食盐的敏感性，反之，敏感性显著增高。例如，仔猪的食盐致死量通常为 4.5 毫克 / 千克体重。钙、镁不足时，致死量缩小为 0.5~2 克 / 千克体重；钙、镁充足时，增大到 9~13 克。饮水充足与否，对食盐中毒的发生具有决定性作用。当猪食入含 10%~13% 食盐的饲料而不限制饮水时，则不发生中毒；相反，即使饲料仅含 2.5% 的食盐，但不给充足饮水，也可引起中毒。因此说，食盐中毒的确切原因是食盐过量饲喂，而饮水供应不足所致。

（二）诊断要点

患病初期，病猪呈现食欲减退或废绝、精神沉郁、黏膜潮红、便秘或下痢、口渴和皮肤瘙痒等症状。继之出现呕吐和明显的神经症状，病猪兴奋不安，频频点头，张口咬牙，口吐白沫，四肢痉挛，肌肉震颤，来回转圈或前冲、后退，听觉、视觉障碍，刺激无反应，不避障碍，头顶墙壁。严重的呈癫痫样痉挛，每间隔一定时间发作 1 次。发作时，依次地出现鼻盘抽缩或扭曲，头颈高抬或向一侧歪斜，脊柱上弯或侧弯，呈后弓反张或侧弓反张姿势，以致整个身躯后退而呈犬坐姿势，甚至仰翻倒地。每次发作持续 2~3 分钟，甚至连续发作，心跳加快（140~200 次 / 分钟），呼吸困难。最后四肢瘫痪，卧地不起，一般 1~6 小时死亡。

慢性中毒者即慢性钠贮留期间，有便秘、口渴和皮肤瘙痒等前驱症状。一旦暴发，则表现上述的神经症状。

实验室检查：血清钠显著增高，达到 180~190 毫摩 / 升（正常为 135~145 毫摩 / 升），且血液中嗜酸性粒细胞显著减少。为进一步确诊，还可采取死亡猪的肝、脑等组织作氯化钠含量测定，如果肝和脑中的钠含量超过 150 毫摩 / 升，脑、肝、肌肉中的氯化物含量分别超过 180 毫摩 / 升、250 毫摩 / 升、70 毫摩 / 升，即可确认为食盐中毒。

（三）防制

1. 预防

严禁用含盐量过高的饲料喂猪，日粮含盐量不应超过 0.5%。同时，要供给足够的饮水。

2. 治疗

食盐中毒无特效治疗药物，主要是促进食盐排出及对症治疗。

发现中毒后应立即停喂含食盐的饲料及饮水，改喂稀糊状饲料。口渴时多次少量给予饮水，切忌突然大量给水或任意自由饮水，以免胃肠内水分吸收过速，使血钠水平迅速下降，加重脑水肿，而使病情突然恶化。

急性中毒，用 1% 硫酸铜 50~100 毫升内服催吐后，内服粘浆剂及油类泻剂 80 毫升，使胃肠内未吸收的食盐泻下和保护胃肠黏膜。也可在催吐后内服白糖 0.15~0.2 千克。

对症治疗，为恢复体内离子平衡，可静脉注射 10% 葡萄糖酸钙 50~100 毫升，为缓解脑水肿，降低脑内压，可静脉注射 25% 山梨醇液或 50% 高渗葡萄糖液 50~100 毫升。为缓解兴奋和痉挛发作，可静脉注射 25% 硫酸镁注射液 20~40 毫升。心脏衰弱时，可皮下注射安钠咖等。

第三节　外、产科疾病

一、疝

疝是腹部的内脏从自然孔道或病理性破裂孔脱至皮下或其他腔、孔的一种常见病。根据发生的部位一般分为：脐疝、腹股沟阴囊疝、腹壁疝几种。

（一）脐疝

1. 病因

多发生于幼龄猪，常因为脐带轮闭锁不全或完全没有闭锁，再加上腹腔内压增高，奔跳、捕捉、按压等诱因造成腹腔脏器进入囊内。一是先天性脐带轮发育不全，轮孔异常宽大，肠管容易通过。二是脐轮未闭合完全时，猪便秘努责，幼猪贪食，腹胀如鼓，腹压增高，肠管由脐部脱出。

2. 诊断要点

根据病情可分为可复性脐疝和嵌闭性脐疝两种。可复性脐疝在脐部发现鸡蛋大或碗口大的柔软肿胀，在外表上呈局限性、半圆形肿胀（图6-1），推压肿胀部或使猪腹部向上则肿胀消失。该处可摸到一个圆形的脐轮，但还纳后又复原。肿胀部没有热痛，听诊时可听到肠的蠕动音。病猪体温、食欲正常，过分饱食或奔走时下坠物就增大。患嵌闭性脐疝的动物表现不安，并有呕吐症状，肿胀部位硬固疼痛，温度增高。

图6-1　脐疝

3. 防治

如幼龄猪脱出肠管较少，还纳腹腔后，局部用绷带压迫，脐孔

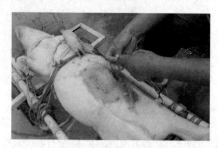

图6-2 脐疝手术治疗

可能闭锁而治愈。脐孔较大或发生肠嵌闭时，须进行疝孔闭锁术（图6-2）。

手术前，病猪应停食1天，仰卧保定，手术部剪毛、洗净、消毒，用1%普鲁卡因10~15毫升浸润麻醉，纵向切开皮肤，切时谨防伤及腹膜或阴茎，妥善保存疝囊。将肠管送回腹腔，随之立即内翻疝囊，用缝线顺疝囊环作间断内翻缝合，将多余的囊壁及腹膜对称切除，冲洗干净后撒布青霉素粉，再结节缝合皮肤。如为嵌闭性脐疝而且肠管与腹膜粘连，则用外科刀尖开一小口，再伸入食指进行钝性剥离。剥离后再按上法内翻疝囊、清洗消毒、撒布青霉素粉、缝合皮肤。

（二）腹壁疝

1.病因

疝囊由腹壁的皮肤、皮下组织及腹膜形成，其内容物可为肠管、网膜、肝脏及子宫等，发生的部位不定。通常是由于外界的钝性暴力，如剧烈的冲撞、踢跌及分娩等原因引起。

2.诊断要点

腹壁上有球形或椭圆形的大小不等的肿胀，肿胀的周边与健康组织之间有明显界线。肿胀部柔软、无疼、无热，用力压迫时肿胀缩小。触诊可发现腹壁肌肉破裂的部位和形状，听诊时可听到蠕动音。

3.防制

改善饲养管理，防止创伤发生。如果发生腹壁疝，以手术疗法为好。

术前应停食1天，使肠道内容物减少，以便于手术。后肢吊起或仰卧保定，手术部位剪毛并充分洗净，涂浓碘酊或75%酒精消毒（图6-3），用1%普鲁卡因进行浸润麻醉。延疝颈切开疝囊，应注意勿损伤疝内容物，将粘连的肠管剥离后还纳进腹腔。已经粘连的网膜如果不易剥离则可部分剪除，多余的腹膜可与表面的皮肤、皮下组织、浅筋膜等一并剪除。进一步整理疝颈四周腹膜，再用线做间断缝合。疝环两侧模行切开腹直肌前鞘，然后将下筋膜片，包括腹直肌前后鞘以横行褥式缝合法缝合于上筋膜片下面，两片重叠3~4厘米，所有缝线全部缝好后再一一结扎。将上筋膜片边缘连续缝合在下片表面，缝时勿将缝针刺入过深，以免损伤内脏。如果腹膜不能从疝环筋膜层下剥离出来，也可把筋膜层连同腹膜层作上述重叠修补。最后撒青霉素粉并结节缝合皮肤（图6-4）。

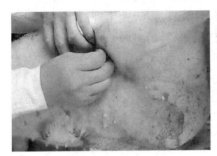
图6-3 手术部位消毒

图6-4 手术部位结节缝合

（三）腹股沟阴囊疝

1.病因

公猪的腹股沟阴囊疝有遗传性，若腹股沟管内口过大，就可发生疝，常在出生时发生（先天性腹股沟阴囊疝），也可在几个月后发生。后天性腹股沟阴囊疝主要是腹压增高所引起。

2.诊断要点

猪的腹股沟阴囊疝症状明显，一侧或两侧阴囊增大（图6-5），捕捉以及凡能使腹压增大的因素均可加重症状，触诊时硬度不一，可摸到疝的内容物（多半为小肠），也可以摸到睾丸，如将两后肢提举，常可使增大的阴囊缩小而达到自然整复的目的。少数猪可变为嵌闭性疝，此

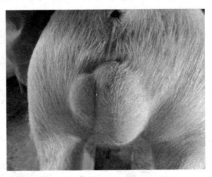
图6-5 一侧阴囊增大

时多数肠管已与囊壁发生广泛性粘连。

3.防治

猪的阴囊疝可在局部麻醉下手术。后肢吊起或仰卧保定，手术部位剪毛并充分洗净，涂浓碘酊或75%酒精消毒，用1%普鲁卡因进行浸润麻醉。切开皮肤分离浅层与深层的筋膜，而后将总鞘膜剥离出来，从鞘膜囊的顶端沿纵轴捻转，此时疝内容物逐渐回入腹腔。猪的嵌闭性疝往往有肠粘连、肠臌气，所以在钝性剥离时要求动作轻巧，稍有疏忽就有剥破的可能，在剥离时用浸以温灭菌生理盐水的纱布慢慢地分离，对肠管轻轻压迫，以减少对肠管的刺激，并可减少剥破肠管的危险。在确认还纳全部内容物后，在总鞘膜和精索上打一个去势结（为防止脱开，也可双次结扎）（图6-6），然后切断，将断端缝合到腹股沟环上，若腹股沟环仍很宽大，则必须再作几针结节缝合，皮肤和筋膜分别作结节缝合。术后不宜喂得过早、过饱，要适当控制运动。仔猪的阴囊疝采用皮外闭锁缝合。

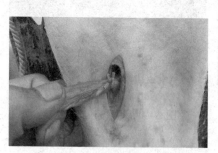

图6-6 切除睾丸和部分总鞘膜，双次结扎

二、母猪流产

猪流产是指母猪正常妊娠发生中断，表现为死胎、未足月活胎（早产）或排出未尸化胎儿等。流产是养猪业发生的常见病，对养猪业有很大的影响，常由传染性和非传染性（饲养和管理）因素引起，可发生于怀孕的任何阶段，但多见于怀孕早期。

（一）流产的原因

流产的病因很多，大致分为传染性流产和非传染性流产。

1.传染性流产

一些病原微生物和寄生虫病可引起流产，如猪的伪狂犬病、细小病毒病、乙型脑炎、猪丹毒（图6-7）、猪蓝耳病（图6-8）、布鲁氏菌病、猪瘟、弓形虫病、钩端螺旋体病等均可引起猪流产。

图6-7　猪丹毒引起母猪流产　　　图6-8　蓝耳病引起母猪流产

2.非传染性流产

非传染性流产的病因更加复杂，与营养、遗传、应激、内分泌失调、创伤、中毒、用药不当等因素有关。

（二）诊断要点

隐性流产发生于妊娠早期，由于胚胎尚小，骨骼还未形成，胚胎被子宫吸收，而不排出体外，不表现临诊症状。有时阴门流出多量的分泌物，过些时间再次发情。

有时在母猪妊娠期间，仅有少数几头胎猪发生死亡，但不影响其余胎猪的生长发育，死胎不立即排出体外，待正常分娩时，随同成熟的仔猪一起产出。死亡的胎猪由于水分逐渐被母体吸收，胎体紧缩，颜色变为棕褐色，称木乃伊胎。

如果胎儿大部或全部死亡时，母猪很快出现分娩症状，母猪兴奋不安，乳房肿大，阴门红肿，从阴门流出污褐色分泌物，母猪频频努责，排出死胎或弱仔。

流产过程中，如果子宫口开张，腐败细菌便可侵入，使子宫内未排出的死亡胎儿发生腐败分解。这时母猪全身症状加剧，从阴门不断流出污秽、恶臭分泌物和组织碎片，如不及时治疗，可因败血症而死。

根据临诊症状可以做出诊断，要判定是否为传染性流产则需进行实验室检查。

（三）防制

1.预防

加强对怀孕母猪的饲养管理，避免对怀孕母猪的挤压、碰撞，饲喂营养丰富，容易消化的饲料，严禁喂冰冻、霉变及有毒饲料。做好预防接种，定期检疫和消毒。谨慎用药，以防流产。

2.治疗

治疗的原则是尽可能制止流产；不能制止时，促进死胎排出，保证母畜的健康；根据不同情况，采取不同措施。

① 妊娠母猪表现出流产的早期症状，胎儿仍然活着时，应尽量保住胎儿，防止流产。可肌内注射孕酮 10~30 毫克，隔日 1 次，连用 2 次或 3 次。

② 保胎失败，胎儿已经死亡或发生腐败时，应促使死胎尽早排出。肌内注射乙烯雌酚等雌激素，配合使用垂体后叶、催产素等促进死胎排出。当流产胎儿排出受阻时，应实施助产。

③ 对于流产后子宫排出污秽分泌物时，可用 0.1%高锰酸钾等消毒液冲洗子宫，然后注入抗生素，进行全身治疗。对于继发传染病而引起的流产，应防治原发病。

三、母猪死胎

母猪死胎是繁殖障碍的一种，妊娠母猪腹部受到打击、冲撞而损伤胎儿，有妊娠疾病及传染病（布鲁氏菌病、猪细小病毒病、乙型脑炎等）时均可引起死胎。

（一）诊断要点

母猪起初不食或少食，精神不振；随后起卧不安，弓背努责，阴户流出污浊液体。在怀孕后期，用手按腹部检查久无胎动。如果时间过长，病猪呆滞，不吃。如死胎腐败，常有体温升高，呼吸急促，心跳加快等全身症状，阴户流出不洁液体，如不及时治疗，常因急性子宫内膜炎引起败血症而死亡。

（二）防制

1.预防

（1）淘汰老龄母猪，保持生产高峰期的母猪群　引种时一定搞清楚种猪系谱、种源地和当地流行病情况，最好是从同一地域引种，引种后要隔离饲养，在一个月内可交替使用抗生素净化隐性疾病，同时要做好驱虫、消毒和配种前几种疫苗的防疫程序。

（2）加强科学饲养管理　日粮营养成分采取最佳科学配比，调控母猪体况。当母猪受外界应激采食量减少时，必须提高日粮中的矿物元素和维生素含量，增强母猪体制，使母猪尽可能多地供给胎儿营养。

（3）注意夏季管理　由于高温高湿，母猪产子时子宫收缩无力，产程延长，呼吸困难，吃料减少，对此情况，首先采取降温措施，同时改变饲喂时间，每天早晨 5 点和晚上 9 点各饲喂一次，中间加两次，使母猪对饲料摄入量增加。给产前 7 天的母猪注射维生素 D_3 和维生素 E。

（4）正确用药，科学防治　对待母猪流产及发烧、采食量下降等症状，不能滥用抗生素，随意加大药物剂量。根据各种症状，分析病因，使用高效、低毒、安全的药物治疗，配合使用青饲料、清洁饮水，增强机体各项功能。另外根据实际情况可脉冲式添加药物，对母猪进行疾病预防、净化。只有确保母猪的健康状况良好，才能充分发挥其生产及繁殖潜力，取得更大的经济效益。

2.治疗

如果已诊断为死胎，可手术取出，必要时注射脑垂体后叶素或催产素，一次皮下注射 10~50 单位。对虚弱的母猪，术前、术后应适当补液。手术后将装有金霉素或土霉素 200 万 ~300 万单位的胶囊，投入子宫内，病猪体温升高者，可肌内注射青霉素、链霉素，连续数天。

四、母猪难产

母猪难产是指母猪在分娩过程中，分娩过程受阻，胎儿不能正常排出，主要见于初产母猪、老龄母猪。母猪很少发生难产，发病率比其他家畜低得多，因为母猪的骨盆入口直径比胎儿最宽横断面长 2 倍，很容易把仔猪产出。难产的发生取决于产力、产道及胎儿 3 个因素中的一个或多个。

（一）病因

1.母猪方面原因

（1）产道狭窄型　产仔时，耻骨联合会正常的开张，但受骨盆生理结构的制约，虽经剧烈持久的努责收缩，终因骨盆口开张太小，胎儿不能排出体外，滞留在子宫口而难产，此类型多发生在初产母猪。

（2）产力虚弱型　产仔时，多种诱因致使母猪疲劳，最终造成子宫收缩无力，无法将胎儿排出产道而难产。此类型多发生在体弱、老龄猪、产仔时间长、产仔太多、产仔胎次太多以及患病母猪。

（3）膀胱积尿型　产仔时，母猪需要长时间躺卧，此时，膀胱括约肌因体况虚弱、时间长、疾病等不良因素影响，使膀胱麻痹，致使膀胱腔隙内的尿液因蓄积过多（不能及时排出体外）而容积性占位，出现挤压产道而难产。

（4）环境应激型　产仔时，母猪受到外界的突发性刺激，如声音、光照、气味、颜色等，致使其频频起卧，坐立不安，使得母猪子宫收缩不能正常进行而难产，此类型多发生于初产母猪和胆小母猪。

（5）其他　如母猪过肥、产道畸形、先天性发育不良等也可引起难产。

2.胎儿方面原因

（1）胎儿过大型　多见于母猪孕育的胎儿太少，且发育过大引起难产。

（2）胎位不正　多见于胎儿在产道中姿势不正，堵塞产道引起难产。

（3）胎儿畸形　畸形的胎儿不能顺利通过产道，引起难产。

（4）胎儿死亡　胎儿在母体内死亡时间较长，引起胎儿水肿、发胀造成难产。

（5）争道占位　两头胎儿同时进入产道引起难产。

（6）其他　多因操作方法不规范、药物使用不合理、助产过早、助产过频等行为，出现如子宫收缩不规整（间歇性），产道因润滑剂少而干涩等原因而难产。

（二）诊断要点

不同原因造成的难产临诊表现不尽相同，有的在分娩过程中时起时卧，痛苦呻吟，母猪阴户肿大，有黏液流出，时做努责，但不见小猪产出，乳房膨大而滴奶。有时产出部分小猪后，间隔很长时间不能继续排出。有的母猪不努责或努责微弱，生不出胎儿，若时间过长，仔猪可能死亡，严重者可致母猪衰竭死亡。

根据母猪分娩时的临诊症状，不难做出诊断。

（三）防制

1. 预防

预防母猪难产，应严格选种选配，发育不全的母猪应缓配，同时加强妊娠期间的饲养管理，适当加强运动，注意母猪健康情况，加强临产期管理，发现问题及时处理。

2. 治疗

母猪破羊水后 1 小时仍然无仔猪产出或产仔间隔超过 0.5 小时，应及时采取措施。有难产史的母猪在产前 1 天肌注氯前列烯醇。当子宫颈口开张时，若母猪阵缩无力，可人工肌注催产素，一般可注射人工合成催产素，用量按每 50 千克体重 1 毫升的剂量，注射后 20~30 分钟可产出仔猪。若分娩过程过长或阵缩力量不足，可第 2 次注射（最多 2 次）。当催产无效或胎位不正、争道占位、畸形、死亡、骨盆狭窄等诱因造成难产时可行人工助产，一般可采用手术取出。

母猪难产时常见的人工助产方法如下。

（1）驱赶助产　当母猪发生难产时，可尝试将母猪从产房中赶出，在分娩舍过道中驱赶运动约 10 分钟，以期调整胎儿姿势，然后再将母猪赶回产房中分娩，往往会收到较好的效果。

（2）按摩助产　母猪生产每头仔猪时间间隔较长或子宫收缩无力时，可辅以按摩法进行助产。其常用的助产方法：助产者双手手指并拢、伸直，放在母猪胸前，依次由前向后均匀用力按摩母猪下腹部乳房区，直至母猪出现努责并随着按摩时间的延长呈渐渐增强之势时，变换助产姿势，一手仍以原来的姿势按摩，另一只手变为按压侧腹部，有节奏、有力度地向下按压腹部逐渐变化的最高点。实际助产时，若手臂酸痛可两手互换按压。随着按摩的进行，母猪努责频率不断加强，最后将仔猪排出体外。

（3）踩压助产 母猪生产时，若频频努责而不见仔猪产出或者是母猪阵缩乏力时，可采用踩压助产。即让人站在母猪侧腹部上虚空着脚踩压，不可用踏实的方法进行助产。其具体方法是：双手扶住栏杆（有产仔栏的最好，也可自制栏杆）借助双手的力量，轻轻地用脚踩压母猪腹部，自前向后均匀地用力踏实，手不能放松。母猪越用力努责就越用力踩压，借助踩压的力量让母猪产出仔猪。如果踩压不能奏效时，很可能是发生了较复杂的难产，应当进行产道、胎位、胎儿等方面的检查，然后再制定方案将胎儿取出。一般当取出一头仔猪后，还要采用按摩法或踩压等方法进行助产，如生产顺利可让其自行生产。

（4）药物催产 经产道检查，确诊产道完整畅通，属于子宫阵缩努责微弱引起的难产时，可采用药物进行催产。催产药可选用缩宫素，肌内或皮下注射2~4毫升，可以每隔30~45分钟注射1次。为了提高缩宫素的药效，也可以先肌注雌二醇10~20毫克或其他雌激素制剂，再注射缩宫素。产仔胎次过多的老龄母猪或难产母猪使用缩宫素无效的，可以肌内注射毛果芸香碱或新斯的明等药物（5~8毫升/头）。

（5）人工助产 最好是选择手相对小一些的人员施行人工助产手术。

① 术前准备：助产人员剪掉指甲并磨光，之后用3%来苏儿清洗双手，消毒手掌和手臂，涂以润滑剂；助手用0.1%高锰酸钾溶液彻底清洗母猪的后躯部、肛门部、阴道部；相关物品等。

② 手术过程：助手将长臂手套用3%来苏儿消毒液浸泡，然后涂上肥皂或石蜡油，帮助助产者戴上手套。助产者将左手并拢，五指呈圆锥形，多次轻轻刺激母猪的外阴部（使母猪适应此种刺激），当母猪逐渐适应后，左手顺着母猪努责的间隙期，将手心朝上，缓缓伸入到母猪产道内，手边伸边旋转，母猪努责时停止伸入，不努责时再往里伸入，检查难产情况或进行助产。在此过程中，要注意不要损伤子宫与产道，动作要轻、缓、稳，切忌强拉硬拽。

仔猪产出后，母猪要及时注射抗生素等药物防止感染。若母猪产道过窄，或因产道粘连，助产无效时，可以考虑剖腹手术。

助产时可以根据胎儿难产情况选择以下助产方式。

徒手牵拉法：助产者手臂深入产道后，慢慢地摸清楚胎儿在子宫内的位置、胎势与朝向。当胎位正常（正生）时，手找到仔猪的耳朵、眼眶等部，用手握住，将其缓慢地拉出产道；也可先找到仔猪的口角，再找到犬齿，将拇指与食指放到其后面固定，缓慢拉出。当仔猪倒生时，可用手指握住仔猪两后肢将仔猪慢慢拉出。

如果胎位不正，应先矫正仔猪胎位，然后再牵拉出来。如果2头仔猪同时进入产道，可将1头推回到子宫，将另1头拉出。掏出1头仔猪后，如果转为正常分娩，则不再需要继续用手牵拉助产。

助产结束后，应向子宫内注入宫净康等药物预防子宫感染。

器械助产法：通常借助于产科器械如产科绳、产科钩等进行人工助产。其缺点是不仅仅对仔猪造成较重的伤害乃至死亡，而且对母猪的产道也会造成较大的损伤，甚至终生不孕不育。

临床上使用产科绳的方法是，将绳的一头打一活套，用手（预先消毒好）携带产科绳套（消毒处理好）入母猪的子宫，"找"到仔猪的上颌骨、前肢（正生）或后肢（倒生），用绳套套住，缓慢拉出。牵拉最好配合母猪努责同时进行；用产科钩助产时，将产科钩置于手掌心，用手护住产科钩将其带入到产道内，钩住仔猪眼眶、下颌骨间隙或上腭等处将仔猪拽出。

器械助产主要适用于死胎性难产及难产程度较大的难产。

剖腹产：对产道狭窄、子宫颈狭窄、胎儿过大等引起的难产，经过助产尚不能将仔猪全部产出的，可考虑剖腹术。

五、胎衣不下

母猪胎衣不下，又称猪胎衣滞留，是指母猪分娩后，胎衣（胎膜）在1小时内不排出。胎衣不下多由于猪体虚弱，产后子宫收缩无力，以及怀孕期间子宫受到感染，胎盘发生炎症，导致结缔组织增生，胎盘粘连等因素有关。流产、早产、难产之后或子宫内膜炎、胎盘炎、管理不当、运动不足、母体瘦弱时，也可发生胎衣不下。

（一）诊断要点

猪胎衣不下有全部不下和部分不下两种，多为部分不下。全部胎衣不下时胎衣悬垂于阴门之外，呈红色、灰红色和灰褐色的绳索状，常被粪土污染；部分胎衣不下时残存的胎儿胎盘仍存留于子宫内，母猪常表现不安，不断努责，体温升高，食欲减退，泌乳减少，喜喝水，精神不振，卧地不起，阴门内流出暗红色带恶臭的液体，内含胎衣碎片，严重者可引起败血症。

根据母猪分娩后胎衣的排出情况，不难做出诊断。

（二）防制

1.预防

加强饲养管理，适当运动，增喂钙及维生素丰富的饲料，能有效预防猪胎衣不下。

2.治疗

治疗原则为加快胎膜排出，控制继发感染。

注射脑垂体后叶素或缩产素 20~40 单位，也可静脉注射 10%氯化钙 20 毫升，或 10%葡萄糖酸钙 50~100 毫升。

也可投服益母草流浸膏 4~8 毫升，每天 2 次。胎衣腐败时，可用 0.1%高锰酸钾溶液冲洗子宫，并投入土霉素片。为促进胎儿胎盘与母体胎盘分离，可向子宫内注入 5%~10% 盐水 1~2 升，注入后应注意使盐水尽可能完全排出。

以上处理无效时，可将手伸入子宫剥离并拉出胎衣。猪的胎衣剥离比较困难，用 0.1%高锰酸钾溶液冲洗子宫，导出洗涤液后，投入适量抗生素（1 克土霉素加 100 毫升蒸馏水溶解，注入子宫）。

中药治疗：当归尾 10 克、赤芍 10 克、川芎 10 克、蒲黄 6 克、益母草 12 克、五灵脂 6 克，水煎取汁，候温喂服。

猪胎衣不下一般预后不良，应引起重视，因泌乳不足，不仅影响仔猪的发育，而且也可引起子宫内膜炎，使以后不易受孕。

六、母猪子宫内膜炎

母猪子宫内膜炎是母猪分娩及产后，子宫有时受到感染而发生炎症。

（一）病因

难产、胎衣不下、子宫脱出以及助产时手术不洁，操作粗野，造成子宫损伤，产后感染，以及人工授精时消毒不彻底，自然交配时公猪生殖器官或精液内有致病菌，炎性分泌物等可引起子宫内膜炎。母猪营养不良，过于瘦弱，抵抗力下降时，其生殖道内非致病菌也能引起发病。

（二）诊断要点

临床上可分为急性与慢性子宫内膜炎。

1. 急性子宫内膜炎

全身症状明显，母猪体温升高，精神不振，食欲减退或废绝，时常努责，特别在母猪刚卧下时，阴道内流出白色黏液或带臭味污秽不洁红褐色黏液或脓性分泌物，分泌物粘于尾根部，腥臭难闻。有时母猪出现腹痛症状。急性子宫炎多发生于产后及流产后。

2. 慢性子宫内膜炎

多由急性子宫内膜炎治疗不及时转化而来。病猪全身症状不明显。病猪可能周期性地从阴道内排出少量混浊的黏液。母猪往往推迟发情，或发情不正常，即使能定期发情，也屡配不孕。

（三）防制

1. 预防

预防本病应保持猪舍清洁、干燥，临产时地面上可铺清洁干草。发生难产时助产应小心谨慎，手臂、用具要消毒，取完胎儿、胎衣后，应用消毒溶液洗涤产道，并注入抗菌药物。人工授精要严格按规则操作和消毒。

2. 治疗

① 在产后急性期，首先应清除积留在子宫内的炎性分泌物，用1%盐水或0.02%新洁尔灭溶液、0.1%高锰酸钾溶液充分冲洗子宫。冲洗后务必将残留的溶液全部排出，至导出的洗液全部透明为止。最后向子宫内注入20万~40万单位青霉素或1克金霉素。

② 全身疗法可用抗生素或磺胺类药物治疗。青霉素40万~80万单位，链霉素100万单位，肌内注射每日2次。用金霉素或土霉素盐酸盐时，母猪每千克体重40毫克，每日肌内注射2次，磺胺嘧啶钠

每千克体重 0.05~0.1 克，每日肌内或静脉注射 2 次。

③ 对慢性子宫内膜炎的病猪，可用青霉素 20 万 ~40 万单位，链霉素 100 万单位，溶入高压消毒的 20 毫升植物油中，向子宫内注入。并皮下注射垂体后叶素 20 万 ~40 万单位，促使子宫收缩，排出腔内炎性分泌物。

④ 金银花、黄连、知母、黄柏、车前、猪苓、泽泻、甘草各 15 克，水煎 1 次喂服。

七、母猪乳房炎

母猪乳房炎是由病原微生物或者机械创伤、理化因素等引起的母猪乳房红、肿、热、硬，并伴有痛感，泌乳减少症状的疫病，多发生在母猪分娩后泌乳期。

（一）病因

1.病菌感染

病菌感染是造成母猪乳房炎的主要因素之一。

病菌感染主要来源于两个方面，即接触性病原菌以及环境性病原菌。接触性病原菌一般是寄生于乳腺上，其中金黄色葡萄球菌、链球菌、大肠杆菌是常见的接触性病原菌，会通过乳头侵入乳房，从而造成乳房炎。

2.内分泌系统紊乱

很多养殖户为了提高经济效益而对母猪使用了大量的药物，这样就让母猪的内分泌系统出现了紊乱、失调的情况，并导致母猪的乳房出现肿胀，造成了母猪乳房炎的发作。

3.饲养管理不科学

在母猪的养殖过程中，没有对猪舍的温度、湿度进行适当的控制会让母猪出现疲劳的情况，不良的通风条件、母猪产房消毒不够彻底会影响母猪正常的抵抗力，使其不能对病原菌进行正常的免疫。

4.继发性因素

继发性因素包括了很多方面，比如，当母猪出现发热性症状之后，可能会引发阴道炎等症状，从而带来乳腺炎。另外，子宫内膜炎会让子宫产生不良分泌物，从而影响母猪正常的血液循环，并进一步地蔓延，导致乳房炎的发作。

（二）诊断要点

母猪在隐性感染或隐性带毒的情况下，很容易造成隐型乳房炎。隐形感染时母猪不表现可见的临床症状，精神、采食、体温均不见异常，但少乳或无乳。这种情况既可在分娩后立刻出现，也可在分娩2~3天后发生。此时仔猪外观虚弱、常围卧在母猪周围。病原体通过乳汁和哺乳接触传染给仔猪，引起仔猪生长受阻，还可以引起腹泻等一系列感染症状，造成很大的损失。由于隐型乳房炎在兽医临床诊断过程中具有一定的困难性，所以不易被早期发现，一般均需要对乳汁采样进行检测才能够确定。虽然隐型乳房炎不易被发现和诊断，但是带来的危害是巨大的，在临床上应该得到重视。

发生了临床型乳房炎的病猪很容易确诊，其临床检查可见母猪一个或数个乳房甚至一侧或两侧乳房均出现红肿，用手指触诊时有热度且硬，按压时动物对疼痛表现为敏感。有的母猪发生乳房炎时，拒绝哺乳仔猪。早期乳房炎呈黏液性乳房炎，乳汁最初较稀薄，以后变为乳清样，仔细观察时可看到乳含有絮状物。炎症发展成脓性时，可排出淡黄色或黄色脓汁。捏挤乳头时有脓稠黄色、絮状凝固乳汁排出，即可确诊为患有乳房炎。如脓汁排不出时，可形成脓肿，拖延日久往往自行破溃而排出带臭味的脓汁。在脓性或坏疽性乳房炎，尤其是波及几个乳房时，母猪可能会出现全身症状，体温升高达40.5~41℃，食欲减退，精神倦怠，伏卧拒绝仔猪吮乳。仔猪拉稀腹泻、消瘦等情况较多。

（三）防制

1. 预防

（1）重视消毒 改善产床与栏舍条件，产房做好空栏的消毒，使用含碘的消毒药彻底消毒，母猪上产床前有条件的可以对产栏进行火焰消毒，并空栏干燥7天以上。

（2）确保母猪饲料品质，防止霉菌毒素导致母猪无乳 分娩前给母猪适当减料，产仔当天饲喂不大于1千克或不喂，随后逐步增加饲喂量。损伤的奶头要及时做消毒处理，并贴上药膏防仔猪咬，防止磨伤带来的细菌感染。

（3）搞好管理　预防母猪便秘，并严格做好产房的清洁卫生，以避免肠道的常在菌入侵而发生乳房炎。做好防暑降温，保持舒适干燥的环境，以有效降低母猪围产期的应激。

（4）围产期添加药物　在饲料中添加大环内酯类药物，如替米考星或泰万菌素，这些药物在奶水中浓度高，可以有效减少乳房炎的发生。此外，早期的研究证明其他抗菌药如复方磺胺药物、恩诺沙星等皆可有效降低母猪乳房炎的发生比例。

（5）产后注射药物预防　药物注射是多数猪场的常规操作，常见的方法有以下几种。①母猪产后立即肌注15~20毫升长效土霉素一次，用于预防乳房炎。②产后使用5%糖盐水300~500毫升+抗菌药（如头孢类抗生素）+鱼腥草汁30毫升，静脉给药1~2次，在分娩当天和次日各输液一次。③有些猪场还在分娩后24小时内，给母猪注射1次氯前列烯醇，以预防产后子宫炎和无乳的发生。

2. 治疗

临床型乳房炎，可采有下列方法治疗。

（1）按摩与热、冷敷法　对发热、急性和有痛感的乳腺须用冷敷疗法，而不可热敷，否则将加剧乳房肿胀。对于隐形乳房炎或病程较长的乳房炎，可使用50℃左右的热水用毛巾热敷，并给乳房进行按摩，促进血液循环，使过量的体液再回到淋巴系统。按摩时，先将肥皂液涂在乳房上，沿着乳房表面旋转手指或来回按摩，然后用手将乳房压入再弹起，这对防止乳房不适症有极大的好处。

（2）封闭疗法　对严重的急性乳房炎，可使用0.25%盐酸普鲁卡因溶液10~30毫升，加入青霉素400万单位，在乳房实质与腹壁之间作环形乳基封闭，一般处理1次，重症可重复1~2次。后期化脓病灶可以手术引流排脓。

（3）吸通法　让快断奶的仔猪帮忙吸通，在实际生产中有很的效果。

（4）全身治疗法　可使用抗菌药+催产素+清热解毒中药注射剂（如鱼腥草、穿心莲等），肌内注射，每日1~2次，连续2~3天。

八、母猪产后无乳综合征

母猪产后无乳综合征也称产后泌乳障碍综合征，中国的养猪者习惯称之为母猪无乳综合征，即母猪乳房炎、子宫炎、无乳症。

母猪发病后因无乳或缺乳，可引起仔猪迅速消瘦、衰竭或因感染疾病而死亡，或后期长势差，饲料报酬低。严重的场仔猪死亡率可高达55%，一般造成的损失为窝平均减少断奶仔猪0.3~2头。常因子宫内膜炎、乳房炎引起母猪繁殖机能严重受损，出现繁殖障碍，如不发情、延迟发情、屡配不孕、妊娠后易发生流产等，降低母猪生产性能，还可导致母猪非正常淘汰率显著上升，使用年限短，母猪折旧费用高，影响正常的生产秩序。

（一）病因

母猪无乳综合征主要由细菌性病原、霉菌毒素、蓝耳病、应激、膀胱炎、营养管理因素引起。

（二）诊断要点

母猪无乳综合征主要有急性型和亚临床感染两种类型。

1.急性型

母猪产后不食，体温升高至40.5℃或更高；呼吸加快、急促，甚至困难；阴户红肿，产道流出污红色或多量脓性分泌物；乳房及乳头缩小、干瘪、乳房松弛或肥厚肿胀、挤不出乳汁、无乳；或乳腺发炎、红肿、有痛感，母猪喜伏卧，对仔猪的吮乳要求没反应或拒绝哺乳；仔猪腹泻现象如黄白痢增加，生长发育不良；个别母猪便秘，鼻吻干燥，嗜睡，不愿站立。

2.亚临床感染型

母猪食欲无明显变化或略有减退；体温正常或略有升高，呼吸大多正常；阴道内不见或偶见污红色或白色脓性分泌物，发情时量较多；乳房苍白、扁平，少乳或无乳，仔猪不断用力拱撞或更换乳房吮乳，母猪放乳时间短；哺乳期仔猪下痢、消瘦，断奶后仔猪下痢症状消失；亚临床产后无乳综合征常因母猪症状不明显而容易被忽视，以至母猪淘汰率增加。

（三）防制

1.预防

应激因素在许多情况下是引起母猪泌乳失败的重要因素，因此要采取综合管理措施减少应激。除必要的兽医防疫措施之外，还要搞好猪舍内环境的管理，如控制好产房中的温度、湿度，降低噪声，避免粗暴管理，保持良好的卫生和环境条件，供给全价的饲料等。

2.治疗

（1）激素疗法　肌内注射乙烯雌酚 4~5 毫升，一日 2 次；或肌内注射缩宫素 5~6 毫升，每日 2 次。

（2）药物疗法　肌内注射常量青霉素、链霉素或磺胺类药物清除炎症。口服以王不留行、穿山甲等为主的中药催乳散。

（3）可通过对母猪乳房按摩、仔猪吮乳促进母猪乳房消炎、消肿和排乳

（4）对初生小猪可采取寄养的方法，以免饿死

九、直肠脱及脱肛

直肠脱是直肠后段全层脱出于肛门之外；脱肛是直肠后段的黏膜脱出于肛门之外。

（一）病因

主要原因是便秘和反复腹泻造成的肛门括约肌松弛引起。

（二）诊断要点

2~4 月龄的猪发病较多。病初仅在排便后有小段直肠黏膜外翻，但仍能恢复，如果反复便秘或下痢，不断努责，则脱出的黏膜或肠段长时间不能恢复，引起水肿，最后黏膜坏死、结痂，病猪逐渐衰弱，精神不振，食欲减退，排粪困难。

（三）防制

必须认真改善饲养管理，特别是对幼龄猪，注意增喂青绿饲料，饮水要充足，运动要适当，保持圈舍干燥。经常检查粪便情况，做到早发现、早治疗。

发病初期，脱出体外的直肠段很短，应用 1% 明矾水或用 0.5%

高锰酸钾水洗净脱出的肠管及肛门周围，再提起猪的后腿，慢慢送回腹腔。脱出时间较长，水肿严重，甚至部分黏膜坏死时，可用 0.1% 高锰酸钾水冲洗干净，慎重剪除坏死的黏膜，注意不要损伤肠管肌层，然后轻轻整复，并在肛门左右上下分四点注射 95% 酒精，每点 2~3 毫升。还可针穿刺水肿黏膜后，用纱布包扎，挤出水肿液，再按压整复，之后在肛门周围作荷包口状缝合，缝合后打结应松些，使猪能顺利排粪。为了防止剧烈努责造成肠管再度脱出，可于交巢穴注射 1% 盐酸普鲁卡因液 5~10 毫升。若直肠脱出部分已坏死糜烂，不能整复时，则可采取截除手术。

参考文献

李连任 . 2015. 现代高效规模养猪实战技术问答［M］. 北京：化学工业出版社 .

王志远，羊建平 . 2014. 猪病防治（第 2 版）［M］. 北京：中国农业出版社 .

闫益波 . 2016. 现代猪病防制实战技术问答［M］. 北京：化学工业出版社 .